Chang'an Avenue
and the Modernization of Chinese Architecture

于水山 著
程博　于水山 译

长安街与
中国建筑的现代化

生活·讀書·新知 三联书店

图书在版编目（CIP）数据

长安街与中国建筑的现代化 / 于水山著；程博，于水山译. —北京：生活 · 读书 · 新知三联书店，2016.8
ISBN 978－7－108－05394－7

Ⅰ. ①长…　Ⅱ. ①于…　②程…　Ⅲ. ①城市道路－建筑史－研究－北京市　Ⅳ. ① TU-092

中国版本图书馆 CIP 数据核字（2015）第 132994 号

责任编辑　刘蓉林
装帧设计　蔡立国
责任校对　常高峰
责任印制　宋　家
出版发行　生活 · 讀書 · 新知　三联书店
　　　　　（北京市东城区美术馆东街 22 号　100010）
网　　址　www.sdxjpc.com
经　　销　新华书店
印　　刷　北京隆昌伟业印刷有限公司
版　　次　2016 年 8 月北京第 1 版
　　　　　2016 年 8 月北京第 1 次印刷
开　　本　720 毫米 × 965 毫米　1/16　印张 24
字　　数　280 千字　图 101 幅
印　　数　0,001－8,000 册
定　　价　59.00 元
（印装查询：01064002715；邮购查询：01084010542）

目 录

献给凌云、懿清、晏清

引 言

1976年1月8日，中华人民共和国的第一任总理周恩来在毗邻东长安街[1]的北京医院离世了。1月11日上午，载着周恩来遗体的白色灵车，由上百辆轿车组成的车队护送着，缓缓地驶出医院，开往位于西长安街终点的八宝山火葬场。上百万群众沿长安街排开，目送着周恩来的灵车，向这位人民敬爱的总理做最后的道别。[2]当天傍晚，沿着同样的路线，人们将周总理的骨灰护送回东长安街北侧的劳动人民文化宫，并安放在那里，这座宏伟的建筑在明清两代是皇室的家庙，也就是太庙。在长安街的两侧，送别的人群从八宝山绵延至劳动人民文化宫，静穆地凝望着周总理的骨灰归来，队伍的长度超过了20公里。无数群众在天安门广场北侧的长安街上静候着，在冰冷的雾霭中肃立了数小时之久。在此后的三天，周恩来的骨灰被安放在太庙的大殿里，供群众进行最后的瞻仰。1月14日，接近傍晚时分，周总理的骨灰由车队护送着，跨过长安街，抵达天安门广场西侧的人民大会堂，这座建筑是1959年为庆祝新中国成立十周年而建造的，当时，它是新中国最大也是最重要的“十大建筑”之一。在这里，瞻仰活动持续进行着。1月16日，政府为周恩来举行了追悼会，此后，将他的骨灰再次沿长安街运送至八宝山，安放在革命公墓。[3]

---

1 在本书中，已将长安街的不同部分进行了明确界定。定义见术语表。

2 《向周恩来遗体告别》，香港《文汇报》，1976年1月11日；《周总理遗体移送八宝山火化》，香港《文汇报》，1976年1月12日。

3 《全国沉痛哀悼周总理》，《文汇报》，1976年1月15日。根据1月15日报纸的描述，这是原定计划。但是此后，根据周恩来遗孀邓颖超的描述，按照周恩来的遗愿，他的骨灰通过飞机被撒在了祖国江河大地之间。

周恩来去世三个月之后，在清明节（4月4日）的前夕，无数群众自发地聚集到了人民英雄纪念碑的周围。这座建筑位于长安街的南侧，占据了天安门广场的中心位置，在这里，人民群众再一次向这位已故的总理表达着敬意与思念之情。人们携带着花圈与条幅，将人民英雄纪念碑布置成了一座纪念周总理的丰碑，并很快将其转变成了批判当时主政者的堡垒。第二天清晨，当人们发现他们的献礼已经被拆除，不满的群众开始在天安门广场上聚集，并沿长安街展开了抗议活动。数以万计的民众与警察展开对峙，时间持续了数小时之久。4月5日，清明节后的第一天，在安全部门发出警告之后，仍然拒绝离开广场的人被拘捕了起来。[1]这就是中国当代历史上的“四五运动”。

时间到了1976年的秋天，“四五运动”过去几个月之后，毛泽东主席也逝世了。此后，“文化大革命”的领导集团，即所谓的“四人帮”，相继被捕，长安街又成为了国家重大政治事件发生的场所。10月24日，长安街再一次淹没在红旗的海洋中。上百万群众聚集到了天安门广场周围，并沿着长安街游行，欢庆粉碎“四人帮”和新领袖华国锋的胜利。在不到一年的时间里，华国锋由国务院副总理一跃成为中国的最高领导人，身兼中国共产党中央委员会主席、国务院总理和中央军委主席的职务。[2]在天安门城楼的观礼台上，华国锋等党和国家领导人俯望着台下，向群众挥手致意。此时此刻，一边是观礼台上的领导人，另一边是广场上的人民群众，两者皆静立瞩目；在这两者之间，望不到头的游行表演队伍缓缓经过，用无数个体组成的滚滚洪流表现着国家的多样与统一、辉煌历史与光明未来。而这个动态的欢庆舞台就是长安街。

长安街是北京20世纪的城市主干道，1976年发生的一切仅仅是这条街道上所上演的一系列庆典、冲突、哀悼等活动序列中的一环。公众情感的瞬间爆发不时打断精心安排的国家仪式，这一现象已经构成长安街文化与政治历史的显著特征。长安街沿线的都市与建筑空间不仅为重要的文化与政治事件提供了舞台，其本身也成为了折射现

1 Spence, *The Search for Modern China*, 649–50.

2《热烈庆祝华国锋同志为我党领袖》,《人民画报》（1976年12月），1—23页。

代中国历史的一面镜子。

中国现代化进程的符号

长安街位于明清皇宫紫禁城与新中国修建的天安门广场之间，是一条贯穿城市的主干道。从清朝（1644—1911）晚期至20世纪末，长安街的发展与近现代北京所发生的充满戏剧性的都市变化息息相关。它是20世纪中国最重要的都市空间，也是中国首都城市布局中新形成的东西方向轴线。长安街见证了各种建筑风格的兴衰、文化思潮的转变、艺术创作的组织、政治介入的方式以及全球化的冲击。对于探索中国建筑现代化进程的议题，它在诸多方面都是理想的研究对象。就如长安街本身一样，中国建筑的现代化一直是以一种无法完全实现的方式被定义着。当讨论现代中国建筑时，“现代性”的概念伴随着现当代世界建筑的最新潮流始终在不断变化着。同样，每一段特定时期的人们都以当时对现代化的理想为目标，声称：要在不远的将来，基本完成长安街的建设。然而，每一次这样的“完工”无论在实体性（physical）还是象征性（symbolic）上都给未来的“完工”留下了新的“缺口”（gaps）。由此，长安街成为了一个始终无法实现的现代化的特殊符号。

包括周锡瑞（Joseph Esherick）与克利福德·格尔茨（Clifford Geertz）在内的一些学者曾经指出：对于亚洲与非洲的国家而言，西方的强权表现为西方是“现代性”的界定者，即文明与进步的标杆，同时又是这些发展中国家孜孜以求的目标，达到西方的现代化标准是获得一定国际地位的先决条件。[1]然而，这并不意味着“现代性”只是以单向和单一的模式运行着。中国人观念中的“现代”有着高度的选择性，同样，西方人眼中的现代性也并非一成不变。尽管从表面上看，在建筑技术、形式以及意识形态方面存在突变，但是中国观念中的建筑现代性始终在一条趋向历史连续性的道路上行进。在当代西方建筑的语境里，“现代”可以是过去时，而在20世纪中国建筑的语

1 Esherick, *Remaking the Chinese City*, 1.

境里，“现代”却总是带有将来时态的意味。每当讨论如何处理“传统”在当下的问题时，中国人总是专门采用“现代化”一词而不是“现代”。

有两个基本的事实使长安街成为了研究中国现代化进程的理想符号。首先，一条贯通的长安街恰好是诞生在长达数千年之久的帝国体制结束之后。其次，在过去的近一个世纪中，长安街不断得到发展延伸，并最终成为了北京的东西轴线，而功能性的改造始终是这种发展的首要驱动力。天安门广场是20世纪中国的政治符号，而长安街无论是实际上还是象征意义上都只是为天安门广场服务的。为了让更多人可以进入天安门广场参加各种庆祝活动，长安街被拓宽了；为了使城乡更好地结合，长安街被延长了；为了使国家领导人在天安门观礼台上更好地看到游行队伍，长安街沿线道路的各个交叉点得到了精心的规划。在某种意义上，天安门广场充当了“主人”，成为了目光的焦点，是主动的、阳性的；而长安街此刻扮演了“仆人”的角色，形成了舞台的背景，是被动的、阴性的。

然而，无论在日常生活还是在庆祝活动期间，长安街都是一个动态性的空间，而天安门广场却是静态的。在国庆日，部队与群众代表沿着长安街编队行进，而站在天安门广场上的人群则与彩旗一起形成背景图案。从这种意义上，长安街变成了重要的舞台，是活跃的、主动的、阳性的，而天安门广场则退隐为背景，是静态的、被动的、阴性的。在后来的发展中，长安街不仅超越了天安门广场的光彩，而且使广场所属的古都南北轴线也黯然失色。在超过五百年的时间里，沿紫禁城展开的南北轴线一直统辖着北京城，并将长安街截成互不相通的两段；辛亥革命之后，长安街横穿过了旧时南北轴线的中心位置，在它的北侧是昔日的皇城与紫禁城；在它的南侧则扩充建设了天安门广场。

现代主义，特别是敌视传统的先锋派（avant-garde），[1]培养出了一种历史意识，它以时序上的独特性作为判断历史性（historicity）合法存在的基础。一方面，现在应该有别于过去；另一方面，未来应该与现在有所不同。于是，崇拜“新事物”（the cult of

1 Wood, *Challenge of the Avant-Garde*.

the “new”）的情结将“现在”从历史的延续性中提取了出来。[1]现代性是原点，分别向着过去与未来两个方向延展。长安街处在传统与现代的交叉点上，并向东西两个方向无限延伸，它成为了这种以线性特征为编年标志的现代性的绝好隐喻。现代性在过去与当下之间画出一道观念上的边界，而长安街则在物理空间上实实在在地做到了这一点。

在建筑领域，还有从形式或价值判断的角度对现代性做出的其他定义。[2]然而，促使现代性成为一个独特历史现象的原因是人们对于历史性的自觉。现代性创造出了过去与现在的边界。现代之所以是现代，不是因为过去向当下自然而然的年代延伸，而是主动脱离过去的一种自我感知。过去的东西被宽泛地界定为“传统”。实际上，“现代的”和“传统的”都是现代性的产物。在探讨20世纪的中国建筑时，“现代的”又往往会被作为“民族的”对立面加以讨论。一个令人满意的建筑作品应该在“民族的”与“现代的”两者间取得平衡。“民族的”属于褒义词，意味着现在；而“传统的”属于中性词，意味着过去。例如毛泽东曾经就说过，中国与外国的传统都存在着精华与糟粕。[3]然而，“民族的”与“传统的”之间的差异却从来未被清楚地定义过。在概念上同时与“传统的”和“民族的”两者相对立，中国的现代性悄无声息地涂抹了自己此前所画出的过去与现在之间的界限。

学术研究的独立单元

长安街可算是中国最著名的大道，以“神州第一街”的美誉而闻名遐迩，[4]其本身

1 Kuspit, *The Cult of the Avant-Garde Artist*.

2 早期的现代主义建筑师与理论家更多倡导从形式的角度对现代性做出定义，例如Henry-Russell Hitchcock和Philip Johnson的形式原则或是Sigfried Giedion的空间理论。近期有些学者提出了一些偏重以价值判断为基础的定义，例如阮昕将建筑的现代性界定为公益性宗旨，其对立面是毫不隐晦的对文化独特性的强调。参见Hitchcock and Johnson, *The International Style*; Giedion, *Space, Time, and Architecture: The Growth of a New Tradition*; Cody, Steinhardt, Atkin, *Chinese Architecture and the Beaux-Arts*, 153–68。

3 毛泽东，《新民主主义论》，666—668页。

4 北京市规划委员会等，《长安街》，9页。

值得作为一个独立的学术课题加以探讨。清王朝瓦解之后，长安街无论在长度还是宽度上都得到了扩展，并且在20世纪末期，成为了社会主义首都新的东西轴线。在中国，长安街与它最著名的组成部分——天安门广场，是举行政治庆典最大的公共空间，也是帝制结束后（1912年至今）的中国最重要的历史事件上演的舞台。民国时期（1912—1949），长安街是抵制当权者的主要阵地。[1]然而，在中华人民共和国期间（1949年至今），它成为了社会主义新中国展现国力、宣扬国家神话的新舞台，这种功能在每年的10月1日——中华人民共和国国庆日期间得到了充分的体现。[2]

长安街将一系列不断扩展的政府大楼和富有政治意义的工程项目串连起来。自1949年以来，它成为国家展现社会主义成就的主要场所，大多数国家庆典都在这条主干道沿线举行。长安街两侧的建筑立面形成的图像，对外成为了海外认识中国的一个窗口，对内则是全国各族人民感知祖国建设的一面镜子。因此，长安街成为城市规划的样板，也是引发中国主要城市改造的促进因素。将长安街的发展并入中国首都的东西轴线，这种做法是一个典范之举，这在城市规划中展现了一个革命性的姿态，即社会主义的首都北京与帝制时期的身份一刀两断。其他的中国城市追随北京，也发展出公共庆典的主要街道，这些街道穿过在历史上形成的传统城市中心，并将中心广场与主要纪念性建筑物串连起来。

长安街无论在现实性还是象征性上，作为这个国家最为重要的公共空间，都被赋予了政治意义；中国建筑界给予它最高的关注；在全国的城市中，它成为影响到建筑与城市规划的样板。在经济领域里，相同经度的地段，纬度上越靠近长安街，地位就越优越。许多房地产公司在他们的广告中都会附有一张旗下地产的地图，而这张地图都会以长安街作为位置参照。在当下的房地产市场，毗邻长安街将会带来极大的利益。

---

1 这些抗议活动包括著名的1919年“五四运动”、1925年“五卅惨案”、1935年“一二·九运动”和1947年的反专制运动。

2 中华人民共和国10月1日国庆庆典的重要例子包括1949年建国庆典、1950年周年庆典、1959年建国十周年庆典、1984年为展示邓小平领导下的改革派政府的成就而举行的建国三十五周年庆典、1989年建国四十周年庆典、1999年为庆祝香港回归以及澳门即将回归的五十周年庆典活动。

作为学术研究的一个对象，长安街提供了一个城市研究与建筑历史研究之间的链接。通常，城市历史学研究整个城市，而建筑历史学研究建筑单体。研究城市历史的学者着眼于城市宏观结构的演化，对城市肌理细部更迭的描绘则相对模糊。相比之下，研究建筑历史的人专注于独立的建筑物，对于建筑单体如何作用于城市空间的整体变迁只做片段化的叙述。

针对这一学术两难，近年来学术界开始关注街道空间；作为一个研究对象，街道可以将宏观的城市史与微观的建筑史有机地结合起来。有些研究中提出的问题与20世纪中国首都的长安街直接相关。例如，斯皮罗·科斯托夫（Spiro Kostof）对郝斯曼式（Haussmannian）或墨索里尼式（Mussolinic）之"拆毁美学"（aesthetics of demolition）的讨论和对"城市保护"与民族主义（nationalism）之关联的分析；[1]又例如格雷格·卡斯蒂略（Greg Castillo）对莫斯科高尔基大街在20世纪30年代重建中所反映的社会主义现实主义美学（socialist realist aesthetics）的讨论；[2]再例如泽伊内普·塞利克（Zeynep Celik）关于街道作为空间互动于仪式与意识形态的分析。[3]由于有限的篇幅并且缺乏细节，这些关于城市街道的文章大多只勾勒出了宏观城市肌理的变迁，而较少对建筑单体进行具体讨论。

本书则专门致力于长安街这一唯一贯穿整个北京城的主干道，以及它在20世纪中国首都城市改造发展中的特殊作用。长安街也是中华人民共和国重要建筑项目最大、最集中的建设场所。对城市肌理的变化做详细的考察，选取部分纪念性建筑物作为重点加以深入讨论，将有助于理清建筑单体的建设如何作用于宏观的城市图景。本研究采用的方法介于传统的城市历史与建筑历史等学科之间，通过聚焦长安街这样一条

1 Kostof, "The Emperor and the Duce," 270–325.

2 Greg Castillo, "Gorki Street and the Design of the Stalin Revolution." In *Streets: Critical Perspectives on Public Space*, edited by Celik, Favro, and Ingersoll et al., 57–70.

3 Zeynep Celik, "Urban Preservation as Theme Park: The Case of Sogukcesme Street." in *Streets: Critical Perspectives on Public Space*, edited by Celik, Favro, and Ingersoll et al., 83–94 . 其他关于城市街道的学术研究，Jacobs、Macdonald、Rofe 题为 *The Boulevard Book: History, Evolution, Design of Multiway Boulevards* 的书中提供了关于设计与建造现代林荫大道的技术与历史的概况。James Trager 题为 *Park Avenue: Street of Dreams* 的书聚焦在文化影响与社会政治环境对纽约公园大道（Park Avenue）的发展的作用。

连接城市中纪念性建筑物的主干道，旨在为这两个学科之间建造一个"构造连接点"（tectonic joint），以期促进对这两个领域更好的理解。

长安街案例同样提供了创建文化历史与建筑历史两个学科之间链接的机会。以往对北京的研究集中在两种方法上：一种方法强调城市空间的文化与政治内涵以及建筑象征意义的演化；另一种强调在首都城市发展中特定技术上的专业策略与方法。前者将建筑与都市生活作为文化历史与政治历史的一部分；后者主要将城市与它的建造环境视为规划设计方面的问题，以及针对这些问题所提出的各种相应对策的历史。围绕长安街上每一个重要的纪念性建筑物的辩论都使它成为一个建筑文化研究上的理想备选。在发掘长安街建筑意义的不同历史层位时，把对具体对象的研究还原到历史的语境中将会是有效的工具。

先前学者们对帝制时代的北京所做的文化研究为本课题提供了社会政治方面的框架，[1]而关于民国时期北京的研究则为理解北京在社会主义时期进行重大改造之前的城市环境打下了基础。在勾勒北京于20世纪前半叶所面临的种种社会政治变革时，有些研究将民国时期的北京展现为一个新与旧的混合体，[2]有些研究则揭示出解放前的"老北京"并没有新中国时期所设想的那么古老与传统。[3]对于理解1949年以前北京的都市生活与城市空间演变的情况，一些中文出版物提供了部分不可或缺的历史细节。[4]一部分关于新中国都市文化的学术研究则将目光集中在了作为政治符号的天安门广场上。[5]在关于天安门广场纪念性建筑物政治历史方面的研究中，巫鸿探索了建筑与城市空间是如何被赋予了含义，以及在变迁的文化政治语境中，这些含义又是如何发生转变的。[6]对于后毛泽东时代（1976年至今）北京的研究则探索了与日俱增的商业化对都市生活与空间布局的影响。[7]

---

1 Meyer, *Dragons of Tiananmen*; Susan Naquin, *Peking*.

2 Strand, *Rickshaw Beijing*.

3 董玥（Madeleine Yue Dong），*Republican Beijing*。

4 侯仁之、邓辉，《北京城的起源与变迁》；史明正，《走向现代化的北京城：城市建设与社会变革》。

5 巫鸿（Wu Hung），*Remaking Beijing*。

6 巫鸿，"Tian'anmen Square: A Political History of Monuments," *Representations* 35(Summer 1991): 84–117。

7 Davis et al., *Urban Spaces in Contemporary China*; Broudehoux, *The Making and Selling of Post-Mao Beijing*.

虽然这些研究富含都市生活与物质文化变更等方面的历史信息，但是它们往往将建筑与城市发展看作是文化与政治历史的注脚。在这些著述中，北京的建成环境基本上充当着过往的一幕幕历史剧的背景，不管是宏大事件还是日常生活，而并非是它们之中积极的参与者。尽管那些关于新中国时期北京的学术研究有助于我们理解现代中国政治生活中城市空间象征性的含义，但它们却频繁地将营造政治空间等同于毛泽东个人意志的展现。无论作者们的原意如何，那些描述新中国建立前北京的学术研究事实上都倾向于将“老北京”浪漫化。[1]大多数这类学术研究一直以来都忽略了建筑师和城市规划师的声音。对于社会主义的城市策略，这些研究经常不假思索地将批评指向中共领导人个人偏好的失败以及他们对苏联模式的盲目热衷，[2]同时，新中国时期的建筑设计和城市规划则很少被人们认真地加以研究过。

通过文化史的方法来研究建筑历史并非是简单地将建筑学视作建筑社会学。阿诺德·豪泽尔（Arnold Hauser）就认为艺术除了它的社会使命以外还有其自身的问题需要解决，从某种程度上看，他的看法是对的。[3]海因里希·沃尔夫林（Heinrich Woelfflin）的风格与形式分析（stylistic analysis）传统、弗里德里希·黑格尔（Friedrich Hegel）的“时代精神”（Zeitgeist）以及阿洛伊斯·里格尔（Alois Riegl）的“艺术意志”（Kunstwollen）的概念，只要不是被以目的论（teleological）的方式无限放大美学价值的普遍性，都是有用的分析工具。尽管不存在绝对客观或是放之四海而皆准的艺术历史知识，然而在特定的时代与社会中，却总有一些作为创作者奋斗目标的关于艺术与建筑的标准，要么是所要追求的理想，要么是所期打破的范式。毋庸置疑，艺术、建筑只有保持着与政治、意识形态之间的相对独立性，才使得思考它们彼此间的关系成

1 举一个例子，在一本书的末尾，Susan Naquin写道：“从开始动笔到现在几近收尾，我都不想让这本书的写作成为一个怀旧的游戏，无论是对那些消失的庙宇还是对这座失落的城市。事实上，它恰恰是想对这座城市永恒的过去进行历史的还原。然而，面对目前这座城市正在经历的巨大破坏，即便是短短的一瞬，这本书就连对于作者我来说都像一本《东京梦华录》。”参见Naquin, *Peking*, 708。

2 例如王军的观点认为，毛泽东个人对苏联顾问的支持，是建国之初将新行政中心设立在北京的心脏地区的主要原因。参见王军《城记》，86页。吴良镛则谴责了强烈的苏联势力介入对老北京的破坏。参见吴良镛，*Rehabilitating the Old City of Beijing*, 18–23。

3 Arnold Hauser, *The Philosophy of Art History* (London: Routledge, 1959), 3–17.

为可能，并且有利于更好地理解它们所赖以存在的文化总体。

针对20世纪中国建筑的问题，部分学术研究已经提供了一些信息，这些信息大多是描述有针对性的发展规划和北京建成环境之演变的。其中有的展现了一些基本事实，并简要介绍了新中国建国五十年来的重要建筑项目，同时概括了不同时期的政治环境和建筑方针；[1]有的记录了北京城市规划的一些关键时刻，并提供了许多设计的主要图纸。[2]在中国城市规划界，吴良镛作为设计实践与学术研究的领军人物将目光集中在有针对性的发展策略上，着重解决北京旧城改造的问题，为此，他提出了“有机更新”的理论。[3]以上这些研究多是由实践型的建筑师和城市规划师撰写完成，因其丰富的专业信息和广泛的资料性描述而具有重要的价值。但是，在多数情况下，这些设计师只关注于实体建筑的问题，其工作范围预先就假定，对建成环境的改造仅是设计所要解决的问题，因而并没给批判性的历史研究和文化政治分析留下多少空间。本书力求两者兼顾，通过对建筑单体以及城市规划中的具体设计问题进行有针对性的分析，展现出长安街的文化与政治历史。

现代主义、现代性、现代化

关于现代性的问题是本书的理论核心。本书中的“现代性”所指的是在一个广泛的社会政治观念中界定出的现代文化的决定性特征。要成为“现代”，不仅意味着始终意识到存在着与“现代”相对立的“传统”，同时还意味着对“未来”先进性本质的坚信不疑。中国20世纪的现代性是一个永无止境的现代化工程，“现代化”对于“现代”在概念上有意识的替换反而创造出了无意识的历史连续性，并反映在人们无休止地追求“完成”长安街建设的努力中。

近期，现代主义作为一种主流的建筑风格遭到了一些人的批判。有的观点认为：

---

1 邹德侬，《中国现代建筑史》。
2 张敬淦，《北京规划建设五十年》。
3 吴良镛，*Rehabilitating the Old City of Beijing*。

建筑领域中的现代主义只是一小部分建筑师、历史学家与评论家的刻意之说，他们为了满足自圆其说的历史叙述而将其他实践从群体记忆中全部剔除。[1]有的观点提出，应该用作为方法论范式的“现代主义议题”（discourse of modernism）来替换“作为风格范式的现代主义”（modernism as a paradigm of style），这样就能解决当代在讨论20世纪建筑时所出现的分析上的问题与莫衷一是的情况。[2]这种替换将现代主义从一种风格转换为一个基于某种道德判断的物质实践。无论是现代主义对应传统主义，还是现代主义对应地方主义（regionalism），如果这些概念在西方只是人为虚妄的对立，那么将它们移植到中国，就会造成更多的问题。因此，在本书中，“现代主义”一词也只有议题上的价值（discursive value），而不代表笔者在风格上的任何价值取向。它只是为展开中国建筑的现代性而提供了一个逻辑上的公共平台，为不断更新的现代化提供了一个修辞学上的基础。

关于北京以及中国现代建筑最新的学术研究将兴趣点集中在现代性的问题上。在跨文化的理论框架下对帝制时代的北京进行权力架构与主体性（power and subjectivity）的分析，为研究这个古都的南北轴线提供了新思路。[3]在概念运用上采取传统与现代化的对立，或者“体”与“用”的对立，使针对中国现代建筑的大叙述（a master narrative）成为一种可能，但同时也令人期待更有批判性的论述的出现。[4]有的研究采用不同的方法进行案例分析，将中国现代建筑实例纳入全球理论与实践的框架和语境中，并为现代性探索西方以外的模式。[5]一些关于中国现当代建筑环境的研究则将目光聚焦在中国建筑现代性的某些独特方面，例如作为城市形态的“单位大院”。[6]

与西方相比，中国建筑的现代性还具有其他很多独有的特征。例如，自1949年以来，重要的建筑作品一直采用集体主义的方式产生，很少铭记下创作者个人的姓名。

---

1 St. John Wilson、Peter Blundell-Jones、Kenneth Frampton，以及Giorgio Ciucci等学者就是这样的例子。
2 Sarah Goldhagen, “Something to Talk about.”
3 Jianfei Zhu, *Chinese Spatial Strategies*.
4 Rowe and Seng Kuan, *Architectural Encounters with Essence and Form in Modern China*.
5 Jianfei Zhu, *Architecture of Modern China*.
6 Duanfang Lu, *Remaking the Chinese Urban Form*.

正如亨利·列斐伏尔（Henri Lefebvre）所指出的，社会产品与艺术品的边界不总是那么清晰，一件艺术品并不一定非要和创作个体的独特性联系在一起。[1]中国社会主义集体创作的立场与欧洲20世纪早期先锋派运动的主张十分相似，而那时的社会主义中国却将先锋派运动批判为资产阶级的堕落艺术。在讨论中国建筑的现代性时，如果用解构主义的眼光来解读材料，[2]以上的问题就不会显得前后矛盾。这些材料不仅包括当时的图纸与档案等文献，更包括一座座实实在在的建筑物，而制造这些材料的历史实体就是人们所要了解的“现代中国”。

当代的中国瞬息万变，长安街同样呈现出日新月异的变化与活力。伴随着2008年北京奥运会的响亮开场，人们的一部分注意力从长安街移向了北京城新近复兴的南北轴线。然而，近期在长安街南侧国家博物馆前的位置，一尊孔子雕像的安放与迁移再一次彰显了各种社会力量对公共空间控制权的争夺。[3]长安街的历史，以及它所代表的中国城市与建筑的现代化进程，为理解诸如此类的事件提供了一个实体的与观念的结构框架。

---

1 Lefebvre, *The Production of Space.*

2 解构主义的解读在这里是指发现那些讨论中国建筑现代性问题中的前后矛盾之处。无论其作者是有意还是无意，解构式解读所要揭示的是这些文本中隐含的蛛丝马迹与先入之见。

3 Andrew Jacobs, “Confucius Statue Vanishes Near Tiananmen Square,” *The New York Times*, April 22, 2011 (http://www.nytimes.com/2011/04/23/world/asia/23confucius.html).

第一章 长安街在城市文脉中的历史

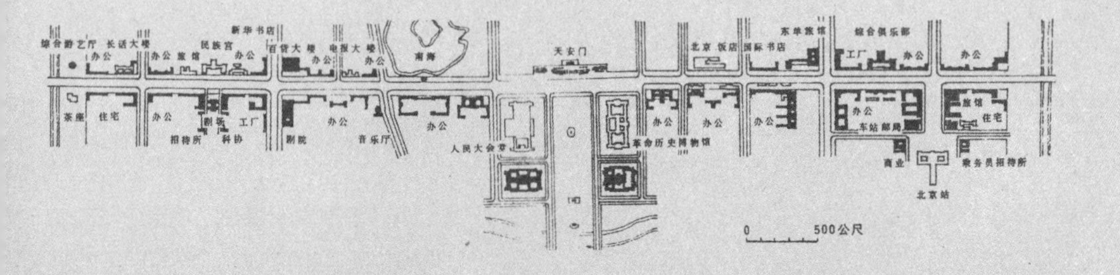

“长安”从字面上讲是“长治久安”、“万世太平”的意思，但中国人一听到这两个字首先想到的一定是汉（公元前202—公元220）、唐（618—907）这两个中国历史上最强盛的朝代。长久以来，人们称中国的主体民族为“汉人”，这个名称因汉王朝而得名；今天，旅居海外的中国人则把自身的群体身份追溯至唐代，将华人居住的社区称为“唐人街”。[1]西汉帝国（公元前202—公元8）与唐王朝代表着中国古代政权的黄金时代，而这两个王朝都将长安城（今陕西西安）设为国家的都城，由此，“长安街”这一称谓根植于中国帝制时代的历史深处。

1 Wilkinson, *Chinese History*, 751–52.

明清时代的长安街

用“长安”作为皇城前主要街道的名称始于明代（1368—1644）早期。在明朝建立政权的前五十三年里，南京是这个帝国的都城，与北京相隔约1000公里。明代以前，南京曾经是几个南方政权的首都，其中包括：吴（229—280）、东晋（317—420）、宋（420—479）、齐（479—502）、梁（502—557）、陈（557—589）以及南唐（937—975），而这些政权没有一个能够最终统一中国。与强大繁荣的汉、唐两代相比，这些王朝政治相对衰弱，统治地域狭小，并且国祚短暂。当明代的开国之君朱元璋（洪武帝，1368—1398年在位）选定南京作为他大一统帝国的都城时，他所想到的是如何规避短命前朝的不祥厄运。[1]亦如后来的北京一样，为了避免与前朝宫廷位置的重合，洪武帝最终选址在南京最南端修建皇宫，并筑造新的城墙来划分宫城与皇城。这或许解释了为什么要以“长安街”来命名皇城前的主要街道：一方面祈求国家能够长治久安，另一方面希望营造出汉唐盛世国运兴隆的吉祥氛围。

1416年，明朝的第三位皇帝朱棣（永乐帝）决定迁都北京，将城址选在了前朝元大都的位置上。新都城的营建始于1417年，后于1420年完工。尽管明代的新都城与元大都的位置有部分重叠，并且沿袭了元大都的南北轴线，但是，明代的北京城却基本复制了南京的布局，这其中就包括继续采用“长安街”来命名皇城前的街道。1420年的北京建有三道城墙，其中内城设有九个城门，[2]内城中的皇城建有四个城门，[3]皇城以内的紫禁城也设有四个城门。[4]1553年，为了划分出外城，在内城的南端增建了城

1 “中央研究院”历史语言研究所编辑，《明太祖实录》（台北：“中央研究院”，1962年），295—296页、311—312页、379—380页。

2 这九门的名称及方位分别是：南部的宣武门、正阳门、崇文门；东部的朝阳门、东直门；北部的安定门、德胜门；西部的西直门、阜成门。

3 这四门的名称及方位分别是：南部的天安门，北部的地安门，东部的东安门，西部的西安门。

4 这四门的名称及方位分别是：南部的午门，北部的神武门，东部的东华门，西部的西华门。

墙，[1]由此当时的北京又增加了第四道城墙，并设有七个城门。[2]全城由7500米长的南北轴线统辖着，位置从城市南端的永定门至北端的钟鼓楼，它将外城、内城、皇城、紫禁城的主要城门以及位于中轴线上的其他皇家建筑[3]贯穿起来，这种布局一直保持了数个世纪之久（图1.1）。在此后的1644年，清朝统治者接管了明朝的江山，但是他们也没有对前代遗留的北京城以及长安街的整体布局做出大的空间与结构改动。

在明清两代，与北京城的其他大街相比，长安街除了地处市中心的位置以外并没什么与众不同。然而，在那时，长安街也并非今天所见的面貌，而是被当时的天安门广场[4]从中间阻断的两条独立大街。在广场西侧，从西三座门至西单的一段便是历史上的西长安街。位于广场的东侧，在东三座门与东单之间的街道是历史上的东长安街。[5]

明清时代的天安门广场是一个由三部分组成的"T"形广场（图1.2）。广场的中间部分向北正对天安门城楼，南端是大清门[6]，长安左门位于广场的东侧位置，西侧对称的是长安右门。这个"T"形广场包括两个侧翼部分：一个是位于长安左门与东三座门之间的东广场，另一个是长安右门与西三座门之间的西广场，它们将中间的天安门广场与东、西两条长安街完全隔开。整个"T"形广场完全被墙壁围合起来。当时的天安门广场与北侧的皇城一起将北京内城三分之二东西方向的交通道路阻挡住了。

历史上的东西长安街具有截然不同的功能与象征意义。根据中国传统的五行理论：东方属木，象征春季，寓意生长与生命；而西方属金，象征秋季，寓意凋零与死

1　据说，因为惊人的耗时与花费，原本规划外城墙环绕整个内城，但是只完成了南部的工程。参见潘谷西《元、明建筑》，31页。

2　这七门的名称与方位分别是：南部的右安门、永定门、左安门；东部的广渠门；北部的东便门、西便门；西部的广安门。

3　这些建筑包括天坛、先农坛、太庙、社稷坛、煤山（今称景山）。

4　在新中国扩建之前，帝制时期围合天安门广场的围墙已于民国时期被拆除，从而形成了天安门城楼以南的开放空间，其面积比明清封闭的天安门广场略大。

5　这在1908年出版，并由中国画报出版社2002年再版的晚清北京地图上清楚地显示出了具体位置。一些老北京人也称长安左门（即东长安门）与长安右门（即西长安门）为东三座门与西三座门，由此导致了不少混淆。参见王军，《城记》，163页；侯仁之、邓辉，《北京城的起源与变迁》，111页；北京大学历史系北京史编写组，《北京史》，225—226页。

6　也称之为朝门，在明代被称为大明门，在1912年民国建立时期更名为中华门。

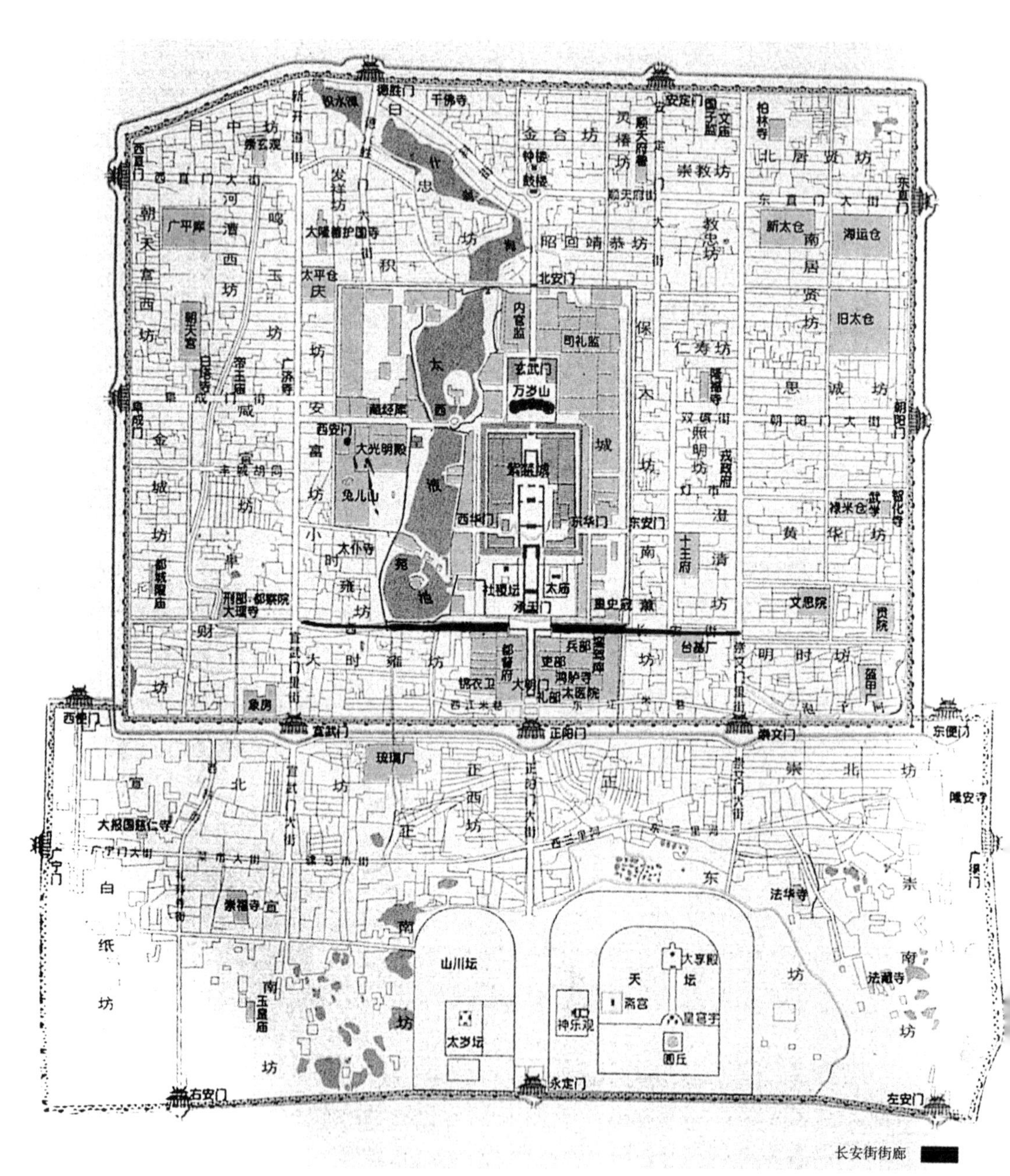

图 1.1 明代北京所展现的四层城墙平面图。
出自《长安街：过去、现在、未来》，28页，郑光中提供。

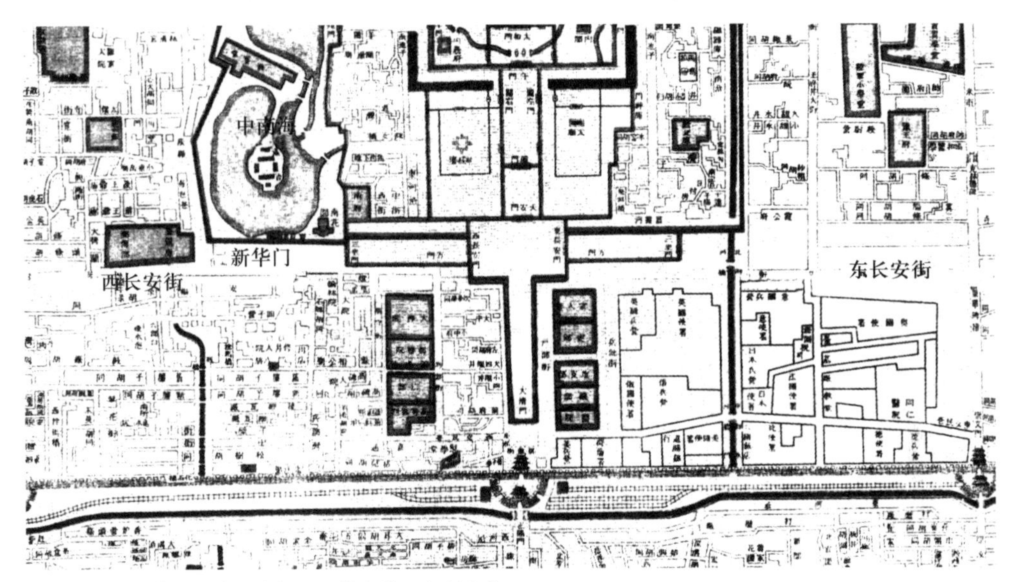

图 1.2 晚清时期的天安门广场、西长安街、东长安街。
《详细帝京舆图》局部，1908 年出版的北京地图。公共领域图片。

亡。历史上的西长安街主要与刑罚、军事、威权联系在一起，而东长安街则与商业、民政、庆典息息相关。在明代，朝廷将左、中、右、前、后五军都督府与锦衣卫等衙门设立在“千步廊”西侧（千步廊即“T”形广场的南半部），紧邻历史西长安街。而清代采用八旗兵制，废除五军都督府，在明代锦衣卫的旧址上改建刑部、都察院与钦天监等三法司于“千步廊”西侧。在“千步廊”的东侧，紧邻历史东长安街的位置上，明清两代都将礼部、户部、吏部、工部与翰林院设立在这里。[1]

每三年，书写着当年进士名讳的“黄榜”都会经由长安左门，到达今天的东长安街，于此完成“金殿传胪”的科举揭榜仪式。每年秋季，等待处决的囚犯经由长安右门被带到天安门广场西侧，排列整齐，等待判决与行刑。由于和不同的仪式与事件相关联，这些场所也被冠以了不同的别称：长安左门被称作“龙门”，寓意金榜题名、

1　王玉石，《天安门》，6—7页。

功成名就之门；而长安右门则被称作“虎门”，寓意凶险。[1]

北京市民对南北中轴线东西两侧区域的不同看法，从旁佐证了东西长安街在军政与民生功能上的差异。在老北京，有“东富西贵南贱北贫”的民谚，暗示了商贾大户大多居住在东部，皇子、公侯以及其他清朝显贵大多住在西城，普通劳动者和民间艺人大多住在南城，而生活在城市北部的居民多为贫穷没落的满族人。[2]

1860年第二次鸦片战争之后，历史东长安街的南侧成为了西方列强的租界区。1901年义和团运动之后，在今天北至东长安街，南到内城墙根的全部区域都被划为了租界地。[3]从此以后，东长安街就又与外交事务、西方影响、万国世界产生了千丝万缕的联系；而在很多人眼里，它也是西方帝国主义侵略中国之屈辱历史的见证者。

1 王玉石，《天安门》，27—29页。
2 高巍，《漫话北京城》，149—151页。
3 王玉石，《天安门》，32—35页。

民国时期（1912—1949）的长安街

1911年清王朝覆灭之后，东西长安街逐渐得到贯通。然而，民国时期对长安街的打通和改造，与其说是发生在结构与物质环境上的变更，不如说是城市空间利用方式的转换。这些改造对一个城市来说象征性（symbolic）多于实质性（physical），简单地说，它们是针对“软件”而非“硬件”的。长安街在民国时期增添了路灯、有轨电车之类的新设施，但是与明清时代相比，它的长度和宽度并没有发生多大的变化。

1912年，紫禁城西侧的北海向公众开放，此前它是皇家御苑西苑的北半部分，同一年，位于长安街北侧的中南海（御苑的中部与南部，即中海与南海）被改造成了总统府。此时国民政府给中南海新开了一个南门，并将它命名为“新华门”。新华门的门楼原是一栋正对长安街的独立建筑，名为“宝月楼”，坐落于南海御苑的南墙之内。明清时期，它是一座面阔七开间带围廊的两层楼阁。1912年民国政府将宝月楼第一层的中央三开间打通，拆去屏蔽此楼的一段御苑南墙，两侧的苑墙则折成八字，与楼的侧面相连，这个独立的楼阁于是被改造成了一个大门（图1.3）。[1]

1913年1月1日，中华民国成立一周年之际，袁世凯政府将东三座门、西三座门、长安左门与长安右门内的门板卸掉，并拆除了连接这几座门殿的围墙。[2]这样就首次在东西两条长安街之间创造出了一条通道，北京的老百姓终于可以直接在两条大街之间穿行了。[3]然而，这四座门殿夹在天安门广场与历史长安街之间，形成分界，因此那时候的东西长安街依然是两条独立的街道。

1914年10月，位于中华门与天安门之间的社稷坛更名为“中央公园”，开始向公众开放。在帝制时代，社稷坛是一个国家的最高祭坛之一。皇帝每年都要在这里祭祀掌管社、稷的神祇。自古以来，作为一个国家的象征，在国都建造社稷坛已经形成了

1　张复合，《北京近代建筑史》，217页。
2　王世仁、张复合，《北京近代建筑概说》，7—8页。
3　王玉石，《天安门》，36页。另见侯仁之、邓辉，《北京城的起源与变迁》，162页。

图1.3 新华门，建于1758年，原名宝月楼，1912年改造为总统府大门。作者自摄。

悠久的传统，这个传统可以一直追溯至周代（公元前1046—前256）。[1]祭祀天地社稷的特权赋予了皇帝合法的“天子”身份。在明清两代，社稷坛与南北中轴线另一侧的太庙对普通老百姓都是关闭的。一直到上世纪20年代，太庙还是属于皇室的祭祀禁地。但是在1912年中华民国成立之后，这两个皇家的祭祀场所开始逐步向公众开放。

在1927年国民政府迁都南京以前，朱启钤是北京城市改造的主要负责人。朱启钤出生的家庭与清政府官员有着千丝万缕的联系，在1912年袁世凯担任大总统期间，他起初担任政府的交通总长，之后他又担任了内务总长。[2]朱启钤在任期间负责贯通长安街的工作，并将社稷坛改造为公园，此外，他还监督正阳门的改造工程，以及北京多条道路与铁路的建造项目。[3]

1 关于周代的都城规划以及《周礼·考工记》的详述，见第六章。
2 刘宗汉，《回忆朱桂辛先生》，63—74页。
3 张复合，《北京近代建筑史》，216—227页。

民国早年，长安街改造的突出特点是将帝制时期的城市空间改作民用，同时维持古城原来的城市结构。明清时代社稷坛内的皇家建筑得到了谨慎的保护与重建，以满足公众休憩、娱乐的目的。保护的对象甚至扩展到了明初社稷坛建造时种植的古柏。在中央公园项目完成十年后，朱启钤感叹道：

> 夫禁中嘉树，盘礴郁积，几经鼎革，无所毁伤，历数百年，吾人竟获栖息其下，而一旦复睹明社之旧，故国兴亡，益感怀于乔木。继自今封殖之任，不在部寺，而在群众。枯菀之间，实自治精神强弱所系。惟愿邦人君子爱护扶持，勿俾后人有生意婆娑之叹。[1]

此前的皇家建筑与所属禁地忽然间被看作是人民的文化遗产和国家的精神象征。改造所需要的仅仅是名称与功能的变更，空间与结构的改动被降到了最低限度。1925年，当孙中山在北京病逝后，他的遗体就被临时安放在社稷坛的祭殿内。1928年，蒋介石击败了北洋军阀，将首都迁至南京，北京因此更名为北平（因为北京的“京”字意为“首都”，而此时它已失去了京城的地位），并且将中央公园更名为“中山公园”，以此纪念孙中山先生。[2]

辛亥革命之后，民国政府允许末代皇帝溥仪以皇室身份继续生活在紫禁城内。太庙作为皇宫的附属建筑，继续供清廷余部祭拜祖先。1924年，冯玉祥将军将溥仪逐出皇宫后，紫禁城成为故宫博物院，太庙也改为“和平公园”向公众开放。[3]1928年和平公园被关闭，太庙的原建筑被划为故宫博物院的附属部分。[4]

在清帝国覆灭之后，长安街上的主要建筑并没有经历大的结构改动，但是那些代表西方国家强加给中国的屈辱性标志物却是例外。1900年，义和团运动时期，在东

1　朱启钤，《中央公园记》，113—115页。
2　海外及西方文献多以“孙逸仙”行其名，而“孙中山”则在中国更为家喻户晓一些。“中山”二字来自孙文在日本组织反清革命运动时所用的化名“中山樵”。
3　故宫博物院紫禁城编辑部，《故宫博物院80年》，2—6页。
4　北京市地方志编纂委员会，《北京志·市政卷·园林绿化志》，103—104页。

长安街上占有租界的西方国家为了保护他们的公民安全，将部队驻进了北京，这给当时的清政府带来了沉重的军事压力。1900年6月20日，德国公使克林德（Clemens von Ketteler）被一名满族军官开枪打死，事发地点位于历史长安街东端的东单。这个事件成为八国联军入侵中国的导火索，组成联军的士兵主要来自日本、俄国、英国、美国和法国。镇压义和团之后，作为中国对西方列强赔偿的一部分，一座三开间的汉白玉牌坊在公使被打死的地点竖立起来，名为“克林德碑”。在牌坊中心开间上方镶嵌的横匾上用英文、法文、拉丁文以及中文镌刻了光绪皇帝的致歉诏书，这令很多国人感到奇耻大辱。德国在第一次世界大战中战败之后，克林德碑即被拆除，并于1919年在长安街另一侧的中央公园内重建，更名为“公理战胜坊”。[1]德国在“一战”的战败，使国人对结束外侮、国家复兴抱有了短暂的希望。

长安街上的另一个主要变化表现在现代技术的引进。1924年，沿长安街铺设了电车轨道。在1924—1948年，三条平行的电车线路——一号线、三号线、五号线——在天安门城楼与天安门广场之间运行着。[2]这项当时的“现代技术”横亘在了7500米长的南北轴线的中间部位。[3]

日本侵华期间（1937—1945），在1941年对北平[4]进行的城市规划中，分别将旧城的西郊规划为住宅区，东郊设为工业区，在这个规划中，长安街是连接两个区域的主要交通线。[5]在日本占领北平期间，尽管长安街在空间上没有得到扩展，但是在1937—1939年，却在内城的城墙上开了两个城门。西边的城门名为“长安”（今复兴门），东

---

1 在1952年，正值抗美援朝战争如火如荼之际，这个牌坊被再次更名为“保卫和平坊”。

2 史明正，《走向近代化的北京城》，273—276页。

3 长安街距离传统南北轴线北端的钟鼓楼约3800米，它距离轴线南端的永定门约3700米。

4 尽管在近一千年的时间里，北京一直作为中国境内不同政权的都城，但是在历史中，它也曾多次失去首都的地位，并且不止一次更换名称。在元代（1271—1368），它被称为大都。1368年，明朝定都南京，将前朝大都更名为北平。1403年永乐帝迁都北平，并更名为北京。清代（1644—1911）的北京保持了其帝都的地位达二百六十八年之久。1912年，清王朝瓦解之后，北京继续作为中华民国的首都，直到1928年，蒋介石再次迁都南京。1928—1937年的北京作为“特别市”，采用了明代早期（1368—1403）的名称——北平。1937年，日本占领军支持下的华北傀儡政府再次恢复使用“北京”，并将它作为“中华民国临时政府”的首都。1945年，日本战败之后，南京恢复为中华民国的首都，北京再次更名为“北平”，直到1949年。参见《北京史》，74—454页。在本书中，除文献名称以外，无论任何历史时期，作者在全篇都采用“北京”的名称。

5 董光器，《北京规划战略思考》，298—305页。

边的城门名为“启明”（今建国门），[1]而这两个地方成为未来长安街延长线的起点。日本战败之后，国民政府在1946年继续聘请日本的技术人员为北京编制新的总规划方案。然而，这个规划版本与1941年的日本规划版本并没多大不同，对长安街在空间与结构上做出的改变很小（图6.10）。[2]

在整个民国期间，长安街不但很短，也不连贯，且并非一条笔直通畅的大街。从西单到东单之间，长安街要曲折数次。尽管天安门前的广场可以通行，但是在空间上，长安街的东西两部分仍旧被中间的四座门殿阻隔。实际上，当时的长安街是由名称不同的四部分组成的。中南海前的部分称为“府前街”，天安门广场与南河沿之间的部分是“东三座门大街”。历史上的西长安街其实只是西单至府右街之间长约800米的路段，而东长安街也仅仅是南河沿与东单之间长约1公里的路段。这两段历史长安街之间的距离超过两公里之遥。[3]

1　张敬淦，《北京规划建设五十年》，160页。另见董玥，*Republican Beijing*, 41。
2　北平市工务局编，《北平市都市计划设计资料第一辑》，1947年，北京市档案馆，档案编号：甲-3，ii页。
3　北京市街道详图（北京：中国地图出版社，1950年）。

1949年后的空间扩展与结构变更

在中华人民共和国成立以前，长安街从来没有发生过结构性整合与扩展。1949年10月1日，当毛泽东站在天安门城楼上，宣布新中国成立时，他所俯望的空间与明清时代的景象并没有太大区别，最大的不同就是在他视线内由人群与旗帜形成的海洋。阅兵编队沿长安街行进时，要穿过几座门殿的拱洞，会暂时消失在他的视野中，旗帜也不得不倾倒以适应门洞内的空间。此时的天安门广场已成为了新中国主要的政治公共空间，国家庆典与革命性的仪式越来越频繁地在长安街上举行，因此对这条大街的改造势在必行。

如前所述，历史上长安街的四个部分——历史西长安街、府前街、东三座门大街以及历史东长安街——并没有形成一条直线。甚至相邻的两条街道都不能连成一条理想的直线。历史西长安街、府前街、东三座门大街之间仅仅存在些许弯路，但是历史东长安街却比其他三条街道在纬度上偏南约100米。1950年新中国成立一周年之际，为了给国庆游行编队提供便利，政府努力将长安街打通拉直。在历史东长安街的北侧添加了一条15米宽的平行路，它与东三座门大街在同一直线上。同时，在东三座门大街的南侧建造了一条同样宽度的街道，它与历史东长安街在同一直线上相接。由此，在天安门广场的东侧，历史长安街上有两条平行路，新旧道路之间的隔离带上行驶有轨电车，并沿路种植四排行道树，形成规模可观的绿化带，当时被人们称为“林荫大道”。在1950年的长安街重建过程中，东三座门、西三座门与附属的两座牌楼一起被拆除了。[1]

1952年8月，为了进一步发展长安街的公共交通，并为新中国成立三周年庆典提供游行场所，天安门东侧的长安左门与西侧的长安右门也被拆除了。[2]在1954年，阻隔

1 张敬淦，《北京规划建设五十年》，161—162页。
2 王军，《城记》，163—169页。

长安街贯通的最后两个明清时代的建筑物——东长安牌楼与西长安牌楼——被迁建至陶然亭公园。[1]东西长安街有史以来第一次真正意义上全线贯通了。[2]

此后，长安街的宽度与街面也不断发生着变化，其中部分改造是为了筹备历次国庆庆典。在1955年，西长安街的宽度拓宽到了32米—50米。在此之前，长安街最宽的地段——东单与中南海之间长约2.4公里的路段——也不过仅仅15米宽。街上原来的沥青碎石路面换成了沥青混凝土路面。在1959年新中国成立十周年之际，政府又决定将东长安街的两幅路合并为一条44米—50米宽的单幅路，拆除夹在中间的铁轨与隔离带。[3]

1956年7月，西长安街延长到了复兴门，而东长安街在1958年也延长到了建国门。在此之前，连接西单与复兴门之间的道路仅仅是两条5米宽的胡同，而东单与建国门之间的道路也是许多条相似宽度的小巷。为了建设出35米宽笔直的长安街延长线，并与原来的路面宽度相匹配，[4]在1956年，约有两千五百间[5]西城的四合院被拆除，到了1958年，东城有超过三千间的四合院消失了，总共拆了有两千多座建筑物。[6]

更加复杂的变化发生在1958年，这次是为了迎接1959年新中国成立十周年庆典。东长安街中间的有轨电车被拆除了，绿化带也被铺成了路面。原先的两幅路被合并为一条宽阔、开放的单幅路。作为长安街的核心路段，南池子与南长街之间部分（约1公里长）的路面宽度被扩展到了80米，当时称作“游行大道”。[7]其实，政府原来的计划更加雄心勃勃，本打算将这部分的路面拓宽到120米—140米。[8]天安门城楼前391.9米长的路面被铺装了花岗石，在街的两侧增添了两行华灯灯柱，并种植了成排的白

1　它们在“文革”期间被拆毁。

2　金受申，《北京的东西长安街》，109页；另见张敬淦，《北京规划建设五十年》，161—162页。

3　张敬淦，《北京规划建设五十年》，161页。

4　同上书，162页。

5　传统中国，采用“间”的数量对建筑物进行丈量。关于中国建筑的建造与丈量系统，详见梁思成，*Chinese Architecture*。

6　在上世纪50年代中期，北京的东郊与西郊已经进行了密集建设，因此在北京的东西方向造成了交通拥挤，这使得长安街延长线的建设迫在眉睫。参见《当代中国》编委会，《当代中国的北京》，301页。

7　张敬淦，《北京规划建设五十年》，161—162页。

8　王军，《城记》，292页。

杨、榆树、青松和垂柳。入夜，在长安街沿线，“由金色光辉组成的两条长龙，一眼望不到头”。[1]

在50年代中后期，长安街的长度同样得到了迅速的扩展。当与一幅20世纪早期地图进行比对时，人们可以发现在1950年的北京地图中，两条历史长安街与世纪之初的面貌几乎没有什么不同。但是在一张1957年的地图中，长安街向西的延长部分已经伸展到了石景山区，而这里至今都是北京东西轴线的最西端。然而，东边的部分在50年代末却还维持了1949年以前的长度。南北中轴线两侧的长安街构成了一幅极不对称的画面。但是这种情形很快就得到了纠正。一张1972年的地图展现了长安街东部延长线的部分达到了与西部相匹配的长度，恢复了中轴线两侧的平衡与对称。通过这样的改造，长安街成为了一条名副其实的城市主干道。其实早在1966年，长安街就已经达到了它现在的40公里长度，东起通县，西接石景山区。[2]

长安街贯穿了北京的整个城区。随着它在长度与宽度上的不断扩展，它所展现出的宽阔、通畅、笔直的形象，成了中国社会主义道路美好前景与光明未来的绝好象征。但是如此一来，与众多南北路形成的交叉路口的交通却给塑造这一形象带来了不大不小的问题。在70年代末以前，道路平交，横穿长安街的人流车流与长安街上的人流车流在同一个水平面上。从1980年开始，长安街上的十字路口被精心地规划与控制着。为了使长安街成为一条“畅通无阻”的大道，政府建造了天桥、立交桥与地下通道，其中也包括地铁隧道。[3]然而，为了避免在国家庆典时遮蔽游行队伍的宏大场景，从建国门到复兴门的传统长安街上没有一条跨街天桥。在南池子与南长街之间的游行大道上，也没有设地面上的人行横道。因此，在长安街的中心部分，若要横穿马路，行人必须通过地下通道，车辆也不得不绕道行驶。在传统长安街路段上，停车与左转也是被禁止的。鉴于这段长安街现有的宽度，街面上又几乎没有人行横道，行人步行

1 张敬淦，《北京规划建设五十年》，162页。

2 《当代中国》编委会，《当代中国的北京》，301页。

3 复兴门立交桥与建国门立交桥建于1979年，大北窑立交桥建于1986年，天安门广场北边的地下通道建于1987年，公主坟立交桥建于1994年，木樨地立交桥建于1995年，从90年代起在长安街及其延长线上陆续修建了一些人行过街天桥和地下通道。参见北京市规划委员会，《长安街》，134页。

穿过显得十分不便。[1]

在1998—1999年，为迎接新中国成立五十周年，长安街又经历了进一步彻底的改造。东单与建国门之间的部分从35米被拓宽到了50米，其中机动车道宽30米，两侧是各7米的非机动车道，两者之间每侧各有3米的隔离带。在传统长安街的其他路段沿线，两侧的步道被加宽至6米，而在长安街的延长线上，全部的步道也加宽到了5米。历史长安街沿线的步道与天安门广场两侧的步道采用花岗岩铺装。从西单至公主坟、东单至大北窑路段两侧的步道采用彩色混凝土步道砖铺装。天安门广场上铺装了花岗岩地砖，同时为装饰广场的东西两侧，又在与人民大会堂和国家博物馆相对的位置增加了两块30米宽160米长的大绿地。管道与电缆全部铺设在地下。在整个长安街沿线，交通标识、广告牌、商亭以及垃圾箱被整顿一新，并增加了绿化与公共路椅。当这个迎接五十周年国庆庆典的改造工程完成之时，长安街显得“前所未有的美丽与整洁”。[2]

1　作者所了解的关于穿越长安街的规则，主要来自90年代晚期至今作者在北京的个人经历，以及与出租车司机交谈时获取的信息。作者并没有找到官方出版的北京交通控制法规。

2　北京市规划委员会，《长安街》，134—135页。

历次规划

在清政府倒台之后，尽管原先的两条长安街很快得到了贯通，但是，对长安街与天安门广场真正意义上的规划、改造还是在中华人民共和国成立之后才进行的。规划可以被划分为四个主要阶段，即20世纪50年代、60—70年代、80—90年代，以及本世纪初期，而每个阶段都有其功能上的侧重点。在这长达半个多世纪的规划演变中，总体的趋势表现为政治元素被不断弱化，而人们的注意力越来越多地集中在文化层面上。尽管历次的长安街规划都强调“功能”，但是功能的含义却围绕着政治、文化、人本主义、环境保护等不同的侧重点发生着变化。另外，值得注意的是，虽然自80年代以来商业的发展对长安街的演变发挥着至关重要的作用，但是在历次的规划文件中经济问题从来未被明确地讨论过。对长安街的规划者来说，钱似乎永远都不是问题。

长安街整体规划的问题是在1949年至50年代初期由苏联顾问[1]提出的。为了协助新生的共产主义政权重建国家，这些顾问来到了百废待兴的新中国，而此时的中国大地已经经历了一个多世纪的战火与动荡。这些苏联顾问提出，首都新的行政中心应该以天安门广场作为中心，沿长安街发展（图1.4）。但是，许多中国建筑师与学者对这样的规划持反对意见，他们中间就包括20世纪中国建筑史界的泰斗梁思成与城市规划师陈占祥。陈由梁邀请到北京，此前他曾在英国学习城市规划。[2]他们二人提出了与苏联专家意见截然相反的古城重建建议，这就是著名的“梁陈方案”。[3]

---

1 早在20世纪20年代中国共产党成立初期，苏联顾问就开始在中国活动。在中华人民共和国成立之后，官方协议签署之前，苏联顾问的数量大大增加，那时他们主要来自经济与文化领域。1949年12月16日，毛泽东前往莫斯科与斯大林商议苏联援助中国的事宜。1950年2月14日，中国总理兼外交部长周恩来与苏联外交部长安德烈·维辛斯基（Andrey Vyshinsky）签署了《中苏友好同盟互助条约》。从此，苏联专家开始有系统、成批次地介入中国国民经济的各个领域。参见Short, *Mao*, 421–25。

2 梁思成，《致聂荣臻同志信》，368页。

3 关于梁陈方案的细节及其在当时的历史背景下未被采纳的原因，参见Shuishan Yu, “Redefining the Axis of Beijing”。

当北京城市改造的方案还处在悬而未决状态的时候，一些新政府部门的大楼已经于1951年沿长安街破土动工了，其中包括公安、纺织、燃料、轻工、外贸各部的办公大楼。在支持将行政中心集中在长安街沿线的观点中，有一个理由认为，历史东长安街路南原租界区的外国练兵场是城区内唯一足够大且没有被占用的空间。[1]然而，这个理由根本无法回答为什么非要将新的行政中心建在古城的正中央，而这恰恰是梁思成和陈占祥在他们的方案中所质疑的。

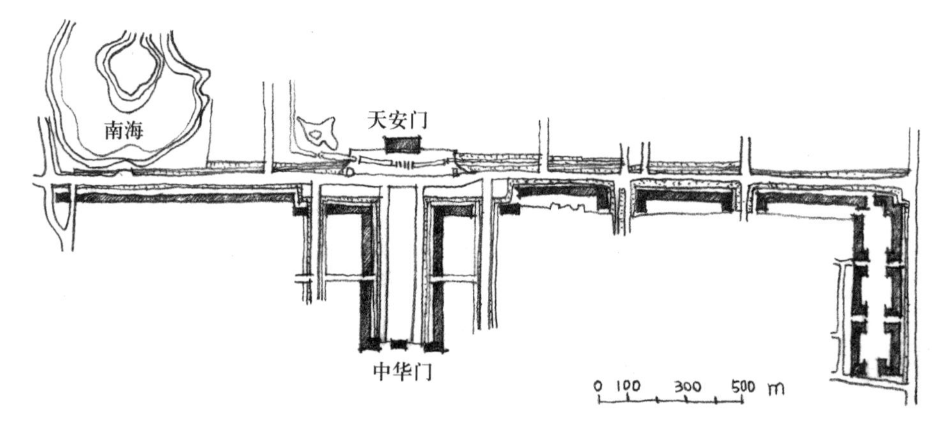

图1.4 1949—1950年苏联顾问提出的长安街规划方案。
作者自绘，摹自董光器《北京规划战略思考》，374页。

事实上，革命的意识形态、国家荣誉感以及现实的诸多问题共同构成了沿长安街建设行政中心的多重动机，政府因此而没有选择在古城之外另建新的城市中心。在意识形态方面，发生在20世纪的中国革命以反传统为己任，拒绝保留旧事物；实际上，新政权需要的不仅仅是建筑用地，而是要通过建筑来形成足以展现新中国国力与形象的城市空间。而长安街可以将这些目的完美地展现出来。作为每年一度的国庆游行地点，长安街沿线集中着1958—1959年建造的建国十周年献礼工程（即十大建筑）。在1950年苏联的规划图纸中，所有提议建设的部委大楼都在长安街的南侧，靠近天安门

1 《长安街》，48页。

广场；而1959年在长安街上完成的国庆工程则多在北侧，这为长安街在未来发展成首都主要的城市展示空间——两侧都被纪念性建筑立面界定围合——奠定了基础。长安街的拓宽还有其实用目的。在紧急情况下，宽阔的街面可以充当机场跑道，供飞机起飞与降落。在50年代的中国，战备仍然是建筑师与规划师所要考虑的主要问题。

如果说50年代对长安街规划的第一次尝试仅仅是首都总体改造工程的一个组成部分，那么在1964年进行的第二阶段规划，则是针对长安街本身展开的一个组织有序的项目。东起建国门、西至复兴门的传统长安街，有史以来第一次被作为一个独立完整的城市片区进行全面规划。建筑师和规划师们对大街两侧的每一个地块都进行了详细设计，这些建筑大部分是中央行政办公与国家级文化部门的建筑综合体，仅在东线有一些商业与公共服务建筑（图1.5）。

这一轮规划的初衷是为了填补1959年献礼工程中未实施的项目所留下的空地。为迎接建国十周年的到来，1958年的计划是在长安街及其延长线上建造一大批国家级纪念性建筑物。[1]有两座原先规划的建筑物没有最终完成，但是，规划用地上的老建筑却

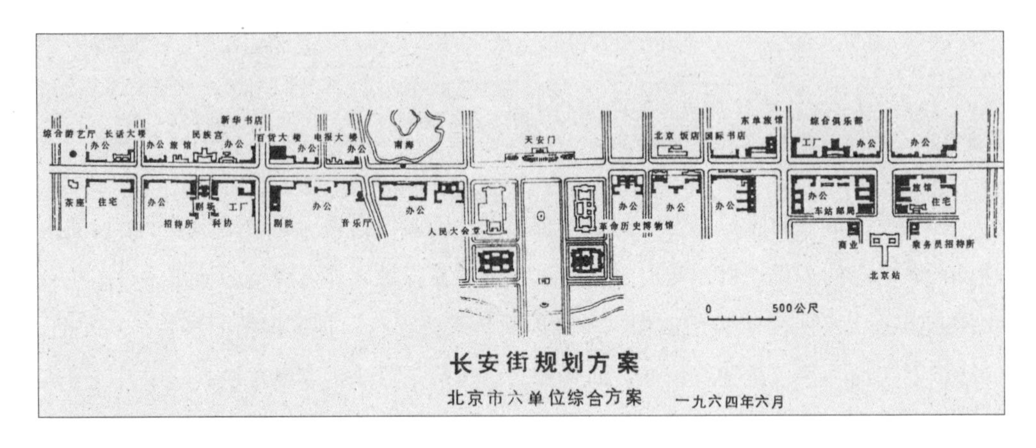

图1.5 1964年长安街规划综合方案。
引自董光器《北京规划战略思考》，376页。中国建筑工业出版社提供。

---

1 这些工程项目包括：人民大会堂、中国革命历史博物馆、民族文化宫、民族饭店、军事博物馆、国家大剧院、科技会堂、西单商场。关于“十大建筑”的具体信息见第二章。另见《关于国庆工程的汇报提纲》（献礼工程简报），北京市档案馆，档案编号：47–1–70。

已经被拆除了。这两处地点一个在传统东长安街东端，方巾巷东侧的位置，另一个位于历史西长安街上西单的东北角。为了将长安街上的空地利用起来，市政府发动了北京六家建筑与城市规划单位分别编制规划方案，工作全程由副市长万里主持，这些单位包括：北京市规划局、北京市建筑设计院、北京市工业建筑设计院、清华大学、中国建筑科学研究院、北京工业大学。该工作还邀请了各地知名建筑专家前来参加对规划方案的审核、评议。最终，由来自全国的五位知名设计师和以上提交过方案的六家单位共同编制了一个综合方案报市政府。[1]

在1964年的这次规划过程中，长安街沿线建筑风格的统一性问题被首次提出。在规划中，不仅整个长安街被当作城市发展的一个独立片区加以对待（规划区域的范围包括传统长安街的东西两端，即从复兴门到建国门），而且规划的指导原则也强调了沿长安街形成统一都市空间的必要性。在这其中，有两个方面被视为先决条件：一方面长安街沿线建筑物的整体布局应该具有连贯性、节奏感与完整性；另一方面，长安街的沿街立面形成的天际线应该是清晰、简洁的。全部建筑物的高度限制在30米—40米的范围内，以避免出现陡然的高度变化。另外在规划中也保留了四个例外的地点，可建高层予以强调，即东单、西单、建国门、复兴门。这四个地点中，东单与西单是传统长安街上的两个主要交通交会处，而建国门与复兴门是传统长安街的东西两端。其他的指导思想明确指出：长安街作为一个整体应该是“庄严、美丽、现代化”的典范，“要在现代化的基础上民族化，力求简洁而不烦琐，轻快而不笨重，大方而不庸俗，明朗而不沉闷，采取批判的态度使古今中外皆为我用”[2]。此次，长安街与南北轴线的关系也得到了明确：规划对南北轴线与长安街交会点的数目进行了限定，目的在于突显穿越天安门广场主轴线的地位。北京城十字轴线的大格局就此开始形成。

如同50年代的第一阶段规划，80—90年代的第三阶段长安街规划同样是针对整个城市进行的整体性规划的一个组成部分。在1982年，一个崭新的《北京城市建设总体

---

1 《长安街》，78页。

2　同上书，78—79页。

规划方案》起草了，它在1983年7月得到了中共中央与国务院的批准。第二年春天，首都规划建设委员会召集这一领域的知名单位[1]编制一个新的总体规划方案，目的是对1982年的规划方案进行补充与完善。从城市规划到建筑设计，从文物保护到雕塑领域，来自不同领域的专家与学者被邀请修订、归纳这些提议。这个总体规划在1985年12月公布。同年8月，首都规划建设委员会与北京市规划局开始实施《北京市区建筑高度控制方案》。

在这些提议中，对未来长安街的设想与1964年的规划没有太大不同（图1.6）。但是，先前规划中的一些思路和理念在此次规划中得到了深入与细化。例如，该方案明确了以旧城中轴线作为经过天安门广场的主轴，另外三条与长安街交叉的副轴分别是北京站前、新华门前和民族宫前。规划中还提供了更多关于建筑限高的细节：西单与东单之间的建筑高度不得超过30米，西单西侧与东单东侧建筑物不得高于45米。方案还预期将东单、西单、建国门、复兴门四个主要的交会口改造为交通广场；从复兴门至建国门的地下铁道将以最快速度完工。[2]

与此同时，在1985年8月，一份关于天安门广场与长安街规划方案的报告被提交到中共中央与国务院。在80年代的规划方案中，一个主要的变化表现在将新的重点从天安门广场与长安街发挥的政治功能转移到它们在市政与商业方面的作用上。在规划设想中，一些重要场所被覆盖上大面积的绿地，[3]并且各建筑物之间，留出适当的绿化空间，目标是使绿化带均匀分布在长安街沿线。这些提议规定，未来的天安门广场与长安街应该宏伟、庄严，然而这些提议也同样强调了人们对于天安门广场与长安街在日常生活、观光与娱乐中的基本需求。规划中还设想在前门及王府井、西单与长安街的交会处设立商业与公共服务设施。长安街沿线所有建筑物的底层都将对公众开放。

1 这些合作院所的名单与1964年长安街规划的名单相似，其中包括：城乡建设环境保护部建筑设计院、中国城市规划设计研究院、清华大学建筑系、北京工业大学建筑系、北京建筑工程学院建筑系、北京城市规划设计院、北京市建筑设计研究院。

2 《长安街》，88—90页。

3 覆盖大面积绿地的重要场所包括：紫微宫、东单公园、北京饭店、新华门、西单、民族文化宫、人民大会堂以及中国革命历史博物馆。

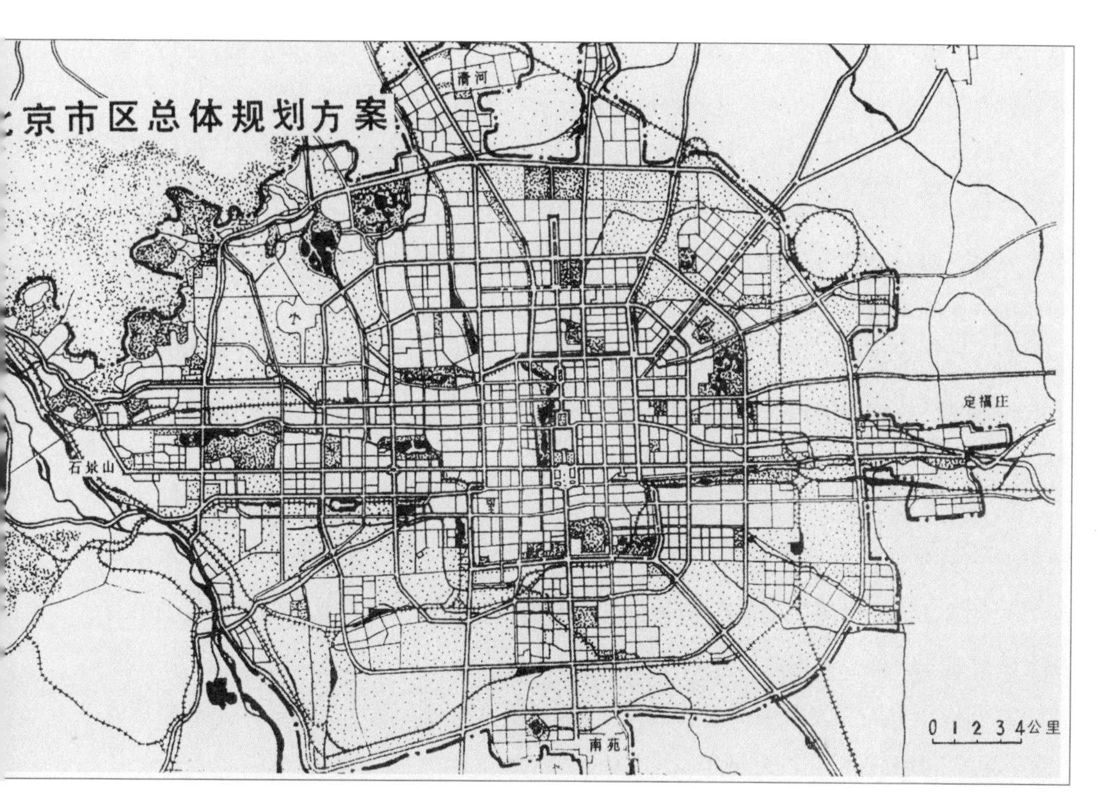

图1.6　1982年北京总体规划。
引自董光器《北京规划战略思考》，389页。中国建筑工业出版社提供。

天安门广场北侧的地下区域将用于停车场、小商铺以及公共服务设施。在步道上将会提供更多的服务性设施。[1]

80年代的规划方案与以前两个阶段的另一个反差在于强调保护“古都风貌”。起初，为了给天安门广场与长安街的扩建让路，传统建筑与一些皇家标志物被视作现代化的绊脚石而被拆除。然而，作为对1982年规划方案的回应，自新中国成立以来，中共中央与国务院首次在批复中指出：“北京是我国的首都，又是历史文化名城。北京

1　董光器，《北京规划战略思考》，400—404页；《长安街》，90页。

城市建设，要反映出中华民族的历史文化、革命传统和社会主义首都的独特风貌。要继承和发扬北京的历史文化名城的传统，并力求有所创新。”[1]

在风格上，1985年的长安街规划方案与1949—1950年的苏联专家方案、1964年的总体规划方案存在着明显差别。在前两个时期的规划中，长安街由笔直的条状大楼所围合界定，而在1985年的规划中，取而代之的是包含庭院的综合建筑群（图1.7）。尽管在每一轮的规划中，这样的设计都受到了梁思成以及清华团队的强烈支持，但是在此之前，却从来没有被政府采纳过。这种风格上的转变显示出政府在北京重建的问题上开始接受已故的清华教授梁思成的观点，这同样也是80年代起文物保护意识增强的结果，这种保护意识是梁思成在世时积极倡导的。

1991年，面临新千年的到来以及首都第二个五十年规划期的双重机遇，导致了政府对1983年总体规划方案的重新修订。作为之前计划经济体制的替代者，邓小平的“社会主义市场经济”政策在90年代已深深地扎下了根，并在北京的城市规划中有所反映。这一时期，中国政府开始允许外国投资与金融组织出现在长安街上。在80年代，官方将北京界定为中国的“政治与文化中心”，而现在这个城市的未来被描绘成“世界著名古都和现代化国际城市”。[2]

2002年，长安街第四阶段的规划促成了迄今为止针对这条街道最全面的调研，内

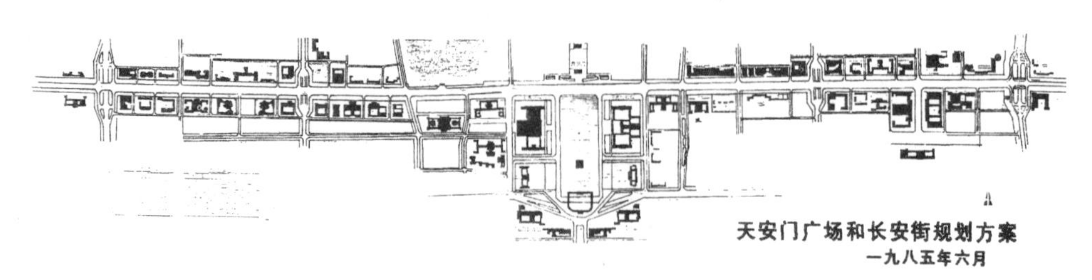

图1.7 1985年长安街规划。
引自董光器《北京规划战略思考》，402页。中国建筑工业出版社提供。

1 《长安街》，88页。
2 同上书，108页。

容涉及长安街的历史发展和现状，并以具体的规划概念展望了长安街未来的图景。如同80—90年代的第三阶段规划，新一轮的规划由首都规划建设委员会发起，由数个知名研究机构分担，并基本囊括了参与80年代规划的主要单位。[1]

如同上世纪五六十年代的规划，本世纪对长安街规划的目的依然是为了填补它上面留存的“缺口”，而此时的缺口比以前不但没有减少，反而增多了。按北京城市规划委员会的说法：“市领导以战略眼光提出长安街未建的十个楼座如何进行建设的问题，实质上是要求在2009年前基本建成长安街两侧建筑。”规划委进一步提出了“完善天安门广场和建成长安街”的建议。长安街沿线上的“缺口”需要填补，但人们似乎还没有完全想清楚用什么去填补它们。实际上，规划师们的任务恰恰是研究“长安街剩余十个楼座如何建设的课题”。[2]长安街需要的仅仅是被完工，目的是给重大的文化与政治事件提供展现盛大场面的舞台。这一次是为了迎接2008年第29届夏季奥运会和2009年中华人民共和国国庆六十周年的庆典。

2002年的规划报告将长安街称为“神州第一街”，并指出它是“北京城的东西轴线，在我国的政治、文化生活中起着极其重要的作用，体现着国家和首都的形象”[3]。实际上，尽管长安街在上世纪50年代已经在事实上充当了北京的东西轴线，并且在先前的文献资料中对它的特殊地位也有所涉及，但是2002年的评估却是将这条大街视作北京符号以及新中国象征最清晰而有力的声明。

报告的主要篇幅针对的都是一些实际问题，例如：如何在长安街沿线提供一个更加富有艺术性与功能性的城市空间，同时拥有良好的交通状况与公共服务（图1.8）。然而，长安街的象征意义却反映在它的现状评估以及对它理想未来的提议中。在报告的“建筑功能分析”部分，撰写者们批评长安街正在失去它作为政治、文化中心的特征。长安街沿线有太多的商业与银行大楼，而文化与公共服务建筑却凤毛麟角。报告同时建议减少

1　北京六家主要的建筑与城市规划单位分别编制规划方案，其中包括：清华大学建筑系、北京工业大学建筑系、北京建筑工程学院建筑系、北京市建筑设计研究院、北京市规划设计研究院、中国市政设计研究院。见《长安街》，4页。

2　《长安街》，8—10页。

3　同上书，6页、10页。

图 1.8 2002年长安街与天安门广场研究规划项目中对未来长安街的计算机处理图像。引自《长安街：过去、现在、未来》，265页。郑光中、赵钿提供。

长安街上的商业广告，取而代之的是公益性广告牌，同时加强对文化事业的宣传。[1]

与长安街之前的规划版本相比，2002年的规划版本中，在长安街未来发展的指导思想中添加了环境原则与人本原则，以反映21世纪中国建筑发展的新方向。[2]在理论层面上，环境保护原则旨在通过可持续性的设计与城市发展中的生态平衡来改善自然环境；以人为本原则强调在关注国家意识形态的同时更加顾及普通人日常生活的需求。而在可操作层面上，2002年的规划，针对环境原则，提出了在长安街沿线增加绿地以及水面；针对人本原则，建议对公众开放长安街沿线全部建筑物的底层以及休息大厅，这样每个人都可以使用其包括卫生间在内的各种公共服务设施。此规划同时建议在人行道上增设更多的公共卫生间、座位、路椅与休闲栈亭以提供更多的公共服务与便利。

2002年的规划指导思想同时重申了其他四项原则，这些原则或多或少都在之前的规划版本中被强调过：（1）现状原则，（2）保护原则，（3）功能原则，（4）艺术原则。现状原则一方面肯定了长安街过去建设中取得的伟大成就，另一方面承认现有的重大问题。它认为应在立足于先前五十年建设成就的前提下，本着现状基础考虑未来。功能原则强调长安街与天安门广场作为政治、文化中心的价值，呼吁安排适当功能的建筑，完善街道功能以便更好地为人民服务，为中央服务。保护原则重申了文物保护的责任，强调对长安街沿线文物古迹和历史街区的保护和利用。最后，艺术原则要求“神州第一街”要堪与世界上任何国家首都的主要大道相媲美。这就需要长安街拥有功能完善的建设、便捷的通信、现代化的设施、光辉壮美的形象、令人舒适的空间，同时要具有宜人的空间尺度、深厚的文化内涵、浓郁的传统风貌以及独特的中国特色。[3]

在2002年的规划中，位于传统西长安街南侧的中央办公区是设计得最为详尽的一部分。关于这部分规划的形式，以及人们为什么选择这个区域进行深入设计，原因可以追溯到上世纪90年代一场关于长安街地位的争论。在当时针对首都的东西轴线，曾经存在两种截然不同的观点。其中一种观点坚持：长安街已经形成了东西轴线，并应

1 《长安街》，150、218页。
2 同上书，247页。
3 同上。

该继续发展下去，[1]城市规划师陈干是这种观点的支持者。持另一种相反观点的人是建筑师赵冬日，他认为长安街所形成的轴线其实是一条“虚轴”，尽管街道的两侧建满纪念性建筑物，但是长安街本身只不过是一条通道。赵冬日主张在长安街的南侧另建一条“实轴”，就是将纪念性的建筑物直接建在东西轴线上，这样才可以与由天安门、故宫等建筑物排列而成的南北轴线（“实轴”）相比肩。赵冬日提议建造东西轴线的区域位于长安街与前三门大街之间，而天安门广场就是这东西与南北两条实轴的交会点。在赵冬日的提议中，由纪念性建筑物形成的东西轴线一边从天安门广场西侧的人民大会堂向西延伸，另一边从广场东侧的中国革命历史博物馆向东扩展（轴心通过人民大会堂与革命历史博物馆的中心线）。[2]在2002年的规划中，中央办公区有自己的轴线，并且在轴线上建有纪念性建筑物与水面。这个轴线同样以人民大会堂为起点，而国家大剧院成为这条轴线上的第二座纪念性建筑物。但是，这个轴线仅仅覆盖了赵冬日原先提议的西侧部分。并且，它比长安街以及南北轴线都要短得多。针对陈干与赵冬日的不同观点，2002年的设计在两者间做出了某种折中。

新中国时期，尽管指导思想有所变化，推动长安街发展的目标却始终如一：填补“缺口”。1949年的苏联专家规划方案建议填补位于先前的租界地周边的缺口；1964年的规划版本努力填补1959年献礼工程所留下的两处缺口；2002年的规划方案旨在填补“最后的”十处缺口。这部补缺编年史所反映出的是，每当旧的缺口被填补上，新的缺口便很快被制造出来。实际上，这种“缺口”与其说是现实空间与结构方面的问题，不如说是源自观念上的时代差异。它们都是意识形态与指导思想变化的产物，是在不同时期追求不同的长安街理想的“建成状态”所造成的差异。与这个“缺口”概念息息相关的是建筑物的公共立面（public façades），一个当中国人首次直面建筑的现代性问题时，由西方引入的概念。

---

1 高汉，《云淡碧天如洗》，222页。
2 赵冬日、褚平，《北京天安门广场东西地区规划与建设》，《建筑学报》（1993年1月），2—5页。

长安街建筑立面的变化

作为建筑物主要公共形象的建筑立面对于传统中国建筑而言是一个陌生的概念。中国传统建筑的核心是开放的庭院，强调“虚的”空间而非“实的”构筑物。中国庭院通常由围墙从四面封闭起来，对公共空间无“面”可言。在街面上只有高墙和屋顶，而若想不进入庭院判断一个建筑群或屋主的地位，唯一的线索是这个建筑群的正门，它通常开在南侧的外墙上。庭院中的每个房间均有“面”有“背”。[1]“面”通常开有大的门窗，装饰精美考究，相比之下“背”则是朴素的实心墙壁，时有小型的高窗点落其上半部。房间的“面”通常只面向内部的庭院，而将“背”朝向城市的公共空间。对于基本上是单层的中国传统建筑而言，在大街上，“面”大多是看不到的（见图6.12）。

在中国传统的建筑图样中，建筑物通常是采用类似剖面图或是轴测图的形式绘制，却很少采用建筑立面图来表示。[2]西方传统的纪念性建筑物与中国相反，它们往往是独立于公共空间的高大实体，而不是由低矮实体围合内部的庭院空间，立面对一个建筑的公共形象便极其重要。中国现存最早的建筑立面图是表现圆明园中西洋楼建筑的铜版画。和铜版画这个舶来品一样，在公共空间采用立面传达建筑含义的概念，也是在中国遭遇西方世界之后才得以形成。

1949年以前长安街的建筑立面

在建筑层面上，1949年以前的历史长安街是一条两边都是墙壁与大门的传统街道。

1　关于传统中国建筑中的“面”、“背”与立面的详细论述，参见巫鸿，“Face of Authority: Tian'anmen and Mao's Tian'anmen Portrait,” in *Remaking Beijing*, 51–68。

2　牌楼或牌坊是个例外，它们只是也只能用建筑立面来表达。在帝制时代，牌楼用以标示重要街道或划分神圣区域的边界；或用于商业性建筑的临街入口，并在其匾额上铭刻商业的名称。严格地说，牌楼或牌坊也只是一面华丽的通透墙壁。

1860年以前的明清时期，长安街的中间部分的北侧是皇城的围墙，南侧是各部衙门的外墙。历史上的东西长安街两侧毗邻居民大院，其间散落着各种店铺和寺庙。长安街的沿街立面显得低矮，且基本上是单层的。

1860年第二次鸦片战争之后，在东交民巷周围建造了不少外国使馆，位置就在历史东长安街的南部区域。这些使馆大部分是在封闭的院子中建造的一二层砖石建筑，分属不同的国家。尽管这些建筑大部分是由西方人设计建造的，但是它们都遵循了中国的传统，将房子的主要立面面向院子的内部，并与城市公共空间隔离。1901年义和拳运动之后，外国租界扩展到了历史东长安街与内城南墙之间的整个区域，并覆盖了一部分今天天安门广场东部所在的位置。整个120公顷的使馆区如同中世纪的城堡一样壁垒森严，[1]无论在建筑结构还是管理上都称得上是“城中之城”。使馆区范围内包括大使馆、居民区、俱乐部、邮局以及军营，而使馆区周边的区域被清理出来供外国军队作训练场地，同时也供西方人作马球场。此时，历史东长安街南部是大面积开放的空间，也就根本谈不上什么沿街立面了（图1.9）。[2]

图1.9 1949年北京旧城模型中展现的使馆区与外国兵营。
引自《长安街：过去、现在、未来》，46页。郑光中提供。

1 窦尔恩（Frank Dorn），《老北京风俗地图》，1936年。
2 张复合，《北京近代建筑史》，62—87页。

在民国期间，一些多层建筑出现在了历史长安街上，例如当时位于中南海对面的首都城市管理办公室，以及位于历史东长安街北侧，建于1917年的北京饭店老楼。但是总体而言，历史长安街周边依然以围墙与单层建筑为主。连绵不断的红墙与灰屋顶之上零星浮现出一些高大的具有殖民地风格的建筑形象，当时的人将这幅景象讥讽为“鹤立鸡群”。在1912年，中南海由皇家御苑摇身一变成为总统府，原来御苑中的宝月楼被改建成了总统府大门，从而形成了一个入口立面。与此同时，为了不让古旧院落破败不堪的景象妨碍民国领导人的视线，政府在历史西长安街的南侧建造了一条连绵不断的砖墙，并采用西方巴洛克风格的图案作为装饰元素。大部分历史西长安街的立面是由灰砖构成的一眼望不到头的墙壁（图1.10）。

1911年之后，另一个导致长安街沿街立面重大变化的原因是将原来的皇家禁地对外开放。明清时代天安门广场的围墙被拆除之后，天安门城楼被从周边环境中单独界定了出来，成为一个名副其实的建筑立面，此前它仅是皇城的南门，北京城南北轴线

图1.10 位于历史西长安街中南海街对面的墙壁（建于20世纪初期）。作者自摄。

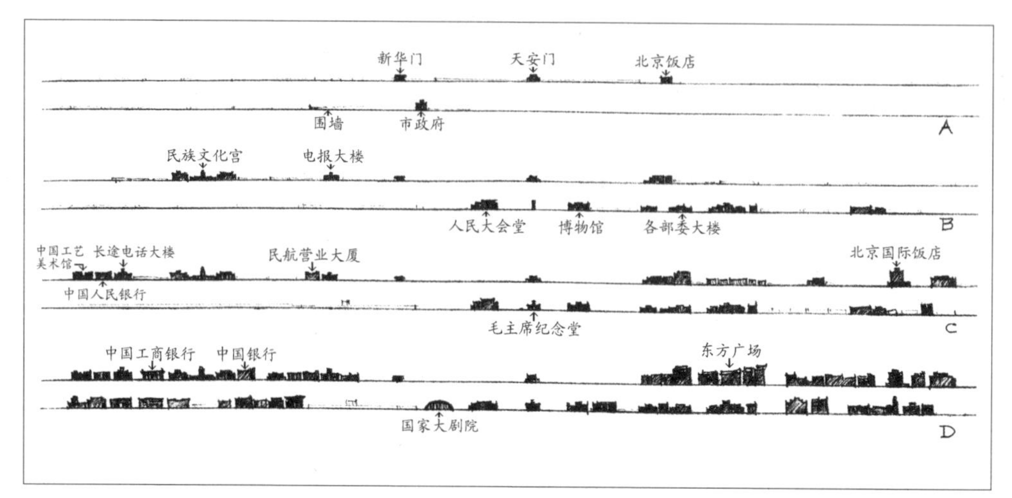

图1.11 传统长安街变化中的沿街立面（顶部为北立面，底部为南立面）：A.上世纪10—40年代；B.50—60年代；C.70—80年代；D.90年代至2010年。作者自绘。

上众多城门中的一座。但是，这个新的建筑立面马上就获得了特殊的政治地位。在共产党接管政府以前，天安门中间券门上悬挂过孙中山与蒋介石的巨幅画像，政治面孔与建筑立面合而为一。在整个民国期间，长安街的沿街立面总体来说显得低矮且支离破碎（图1.11A）。

1949年之后长安街的沿街立面与中国的国家认同

新中国成立以后，长安街两侧建起了越来越多的纪念性建筑立面，并逐渐显露出作为一条贯穿东西的城市主干道的特色。几乎每次“逢十”周年国庆庆典之前，长安街上都伴随着新一轮的重大规划与建设，而每一次都围绕着同一个目标——“相对完成长安街的建设”。在这里，“完成”意味着填补先前纪念性建筑立面之间留下的“缺口”，并用现代的高楼大厦取代传统庭院低矮的围墙。在将近半个世纪的时间里，长安街从两条相互分隔的狭窄小街变为一条笔直畅通的大道，它的沿街立面也由原先单层的民居院落改造为高大对称的楼座。

长安街沿街立面的改造过程可以被看作是完成一长幅展开的拼贴画，这幅鸿篇巨制的长卷描绘了中国在20世纪不断寻求国家认同的周折经历。起初，中国在上世纪五六十年代是社会主义阵营的一员；在随后的七八十年代，她把自己界定为一个第三世界发展中国家；最后，从90年代初至今，在高涨的民族主义意识形态的指引下，中国要展现的身份是充当一个区域性大国进而成为世界强国。而每一次的身份转变都在这幅长卷中留下了那个时期的印记。当多层建筑填补了庭院住宅之间的缺口时，单层的庭院又反过来变成了缺口。随着长安街沿线的建筑高度不断提升，每一段时期，人们在填补旧的缺口时又给下一代制造出了新的缺口，直到政府出台法律来控制建筑高度，这种现象才得到了缓解。最终，长安街的沿街立面形成了一组长卷，以千姿百态的建筑风格展现出中国变化着的国家认同（图1.11，C，D）。

20世纪50—60年代

1949年之后，长安街沿线第一个被填补的“大缺口”是以前租界周边的外国军营和马球场。1951年，中央政府在传统东长安街南侧的这些开阔地面上添加了一些三四层的建筑物，它们是公安部、纺织部、燃料部、轻工业部以及外贸部的办公大楼。1953—1954年，位于传统东长安街北侧的北京饭店，在1917年老楼（现为北京饭店中楼）的西侧加建了西楼。1958—1959年，北京火车站建在了传统东长安街的南侧。但当时它还位于一条偏僻的巷子中，直到90年代，当遮挡北京站北面的小巷与院落被拆除之后，它的对称立面才完全显露在长安街上。在传统西长安街的北侧，同样进行着大张旗鼓的建设：在1955—1957年，政府建造了电报大楼，1958—1959年，民族文化宫与民族饭店建造完成。在天安门广场的区域范围内建设也在如火如荼地进行着：在1949—1958年，在天安门广场的中心位置完成了人民英雄纪念碑的建设。在1958—1959年，广场西侧的人民大会堂与东侧的博物馆建筑群拔地而起。在西长安街延长线上，中央广播大楼于1957年建在了街的南侧，位置紧邻复兴门，军事博物馆在1958—1959年完成建设，建在街的北侧，它与原来明清旧城的西城墙距离约3公里。这些都是在50年代完成的，在整个60年代，长安街上没有进行过大规模的建设。

这期间的新建筑多集中在传统东长安街的南侧与传统西长安街的北侧。但总体来说，它们还是显得孤零零的。长安街整体的沿街立面上仅有这些许零星而突兀的高大建筑，街面两侧的大部分区域仍然被传统的单层院落占据着（图1.11B）。

20世纪50年代的中国建筑大体上追随“社会主义内容，民族形式”的苏联文艺政策。在绘画、歌剧等门类的艺术形式中，这一政策的具体含义是清晰明了的；但是在建筑领域中，“社会主义内容，民族形式”的含义就会显得模棱两可。特别是在内容要求方面，显得更加难以界定，一部分人会将其理解成功能，而另一部分人将其理解成意识形态。[1]在实际的设计操作中，20世纪50年代的新中国建筑界将“社会主义内容”基本上等同于三四十年代在苏联由斯大林支持的一种新古典主义风格。这种风格在建筑上将16—17世纪莫斯科式的建筑元素与表现革命主题的装饰元素融合在现代的混凝土建筑中。[2]在平面上，这种建筑的特征是中间主体配以两个向外展开的侧翼部分，形成对称的布局。在立面上，这种建筑多为横向三段式或五段式划分，在中间的一段冠以高耸的尖塔。中国建筑师后来戏称这种风格为“蛤蟆式”。[3]在这一受苏联影响的政策中，对“民族形式”的要求相对来说更加清晰明了一些，但是人们对它的不同阐释仍然导致了多种多样的建筑形式，从全尺度仿造的传统大屋顶，到有限地采用细部装饰元素，不一而足。因此，不管是“内容”还是“形式”，归根到底都变成了某种风格的选择。正如罗德明（Lowell Dittmer）指出的，“身份的获得”（acquisition of identity）是“融入”（fitting in）与“突出”（standing out）的结合，即首先要在一个由重要的他者（significant others）所组成的群体里获得认同，然后再发展那些显示自己独立与个性的特色。[4]新中国早期的建筑采用了斯大林式的新古典主义风格，[5]以此来“融入”社会主义阵营这一“重要的他者”，又通过采用中国传统的形式与母题来“突出”独有的中国特色。

从天安门广场往西前行，长安街上第一座高大的建筑立面是电报大楼，它建于

1 本书在第二章中详述了50年代的建筑政策。另见邹德侬，《中国现代建筑史》，144—145页。
2 Brumfield, *History of Russian Architecture*, 487–91.
3 这些建筑的平面图很像一个四肢弯曲趴着的蛤蟆，因此中国建筑师给这种苏式建筑起了这样一个戏谑的名称。
4 Dittmer, *Sino-Soviet Normalization*, 94.
5 罗小未主编，《外国近现代建筑史》，138页。

1955—1957年（图1.12）。尽管电报大楼在平面与立面上都是对称的，并且在中部建有一个钟楼，但是，它在立面设计上采用了浮现于土黄色墙面之上的白色框架图案，间以带状分布、富有节奏感的大窗户，这些设计手法的运用使这座建筑物看上去比斯大林时代的苏联建筑显得更加明快。在对“中国现代风格”的探索中，这座建筑物被认为是迈向成功的重要一步。[1]与电报大楼形成对比的是苏式风格的中央广播大楼（图1.13）。这座建筑是一百五十六个苏联援建项目中的一个，于1957年完工。尽管根据当时的文献记述，中国建筑师负责这座建筑物的设计，而苏联的工程师只帮助解决技术问题，但是这座建筑物却囊括了苏联纪念性建筑的全部风格特征，包括中间高、两边低的金字塔式立面构图，并在中央塔楼顶部建有类似西方建筑中采光灯亭（lantern）一样的西式亭子。在17世纪欧洲新古典主义建筑与俄国莫斯科式建筑中常见的瓮状装饰（decorative urns），也出现在了中央广播大楼屋顶的边角，与西式栏杆和塔亭一起构成了一个很洋的天际线。中国传统的建筑母题在这座立面上是完全找不到的。

在共和国成立之初的过渡时期，中国建筑界并存着现代主义、斯大林式新古典主义、中国传统复兴思潮[2]等多样的风格。如果这种建筑风格的多样性反映出意识形态转型阶段国家认同的某种模糊状态，那么在50年代末期，建国十周年的献礼工程则为此后社会主义中国的建筑风格定下了基调。在这些献礼工程中，有六座建筑物的立面面向长安街。一些在外观上带有明显的苏联风格，一些具有更多的中国传统装饰元素，但是这些建筑物全部都带有一个普遍特征，就是将苏式的整体布局与中式的传统细节组合在一起。

在风格上，军事博物馆的主立面具有明显的苏式建筑特征，在水平方向上，它包括五个部分，位于中间的部分最高（图1.14）。与中央广播大楼类似，军事博物馆的外轮廓呈金字塔状，中间的塔尖上竖立起一个巨大的解放军八一五星军徽。中央塔楼两侧的部分相对较低，环抱的外侧两端则处于最低的位置。在建筑平面上，中央与两端

1　邹德侬，《中国现代建筑史》，191页。

2　在50年代早期，长安街上没有建造过中国传统复兴式的建筑物。但是，在首都的其他地区却出现了很多这种风格的建筑物，例如陈登鳌于1954年设计的地安门行政住宅区，张开济于1952—1955年设计的三里河“四部一会”办公楼。参见中国现代美术全集编辑委员会，《中国现代美术全集》，第二卷，4—5页，第四卷，38—39页。

图1.12 电报大楼，1955—1957年。建筑师：林乐义、张兆平等。作者自摄。

图1.13 中央广播大楼局部，1957年。建筑师：严星华等。作者自摄。

的部分向前凸出来，夹在中间的东西两翼凹进去，伴随着墙面上一日间变幻的投影，这些体量形成的凹凸给军事博物馆的建筑立面赋予了些许雕塑效果。与中央广播大楼不同的是，军事博物馆的建筑立面包含有许多中国传统装饰元素。例如，各部分的上方都冠以铺有黄色琉璃瓦的屋檐，而中塔的基座实际上是一个传统的曲面盝顶；三开间的门廊入口处采用了牌楼的简化形式，且看似脱离于建筑主体而独立出来，恰如传统牌楼的空间形态。

与军事博物馆相比，民族文化宫的建筑立面采用了更多的中国传统建筑图案与素材。中央塔楼的顶部盖有一座中式亭子，亭子采用了重檐攒尖的屋顶样式，顶上铺有蓝绿色的琉璃瓦。在亭底的四角又各建一个小亭子，顶部采用了相同的样式。具体而微的小亭子共同簇拥着中央的大亭子，有金刚宝座塔的韵味。在中央塔楼两侧较低部分的斜屋顶上同样铺装了蓝绿色的琉璃瓦。建筑师按照中国传统建筑中“廊”的外观对这两个侧翼部分的顶层进行设计，通过具体的浮雕式细节模仿古代木构建筑中的

图1.14 军事博物馆，1958—1959年。建筑师：欧阳骖、吴国桢等。作者自摄。

图1.15 民族文化宫，1958—1959年。建筑师：张镈、孙培尧等。作者自摄。

梁、柱与雀替（图1.15）。梁思成在1954年的一次演讲中提出，中国传统的建筑“形式”（建筑元素）与“文法”（组织原则）可用以满足任何的现代需求。他通过两幅自绘的图画来支持自己的论点。[1]在部分学者眼中，民族文化宫是一个典范之作，它实现了梁思成将多层建筑与民族形式相结合的图景。[2]然而，在建筑的平面设计上，民族文化宫依然是典型的苏联“蛤蟆式”建筑，它在长安街上呈现出的建筑立面是标准的横向五段式划分形式，中间配以高耸的塔楼；在总体的体量布局上，这座建筑与军事博物馆相差无几。

人民大会堂与中国革命历史博物馆在建筑风格上介于军事博物馆与民族文化宫之间，它们既无明显的苏联特点，也无突出的中国特征（图2.8、图2.10）。没有高挑深

1 梁思成，《祖国的建筑》，另见《古建筑论丛》，104—158页。
2 邹德侬，《中国现代建筑史》，239页。

远的中式屋顶与耸立的苏式中央塔楼，这两座建筑物代表了“社会主义内容”与“民族形式”的进一步折中、妥协与融合。一方面，人民大会堂与博物馆建筑群的凸出屋檐上都铺装了黄色琉璃瓦，在屋檐下方的建筑外墙与内部的装潢设计中，都可以清晰地看到带有民族风格的装饰图案；另一方面，它们建筑立面的整体比例都保持着西方新古典主义的风格。如同军事博物馆一样，大会堂与博物馆建筑群的主立面可以被水平划分为五个部分，中央与两端的三个部分向前凸出，夹在中间的两个部分凹进去。在大会堂东侧主立面的门廊内，每个巨柱之间的距离并非完全相同，而是从中部开始向两侧渐次缩短，这一点遵循了中国传统木构建筑的原则。但是，建筑立面的比例却没有遵循中国的传统做法。在宋代官方颁布的建筑手册《营造法式》中明确记载“柱高不逾间广”，即柱子的高度不应超过开间的宽度。但是在人民大会堂的门廊内，柱子的高度却是柱子间距的两至三倍，这种设计更加类似于西方古典建筑的比例做法。作为空间的组织元素，博物馆的建筑内设有庭院，但是它们并没有像中国传统庭院那样，被纳入到轴线的关系中。在十大建筑中，对这两座新中国最重要的建筑物采取折中主义的风格并非偶然，最终的设计方案实际上经过了精心的挑选。在1958年，共有八十四个平面方案与一百八十九个立面方案成为人民大会堂的备选设计。在这些设计中，既有传统的大屋顶，也有现代的密斯式玻璃盒子，还有苏式的塔楼。[1]可以说，50年代末期，在建筑中采用这种折中主义风格成为了新中国“融入”社会主义阵营，并“独立”自我的最佳方式。

20世纪70—80年代

整个70年代期间，传统长安街上新添了三个主要的建筑立面，其中包括：北京饭店东楼（1973—1974）、长途电话大楼（1976）以及毛主席纪念堂（1976—1977）。在1971年之后的三年里，“外交工程”填补了东长安街延长线上大面积的立面缺口，其中包括国际俱乐部、北京友谊商店以及外交公寓，同时在东西长安街延长线上，建造

1 邹德依，《中国现代建筑史》，231—232页。

了多层建筑的住宅区。

在80年代期间，传统长安街两侧又增添了九个新的建筑立面。其中的四座位于传统西长安街上，它们包括：中国工艺美术馆（1985）、中国人民银行总行（1987—1990）、民航营业大厦（1985—1990），这三座建筑物位于街的北侧，还有坐落于街南侧的北京音乐厅（1981—1985）。另外五座建筑物坐落于传统东长安街上，其中包括：中国社会科学院（1980—1983）、东单电话局（1983—1985）、北京国际饭店（1982—1987），这三座建筑物位于街的北侧，以及海关总署大楼（1987—1990）与对外贸易经济合作部新楼（1987—1992），这两座建筑物位于街南侧。在80年代，长安街延长线的新建设主要集中在东部区域。在东长安街延长线上有两座建筑建在了街的北侧，一座是建国饭店（1980—1982），另一座是庞大的中国国际贸易中心（1989）。在东长安街延长线的南侧，长富宫饭店也于1989年拔地而起。在西长安街延长线上，政府于1988年建造了中央电视台大楼。但是在80年代期间，规模较小、相对缺乏影响力的工程项目同样遍布整个长安街的延长线。到80年代末期，传统西长安街的北侧已经拥有了足够多宏伟的纪念性建筑立面，以至于之前所建造的相对低矮的多层建筑显得有些像“缺口”了；而长安街南侧的建筑立面却依然被大量老旧的院落占据着（图1.11）。

在七八十年代期间，东长安街上进行的集中建设与中国在国际角色上的政治变化存在直接的关系。在这期间，中国的国际角色从社会主义阵营中的一员转变为第三世界国家中的一分子，“第三世界”是在冷战期间演化出的一个专有名词，用以指代那些既不属于资本主义，也不认同共产主义的国家。在70年代早期，毛泽东提出了自己的“三个世界理论”，他对“第三世界”进行了重新界定，并将中国纳入到这个范围内。[1]自从1956年起，作为共产主义中国对外援助的一部分，中国的建筑师一直工作在亚洲、非洲与拉丁美洲的一些“兄弟国家”，其中包括：蒙古、越南、朝鲜、尼泊

1 1974年4月，邓小平以联合国中国代表团领袖的身份，在联合国大会上全面阐述了毛泽东的“三个世界”理论。根据这个理论，美苏这两个超级大国构成了“第一世界”，其他工业化国家，无论是社会主义还是资本主义制度，属于“第二世界”。其余的发展中国家全部属于“第三世界”国家。参见Philip Short, *Mao: A Life*, 611。

尔、阿尔及利亚等国家。[1]在60年代期间，更多中国援助的国家项目在亚洲与非洲国家的土地上破土动工了。[2]然而，70年代以前，这些项目都是在社会主义阵营所执行的国际主义原则下开展的，那时中国要做的是向世界上的其他国家进行革命输出。但是在70年代，这个立场发生了变化。中国开始更多地把自己界定为“第三世界”发展中国家的一员，而不是社会主义阵营中的一个领导者，须义不容辞地向他国出口社会主义。[3]社会主义与资本主义意识形态之间的边界因此被有意地模糊了。

如前所述，在历史的长河里，无论在实际功能还是象征意义上，西长安街主要与刑罚、军事、威权联系在一起，而东长安街则与商业、民政、庆典息息相关。因此，发展东长安街成为了中国向世界做出的一个友好姿态，以此向其他国家表达中国渴望与世界——特别是西方国家——建立更多的联系。的确，70年代东长安街新的建筑立面在风格上与50年代的面貌截然不同，50年代的建筑立面基本保持着对称，并建有高大的入口，使面向长安街的主立面显得高大、肃穆、令人生畏。相比之下，70年代东长安街上的建筑立面基本上呈现出不对称的效果，建筑的入口与门廊更加符合人的比例尺度，整体上传达出平易近人的形象，并营造出轻松的氛围。

在70年代，东长安街上全部的主要建筑都与中国在外交上的新进展联系在一起。国际俱乐部基本上是一个针对国际友人的服务中心，带有一个剧场和一个户外游泳池，并建有多个阅览室、健身设施、交谊室和餐厅（见图4.6）。它是专为建国门区域周边的外交群体而建造的。建造外交公寓的初衷是将其作为生活区出租给外国人。在中国加入联合国并向西方国家开放入境之后，北京饭店于1974年增建了东楼，以迎接不断增多的外国游客。[4]

---

1 邹德侬，《中国现代建筑史》，285—287页。

2 同上书，581—584页。

3 上世纪六七十年代，社会主义阵营的瓦解是导致国家认同变化的一个主要原因。早在1956年，波兰危机与匈牙利的反叛标志着社会主义阵营内部混乱的开始。在赫鲁晓夫（Nikita Khrushchev）的命令下，苏联在1960年取消了对中国的援助。围绕着国际共产主义运动的一些关键问题，中苏之间展开的辩论一直持续到了1964年，这时两国正式分道扬镳。1968年8月，苏联入侵捷克斯洛伐克，镇压了“布拉格之春”。此后在1969年3月，苏联出兵侵犯位于中苏边境乌苏里江的珍宝岛。参见Spence, *The Search for Modern China*。另见Dittmer, *Sino-Soviet Normalization*，130。

4 邹德侬，《中国现代建筑史》，326—328页。

从风格方面审视，这些新外交建筑的立面更加类似于以“国际风格”为代表的现代主义。自“二战”以来，这种建筑风格风靡全球。这种风格有三个重要原则：“强调规律性而不是轴对称，注重空间而不是体量，再就是杜绝‘随意武断地’滥施装饰。”[1]中国的意识形态的确在悄然之中发生了转变。社会主义阵营的崇高目标是在全球实现共产主义，而作为第三世界发展中国家，中国的终极目标是成为一个现代工业化的发达国家。在中国官方的对外宣传中，尽管社会主义与革命依然处于意识形态讨论的前沿，然而，国家认同所发生的变化已经反映在了70年代早期长安街的沿街立面上。

这种变化的另一个标志表现在80年代初期，长安街上出现了一个由美国建筑师设计的建筑物，这在中华人民共和国建国以来还属首例。在贝聿铭设计的香山饭店落成的同一年，另一名美籍华人建筑师设计的建国饭店也完工了。[2]坐落于东长安街延长线上的建国门外大街，建国饭店在建筑形式与酒店管理方式上与美国的经济型酒店相仿，类似于国际连锁的假日酒店（Holiday Inn）。[3]但是建国饭店是国营酒店。它的消费标准适中、设计朴素、空间实用，适合作为第三世界国家接待宾客之用。从某些方面讲，建国饭店明显使中国与当时世界上最发达的国家之间发生了某种联系，暗示出一个发展中国家奋发图强的最终目标。

继建国饭店竣工之后，更多具有国际风格的饭店与高层办公楼出现在长安街上，它们都是由西方建筑师设计的。从80年代初到80年代末，这些建筑的规模变得越来越宏伟，所需要的国际合作也变得越来越复杂。中国国际贸易中心（简称国贸）坐落于建国门外大街，位于东长安街延长线的北侧，它占地12亩，建筑面积达420000平方米，于1989年完工。它由两座高达156米（38层）的办公玻璃大楼组成（图1.16）。这个建筑群的其他建筑物还包括一个21层的宾馆、两个30层的公寓、一个8000平方米的展览大厅、一个13000平方米的购物中心，以及可以容纳1200辆车的停车场。总设计方案的第一阶段由美国的罗伯特·索贝尔及埃默里·罗斯父子公司（Robert Sobel/

1 Hitchcock and Johnson, *The International Style*, 20.
2 负责设计建国饭店（1980—1982）的美籍华裔建筑师是陈宣远。
3 邹德侬，《中国现代建筑史》，372—373页。

图1.16 中国国际贸易中心局部，1989年。建筑师：罗伯特·索贝尔、埃默里·罗斯父子公司等。作者自摄。

Emery Roth and Sons of the United States）承担。日本的日建国际设计有限公司（Nikken Sekkei）以及香港的王欧阳设计有限公司（Wong and Ouyang）与北京钢铁设计院一同完成了后期的设计与施工阶段的监理。[1]国贸中心大楼的几何化造型与庞大的幕墙赋予了这个建筑群典型的现代特征，它的双子玻璃大楼效仿了纽约的世贸中心——资本主义与现代主义的永恒象征。

中国的设计师在长安街沿线建筑的设计中追随了这种由西方建设师重新引入的国际风格。北京国际饭店坐落于建国门内大街，它位于传统东长安街的北侧，这是一座29层（104.5米）的高层建筑。洁白的墙面在统一的深色窗户的衬托下呈现出整齐划一的框架网格效果，有着现代建筑的典型特征。27层（112.7米）的中央电视台大楼（旧址）坐落在西长安街延长线北侧的复兴路上，它采用了柯布西耶式的（Corbusian）带状长窗；[2]而位于东长安街延长线的南侧、建国门外大街上的长富宫饭店，则是一座25层（90米）高的密斯式（Miesian-style）玻璃板状大楼。[3]在这些高层建筑中，没有一座被扣上中式大屋顶或铺上琉璃瓦。

在80年代期间，大部分长安街上的新建筑基本上都是饭店、写字楼以及其他方面的商业大楼。暗合古都的方位传统，这些建筑都盖在了南北中轴线的东侧；而像中央电视台大楼（旧址）这样的国家喉舌，以及像中国人民银行总行这样带有中央政府机构性质的建筑则被选择盖在了南北轴线以西的位置。后者建成于80年代晚期，尽管其素混凝土外墙在风格上有些类似于50—70年代西方的粗野主义建筑（Brutalism），但人民银行总行却吸纳了中国文化中的民间传统元素，预示着未来十年里，民族主义在建筑设计领域中的崛起（图1.17）。[4]

中国工艺美术馆建于1989年，对于80年代长安街上的现代主义风格建筑而言，它可以称得上是一件不太合群的作品。作为一项国家工程，中国工艺美术馆坐落于西

1 北京市规划委员会等，《北京十大建筑设计》，592页。
2 同上书，138—139页、142页。
3 中国建筑师与日本建筑师合作完成了长富宫饭店的设计。参见邹德侬，《中国现代建筑史》，440页。
4 中国人民银行总行的详情，见第四章。

图1.17 中国人民银行总行，1987—1990年。建筑师：周儒等。作者自摄。

长安街的北侧。它虽经简化但仍然突出的金黄色坡屋顶，使这座建筑在80年代的长安街立面中十分引人注目。然而，它建成以后的历史却反映出中国建筑在未来的90年代将要选择的新方向。起初，中国工艺美术馆是作为一个国家级博物馆进行设计的，但是之后，它却变成了一个主供购物、娱乐与办公租赁的多层商业中心。对于北京人而言，人们更熟悉这个建筑物的另外一个名字：百盛购物中心（Parkson Shopping Center）。几乎是因缘巧合所致，一个重要的新商业中心最终落脚在西长安街上。在这座建筑中重获生机的传统建筑与装饰元素，在接下来的90年代得到了进一步的探索和发挥（图1.18）。

90年代至今

在新千年前后的二十年间，长安街的沿街立面发生了翻天覆地的变化。从1990年

图1.18 中国工艺美术馆，1985—1989年。建筑师：郭怡昌等。作者自摄。

到2005年，传统长安街上总共增添了二十三座建筑物，其中十二座建在西半边，[1]另外十一座建在东侧。[2]建于50年代早期的能源部与纺织部大楼也得到了翻新与扩建，这些建筑的立面得到了改造，并在大楼顶部增添了新的楼层。

经过90年代与21世纪初期的密集建设之后，如今的传统长安街北侧已遍布纪念性的建筑立面，只遗留下了很少的“缺口”。传统东长安街的南侧也同样如此。政府部门组织进行了有针对性的规划与设计，用以填补这些对长安街的总体形象已无伤

1 传统西长安街上添加的十二个建筑物包括：位于北侧的华南大厦（1991）、中宣部大楼（1993）、中国工商银行总部大楼（1994—1998）、北京图书大厦（1994—1998）、西单文化广场（1998—1999）；位于南侧的中国教育电视台（1990—1996）、远洋大厦（1996—1999）、国际金融中心（1996—1998）、中国武警回迁商业楼（1999—2003）、时代广场（1995—1999）、国家电力中心大楼（1998）、国家大剧院（1999—2006）。

2 传统东长安街上添加的十一个建筑物包括：位于北侧立面的贵宾楼饭店（1990）、东方广场（1997—1999）、交通部大楼（1992—1994）、信远大厦（2002）、全国妇联大楼（1995）、光华长安大厦（1994—1996）；以及位于南侧立面的长安俱乐部（1990—1993）、光彩国际中心（2004）、北京日报大楼（2001—2002）、恒基中心（1993—1997）、中粮广场（1992—1996）。

大雅的“间隙”。但是传统西长安街的南侧依然存在一个很大的“缺口”，这就是建于1912年巴洛克装饰风格的砖墙以及墙后遮蔽的传统院落。这是长安街立面中十分特殊的一段，原因是它直接面对中南海。以前的皇家御苑现而今是一个新中国版的“紫禁城”。自从中南海成为中共最高领导人的居住大院与国家最高规格的接待场所之后，它的街对面就禁止建造任何高层建筑，以使这个神秘的场所远离公众的视线。民国以来唯一的多层建筑——首都城市管理办公室，曾经可以一窥中南海内部的景象，但是在新中国成立之后，它很快就被拆除了。在新千年伊始，国家大剧院的建设为打破这个禁忌迈出了第一步（图1.11D）。

东西长安街延长线的两侧同样建起了许多纪念性建筑立面。在西长安街延长线，这些建筑物包括北京西站、中华世纪坛、首都博物馆以及八一大楼（中央军委总部大楼）。当这些重要的国家工程在西长安街延长线上破土动工的时候，东长安街延长线两侧的大片土地上，正在酝酿着北京新的中央商务区（CBD）。

如果说，七八十年代最典型的建筑类型是宾馆饭店，那么90年代中国具有代表性的建筑类型是银行大楼。在80年代北京十大建筑的评选中，三十个提名建筑里有九个是饭店，而在90年代的北京十大建筑评选中，三十个提名建筑里有十个是银行或商业大楼。[1]按照邓小平提出的“建设有中国特色的社会主义”的设想蓝图，中国日益成为国际市场的一分子。这个全球化的进程却造成了一种意想不到的效应，即在建筑中，富有中国文化艺术特色的传统元素得到了复兴。

这个貌似悖论的现象是，当中国将自己视作一个第三世界发展中国家时，其建筑却具有国际性风格；而当中国的国家认同转向了国际市场中的一名竞争者时，其建筑风格却走向了民族主义。采用传统装饰母题是中国建筑自我展现的一个策略。在90年代，将这些民族符号进行抽象化的处理，与当时世界上的建筑潮流一拍即合。

传统建筑元素，特别是历史悠久的“大屋顶”得到大范围的采用，用来体现中国的民族特征。其中的一些实例相当直接生硬。最知名的一个例子就是1996年在复兴路

1 北京市规划委员会，《北京十大建筑设计》。

上落成的北京西站，它位于西长安街延长线的南侧。这个设计在一个高达十五层的宏大拱门上，建造了一个带有三层琉璃瓦屋檐的巨大“阁”式建筑，在两翼四角的顶部又分别冠以形制相似而较小的“阁”。[1]在面向长安街的主立面的下部，拱门两侧各有九个传统牌楼一字排开，暗合天数。根据官方的说法，西客站巨大的拱门象征着祖国首都敞开的大门，欢迎八方来客（图1.19）。然而，在当时的北京市长（曾是大屋顶的“爱好者”，并将大屋顶作为恢复古都风貌的设计策略）倒台后，没有设计师愿意声称对西客站的设计负责。但将传统屋顶视为民族建筑符号，并在建筑中采用的情况并没有因某个领导的倒台而停止。坐落在西长安街上，于1999年完工的八一大楼紧邻军事博物馆（1959），它同样是一座采用传统大屋顶的建筑，且取材更为古远，其屋檐所采用的直线风格取材于汉代画像砖石中雕刻的屋宇形象（图1.20）。

图1.19 北京西客站，1996年。建筑师：朱嘉禄等。作者自摄。

---

1 在传统中国建筑中，“阁”是一个多层的建筑类型，常见于园林与佛寺中。关于中国传统建筑类型的详情，参见梁思成，*Chinese Architecture*。

图1.20 中央军委八一大楼，1999年。建筑师：张启明等。作者自摄。

尽管一部分建筑对传统元素的用法类似嫁接，而大多数则对中国历史悠久的大屋顶采取了简化、变形、重组、解构的不同设计手法。[1]90年代以来，由于中国与外部世界在商业、文化、教育领域的接触不断扩大与加深，长安街上的建筑风格也呈现出了多样化的特点。中外联合设计变得越来越普遍，这一方面因为商业化的中国逐渐融入了国际市场，另一方面因为官方风格占主导地位的时代结束了。1996年完工的恒基中心给传统东长安街的立面做了一个时髦的装修，它带有后现代风格的柱子、柱头、尖屋顶以及断续的山花过梁，均是来自西方新古典与巴洛克风格的建筑元素（图1.21）。这座建筑首席建筑师刘力的话道出了一个时代的态度："不管什么流派，不论什么手法，不管中式、西式，首先建筑本身应该是美的。"[2]建于1999年的北京广电总局采用

1　关于这些采用传统母题和元素的建筑物的详情，参见第五章的"中国补丁与外国补丁"的内容。
2　北京市规划委员会，《北京十大建筑设计》，71页。

图1.21 恒基中心，1996年。建筑师：刘力等。作者自摄。

了相似的后现代建筑手法。建于1996年，坐落于传统东长安街寸土寸金的著名商业区王府井上的东方广场，则是一座巨大的玻璃与混凝土盒子式的复杂建筑群，在它身上既找不到中式的也没有西式的传统建筑元素。1993年的中宣部办公楼相当直接地采用了大屋顶的设计，成为一座不折不扣的复古风格建筑；而建于1996—1998年的国际金融大厦，则用类似国际大公司KPF、HOK、NBBJ的细部设计手法，将传统屋顶的轮廓线融入在钢筋、玻璃的体块中。

在新千年来临之际，长安街的沿街立面在风格上的碎片化（fragmentation）集中体现在了两个重要的国家工程项目中：一个是中华世纪坛（2000），另一个是国家大剧院（1998—2007）。对于这两个建筑物将在第五章详细讨论。中华世纪坛在造型上类似一个巨大的日晷，在空间序列上则使人们联想起中国远古时代的祭坛。[1]而国家大

1 在内蒙古自治区与辽宁省境内发现了新石器时代红山文化的祭坛，它们与亚洲东北部以及南西伯利亚的一些古代文化有着密切的联系。这些祭坛通常由一系列隆起的石筑高台组成，石台沿着一个指向太阳的轴线排列成直线，与中华世纪坛的外部空间序列相似。参见刘叙杰主编，《中国古代建筑史：第一卷》，87—92页。

剧院则由一位法国建筑师最终夺魁，在它身上似乎完全找不到任何中国传统元素的影子。在北京最重要的地段建造这样一个不合群的建筑，也许更为严重的是，允许一个西方建筑师负责如此重要的国家工程，这种选择是否恰当，引起了全社会的广泛关注与讨论。然而，在中国社会日新月异的发展中，这样的论战很快就显得老套过时。在新千年的第一个十年里，北京几乎所有重要的国家工程都不是由中国建筑师设计的，这其中包括奥运会体育场、新的首都国际机场以及国家博物馆改扩建工程。不断变化的长安街的沿街立面体现着中国不断更新的国家认同，而眼下一切都尚在不确定中。

第二章
民族的与现代的：20世纪50年代

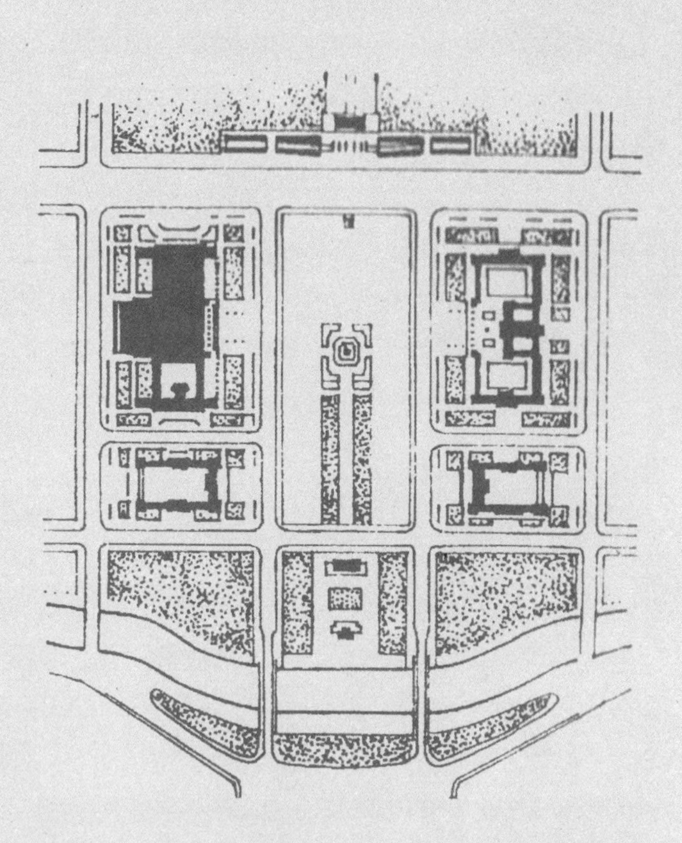

对20世纪的中国建筑而言，民族主义（nationalism）与现代主义（modernism）是并蒂而生的。在此之前，传统的木结构体系主导了中国建筑数千年之久。在唐代，木构建筑发展到了成熟阶段，可以用纯木结构建造出大规模的殿堂与楼阁。到了北宋时期（960—1127），这套系统以标准化的形式记录在了1103年官方颁布的建筑手册《营造法式》一书中。北宋之后，人们在建造皇家建筑时基本上采用了“法式”的传统。元、明、清三代在“法式”的基础上对木构建筑进行了局部的结构与风格上的调整，并发展出了不同的术语系统，这些传承变化可以在清代的《工程做法则例》与苏州地区的建筑实例中得到印证。[1]狭义中国（China proper）的周边及非汉民族聚居的地区，偶尔也兼收并蓄异域的建筑传统，例如藏式建筑和伊斯兰风格的建筑。[2]

早在14世纪，带有西洋风格的建筑就由传教士们引进了北京。[3]从那以后，不同风格的基督教堂在中国部分主要城市中陆续出现。有时为了满足不同皇帝的好奇心，中国人也会建造一些欧式建筑。在这些早期建筑中，18世纪在圆明园中建造的“西洋楼”堪称最著名的实例。然而，一些零星的外国建筑根本不足以激发中国民族风格概念的产生与发展，无法令中国人认为有必要将中西两种建筑系统进行明确的区分。自古以来，大多数中国人一直以“天下”自居，认为自己的生活方式代表了世界上唯一开化的文明。在中国人眼中，那些外国建筑不过是来自蛮夷的奇技淫巧之物。但是，在两次鸦片战争之后，中国不断被外国的坚船利炮所击败，这时的中国人才开始以平等的眼光看待西方文明，并将中华文化纳入国际视野，成为世界上众多文化的一员而非全部。对于中国民族主义的发展而言，时机成熟了。

值得注意的现象是，在建筑领域，“中国传统复兴”（Chinese Classical Revivalism）风格实际上是由西方人开创的。在1920年前后，一些欧美建筑师来到了北京，他们见到了紫禁城和其他的中国古代建筑，并试着将所见到的大屋顶与多层混凝土建筑结合在一起，于是开启了中国传统复兴风格的探索。在这些先驱者中包括亨利·基拉

1　罗哲文，《中国古代建筑》，567—612页。

2　孙大章，《中国古代建筑史：清代建筑》，532页。

3　张复合，《北京近代建筑史》，5—13页。

姆·墨菲（Henry Killam Murphy）、阿德尔伯特·格里斯奈（Adelbert Gresnight）以及沙特克与赫西（Shattuck and Hussey）建筑师事务所。[1]

与此同时，第一代留学海外的中国建筑师回到了祖国，开办了由中国人经营的早期建筑业务，并开始了他们的设计实践。这些留学生带回了当时在欧洲、美国以及日本实践发展中的大量建筑风格，其中包括：古典复兴主义（Classical Revivalism）[2]、新艺术运动（Art Nouveau）、功能至上的现代主义（Functionalist Modernism）等风格流派。这些年轻的中国建筑师同时带回了国外的设计与建筑教育体系，例如美国的布杂艺术（Beaux-Arts）以及德国的包豪斯（Bauhaus）。[3]他们其中的一些人努力将中国的传统建筑元素与多层混凝土建筑结合在一起，试图创造出一种属于现代的民族风格，使之既区别于中国的古代建筑，又不同于西方的现代建筑。

在20世纪早期的中国建筑中，民族主义所体现出的价值很快就被新兴的国民党政权发现并认可。1927年，南京被指定为中华民国的新首都。在1927—1937年的十年间，[4]官方采纳了建筑领域中的民族风格，并将这种风格冠以了一个新名称——“中国固有之形式”（Original Chinese Forms），用以建造国民政府的新首都。美国工程师欧内斯特·佩森·古德里奇（Ernest Payson Goodrich）和建筑师亨利·墨菲（Henry Murphy）受到中国政府的邀请前来担任外国顾问。[5]与此同时，中国的建筑师在建设首都与其他城市的实践时，也参与到了民族风格的探索之中。

从20年代的“中国传统复兴”到30年代的“中国固有之形式”，将巨大的坡屋顶和高挑的屋檐视作中国性（Chineseness）的显著标识，并在现代建筑的设计中表达民族性时求助于这种样式，这一现象绝非偶然。在本书中，按照中国的习惯表达方式，对于在现代建筑中采用的中国传统建筑屋顶形式统称为“大屋顶”。在中国古代，屋

1 Cody, *Building in China*.

2 一些学者亦将19世纪以降建筑设计中各式各样的历史主义与折中主义皆视作巴黎美术学院派即布杂艺术（Beaux-Arts）的影响。见：Cody、Steinhardt、Atkin, *Chinese Architecture and the Beaux-Arts*。

3 潘谷西，《中国建筑史》，5—13页。

4 1937年，中日战争爆发了。南京遭到了遗弃，国民政府将首都迁往西部的内地，先是湖北武汉，后来是四川重庆。

5 Cody, *Building in China*, 173–204.

顶是一个单体建筑立面中最突出的部分，其符号性远高于功能性。屋顶的造型与色彩反映着建筑的等级以及屋主的身份。在清代，称为“庑殿”的屋顶样式，只能在皇家建筑中使用，有时也包括少数的皇家寺院。“亲王”身份的皇子可以在王府的主要建筑中采用“歇山”的屋顶样式。而平民百姓在自家的房子上只能使用简单的硬山或悬山式双坡屋顶。在色彩使用方面，金黄色的琉璃瓦专供皇家建筑使用，蓝绿琉璃瓦可用于王府，而一般的庭院住宅则只能采用普通的灰瓦。在20世纪早期，创作中式建筑的设计师们，从紫禁城这样的皇家建筑中获取主要的创作灵感。他们对屋顶设计的重视主要是基于形式的考虑，基本上忽略了这些屋顶样式背后的等级与象征性含义。他们在建筑设计中频繁采用“庑殿”与“歇山”等最高级屋顶样式，根据视觉美感搭配以绿、蓝、灰色为主的屋瓦，而较少采用金黄色的琉璃。

作为20世纪早期中国建筑中主要的现代形式，装饰艺术风格（art deco）与中国元素的结合在建造与现代文明有关的建筑时，得到了广泛的采用，这些建筑包括体育馆、电影院以及火车站等。相比之下，没有多余装饰的功能主义设计，在简洁的体块上用干净的墙面配以方形的窗户，则多用于厂房等实用型建筑。在上世纪40年代，包豪斯以及包豪斯体系的建筑教育被引进到了上海和北京的一些大学里。然而此时，中国先是爆发了中日战争，之后又有国共内战，在这数十年的战乱与动荡中，新生的现代建筑体系几乎没有开花结果的土壤和环境。[1]

1　潘谷西，《中国建筑史》，304页。

理论交锋：1949—1957年

在1949年以前，中国建筑中的民族主义和现代主义与人们对新建筑形式的探索有着密切联系。相比之下，在新中国时期，关于“民族的”与“现代的”建筑问题的讨论则更加侧重于理论与意识形态方面的导向。在50年代，人们对于“民族的”与“现代的”概念界定，不是通过解释它们是什么或者它们应该是什么，而是以批判它们不是什么的方式来进行的。中国20世纪著名的哲学家冯友兰称这种探究方式为“负的方法”。[1]在建筑领域中，这种方法表现为通过批判“复古主义”来对“民族的”概念进行界定，通过批判“形式主义”来界定“现代的”内涵。然而，“民族的”与“现代的”两个概念并非彼此对立，而是相互补充的关系。两者都是实现众人期待之目标的理想元素，也就是说，对于20世纪中国的建筑师而言，中国建筑现代化（the Chinese architectural modernization）梦寐以求的目标是实现对“民族化”的现代化（the modernization of the national）。

在50年代建筑领域的论战中，另一组与“民族的”、“现代的”概念交织在一起的对立统一体（unity of opposites）是“形式”与“内容”。从某种程度上说，如果没有对形式与内容的讨论，“民族的”与“现代的”概念讨论将会如1949年以前的建筑实践一样，被局限在形式主义的框架之内。就像当时的苏联文艺政策“民族形式，社会主义的内容”所提供的理论框架，形式与内容之间的辩证关系在思想上为所有的艺术创作指出了方向。在这对立统一体内部的矛盾关系中，内容被认为是矛盾的主要方面，而形式则是矛盾的次要方面。因此，无论出于何种标准考量，不管是民族的还是现代的，政治思想都应该凌驾于艺术标准之上。

1 根据冯友兰的观点，可以将哲学方法主要分成两种：正的方法和负的方法。正的方法对对象和概念进行直接表述与界定，即通过解释“这是什么”的方法。与之相反，负的方法对讨论的事物采取间接的方式，通过说它不是什么的方式进行解释。冯友兰进一步认为，正的方法在西方哲学中占主导地位，负的方法在中国哲学中占主导地位。而哲学的未来取决于两者的结合状态。参见冯友兰，《中国哲学简史》，293—295页。

从时间跨度上看，对于“形式”与“内容”的讨论，局限在共和国前期的时间范围内，而对于“民族的”与“现代的”话题，则早在1949年以前就开始了，并延续到了建国初期。这就解释了为什么50年代是中国建筑界意识形态氛围最为浓重的时期。长安街上的建筑紧挨着中国的政治心脏，同时，它们也最吸引来自国内外公众的视线，因此对于政治风向与学术论战，长安街建筑的反应尤为敏感。

民族形式：1949—1954年

在1949—1952年的三年国民经济恢复期，政府并没有针对建筑推出特别的设计方针。民国时代的流行文化一息尚存，私人所有制工商业与社会主义集体所有制并存着。关于民族与现代风格的建筑探索也在1949年后的长安街上继续进行。与文化活动相关的建筑物加进了些许中国元素，而实用功能明确的房屋则一律采用了简洁朴素的设计风格。

在1951—1954年间，政府在老租借区的外国兵营上进行了建设，这时政治干预还没有对历史东长安街南侧的建筑实践产生直接影响。在这里建造的外贸部办公楼可划归带有民族风格的一类，而燃料部与纺织部办公楼则完全是现代功能主义的产品。外贸部办公楼采用了中式歇山顶与悬挑的屋檐，并模仿传统建筑中的“勾栏”，从建筑的第二层开始将阳台连接在一起（图2.1）。另外两个部委办公楼则是简单的矩形建筑，几乎没有任何外部装饰。这些建筑墙面的线条笔直，轮廓清晰简洁。所有的窗户都采用简洁的方形凹窗，大小统一地均匀排列在墙壁上（图2.2）。两栋建筑都采用了“砖混结构”，这种房屋结构类型是在20世纪初期引进到中国的。[1]与1949年之前的“中国传统复兴”和“中国固有形式”相比，外贸部办公楼的屋顶得到了明显简化。屋檐与屋脊的边缘也采用了直线，而没有采取古代建筑中高挑的弧线处理方式。大屋顶直接压在了平直的墙体上，不见了传统建筑中檐下围成一圈起过渡作用的斗栱。在新中国

1 潘谷西，《中国建筑史》，348—351页。

图2.1 外贸部办公楼，1952—1954年。建筑师：徐中等。作者自摄。

图2.2 燃料部办公楼，1951年。
图片引自《长安街：过去、现在、未来》，49页，郑光中提供。

成立初期，如此简化的民族风与现代形式得以并存，一方面是因为国家的财政紧缩，另一方面是因为设计思想的控制还处于较为宽松的状态。

1952年8月，在建筑工程部成立大会上颁布了新中国首个“建筑方针”，此时三年经济恢复基本结束。在这个建筑方针下，建筑设计的指导原则是：（1）适用；（2）坚固、安全；（3）经济的原则为主要内容；（4）建筑物又是一代文化的代表，必须不妨碍上面三个主要原则，要适当照顾外形的美观。[1]这些指导方针与维特鲁威（Vitruvius）在《建筑十书》中对建筑提出的三个要求十分相似，维特鲁威的三原则分别是：坚固（firmitas）、实用（utilitas）、美观（venustas）。[2]与之不同的是新中国的建筑方针加了一个“经济”。

借用维特鲁威的建筑方针从另外的角度反映出同样一个事实：新中国过渡年代的建筑缺乏意识形态导向。但是，这种情况很快就发生了转变。在第一个五年计划（1952—1957）开始的时候，苏联的文艺方针“民族形式，社会主义内容”伴随着“社会主义现实主义”艺术风格（苏联当局在文艺领域推出的官方风格）一起正式在中国的建筑领域中推行。[3]形式、内容、社会主义、现实主义等等，当这些发源于艺术与文学领域的类型、概念伴随着这个方针与风格一同运用到中国的建筑中时，就引发了迥异的阐释与设计实践。

对于建筑史学家梁思成而言，“社会主义内容”意味着关心劳动群众的福祉，将其理解为“斯大林同志对苏维埃人民的关怀”。这种梁所理解的斯大林式人本主义很快就转向了形式主义。梁思成认为，民族形式与社会主义内容彼此不能分离，群众的福祉也包括人民群众所熟知与喜爱的美观形式。因此，社会主义内容与历史保存之间绝不会产生矛盾。[4]而民族形式则必须发扬中国几千年建筑传统的优点。根据毛泽东著

1　这一原则后来被简化为“适用、经济，在可能的条件下注意美观”。参见潘谷西，《中国建筑史》，393页。

2　Vitruvius Pollio, *De architectura* [Vitruvius: the ten books on architecture], Translated by Morris Hicky Morgan (New York: Dover Publications, 1960), 17.

3　邹德侬，《中国现代建筑史》，132—149页。

4　梁思成，《民族的形式，社会主义的内容》，《梁思成全集第五卷》，169—174页。

名的论断“新民主主义的文化……是民族的、科学的、大众的文化”，[1]梁思成写道：

> 今后中国的建筑必须是“民族的，科学的，大众的”建筑；而“民族的”则必须发扬我们数千年传统的优点。……二十余年来，我在参加中国营造学社的研究工作中，同若干位建筑师曾经在国内做过普遍的调查。……其目的就在寻求实现一种，“民族的，科学的，大众的”建筑的途径。[2]

梁思成在对中国建筑传统的进一步阐述中，强调了两点：一是它在服务于多种不同功能中所表现出的普遍适用性；另一点是它在形式上的特征与原则，梁思成将其称为“文法”。前者使长达千年的传统服务于社会主义的建设成为可能；而后者为发展新的形式提供了基本“词汇”与组合策略。梁思成在1950年写道：

> 中国建筑的特征，在结构方面是先立构架，然后砌墙安装门窗的；屋顶曲坡也是梁架结构所产生。这结构方法给予设计人以极大的自由，所以由松花江到海南岛，由新疆到东海岸辽阔的地区，极端不同的气候之下，都可以按实际需要配置墙壁门窗，适应环境，无往而不适用。这是中国结构法的最大优点。近代有了钢骨水泥和钢架结构，欧美才开始用构架方法。[3]

在写于1951年的另一篇文章中，梁思成认为中国建筑最优秀的特点是它的普遍适应性。具体地说有两个突出特征：一个是单体建筑的“骨架结构法”，另一个是群体组合上用院落将单体建筑联为一体。两者都可以根据不同的设计条件和要求加以调节，以产生出千变万化、妙趣横生的组合。[4]值得注意的是，梁思成在他的文章里很少

1 毛泽东，《新民主主义论》，666—669页。
2 梁思成，《致朱德信》，《梁思成全集第五卷》，82—83页。
3 梁思成、陈占祥，《关于中央政府中心区位置》，1950年，清华大学建筑学院档案馆，无档案编号，21—22页。
4 梁思成，《古建筑论丛》，82—83页。

用“中国传统建筑”这个术语，因为这样就会暗示性地造成传统与现代的分离。他仅仅采用“中国建筑”或是“建筑传统”来指代过去所留传下来的做法与实例，委婉地表达出中国建筑是一个生生不息、绵延不断的传统。

在关于结构方法的探索中，梁思成强调了中国建筑传统的普遍性与适用性；而借助于对中国建筑自成一体的一套“文法”的讨论，他将自己对民族形式的理解用更加具有操作性、且更具形式化的方式展现出来。在一篇发表于1954年的文章中，梁思成列举了中国建筑的九个基本特征，其中包括构成单体建筑物的三大要素——台基、房屋本身、屋顶——以及庭院组织、木结构主体、斗栱系统、举折梁架、屋顶处理、大胆用色、结构的装饰化、琉璃瓦雕饰等等。[1]在另外一篇文章里，梁思成还将自己设想的民族形式绘制成了两幅建筑效果图，进一步将他的设想具体化、形象化。其中一幅绘制的是一座竖直的三十五层高楼，另一幅是一个以水平构图为主的建筑所围合的十字路口小广场。他写道：“在这两张图中，我只企图说明两个问题：第一，无论房屋大小，层数高低，都可以用我们传统的形式和‘文法’处理；第二，民族形式的取得首先在建筑群和建筑物的总轮廓，其次在墙面和门窗等部分的比例和韵律，花纹装饰只是其中的次要因素。”[2]

如果发端于中国传统的结构方法能够满足未来的社会主义建筑对科学性的要求，那么形式与“文法”则将满足人们对建筑的情感需求。梁思成在同一篇文章中解释道：

> “法式”，[3]即建筑的“文法”，已成为千百年来人民所喜闻乐见的表现方式。用它们的组合所构成的形象，是我们中华民族所喜爱、所熟识、所理解的，并引为骄傲的艺术。我们必须应用它，发展它，来表达我们民族的思想和情感。[4]

1　梁思成，《中国建筑的特征》，参见《梁思成全集第五卷》，179—184页。
2　梁思成，《祖国的建筑》，参见《梁思成全集第五卷》，197—234页。
3　“法式”字面的意思为“标准的规格”，出自宋代著名的建筑手册李诫（李明仲）所著的《营造法式》，它后来成了中国建筑史领域的一个专有术语，指古代建筑中标准化的设计与建造方法。
4　梁思成，《祖国的建筑》，229页。

为了避免盲目崇拜旧事物的嫌疑，梁思成马上补充道："同一东西用在这里可以是'精华'；用在那里可能成为'糟粕'。"然而，梁思成用"法式"这一术语对中国建筑的特征所做的概括，还是容易使人们错误地相信，中国建筑的这个"文法"无非是指出自帝制时代两部官方建筑手册。这两部书，一部是北宋的《营造法式》，另一部是清代的《工程做法则例》。梁思成对这两部书都做了深入研究，并有突破性的成果。他还在1949年以前的一篇文章中称这两部书是中国建筑的"文法课本"。[1]

对于梁思成而言，"民族形式"的对立面不是"现代的形式"而是"西方的形式"。他写道："以往的建筑是为少数人的享乐的，今天是为人民；以往是半殖民地的，今后应是民族的，我们只采取西方技术的优点，而不盲从其形式。"[2]他同时呼吁"扬弃那些世界主义的光秃秃的玻璃匣子"。[3]梁思成在建国后的写作中行文和用词都是十分谨慎的，以避免他人将自己提倡的民族形式简单地等同于盲目复制古代的建筑元素。然而，梁思成的声誉和影响力依然在某种程度上导致了某些古代建筑元素的繁荣，这其中就包括在50年代早期全国泛滥的大屋顶。[4]如同上世纪20年代的"中国传统复兴思潮"，以及1927—1937年南京国民政府时期的"中国固有之形式"，50年代早期，屋顶作为一种民族形式的表达，相当忠实地遵循了历史中的范本。虽然此时多为混凝土的仿制，其形式还是尽可能地模仿了木建筑的结构和比例：高挑的屋檐下装饰性的斗栱完成了屋顶的过渡，将墙体去除并将玻璃窗最大化，使斗栱下方的一层立面酷似传统的梁柱体系，有的甚至连屋脊和檐角的吻兽也简化后加以模仿。在钢筋混凝土的现代建筑中，这样的大屋顶只起到装饰作用，它们往往只是被用来强调长长的矩形立面的某些部位（图2.3）。

梁思成倡导的民族形式在长安街上同样留下了印记，但是这些建筑在细部模仿

---

1 梁思成，《中国建筑两部文法课本》，见《梁思成全集第四卷》，295—301页。
2 梁思成，《致朱德信》，见《梁思成全集第五卷》，82—83页。
3 梁思成，《祖国的建筑》，见《梁思成全集第五卷》，197页。
4 在北京的重要案例就是建于1951年的地安门行政住宅区，建于1954年的三里河"四部一会"办公楼，以及建于1953年的友谊宾馆。参见邹德依，《中国现代建筑史》，159—169页。

图2.3 三里河“四部一会”办公楼，1952—1955年。建筑师：张开济等。作者自摄。

上采用了比较节制的设计。北京饭店西楼建于1953年，它在比例与立面划分上与建于1917年法国文艺复兴风格的中楼非常相似。所不同的是，中楼在建筑局部上所采用的西方新古典主义母题，在新建的西楼中被替换为了中国的民族形式。西楼在东西两端的屋顶上并排装饰了两对攒尖顶式的亭子。屋顶的四角带有三层重檐，檐角微微上翘，檐和顶上都铺装了黄色琉璃瓦。顶层上连接两端方亭的敞廊采用了传统的“雀替”，其间白色的柱子与其上白色的横楣所形成的柱枋框架，与红色的墙面形成了色彩上的对比。顶层的窗户借鉴了隔壁中楼的样式，设计成了拱形。而中楼所采用的三个拱门入口，在西楼的设计中被替换为中式牌坊。北京饭店久负盛名，新建的西楼尽管与原来的中楼在装饰细节上中西有别，但还是延续了老楼的总体立面构图，两者的顶层都采用了一个敞廊连接两个端亭的形式。中楼与西楼如同父子般并肩站在一起，沿长安街形成了一组对称的建筑立面（图2.4）。

图2.4 北京饭店，从左至右：贵宾楼（1990）、西楼（1953）、中楼（1917）、东楼（1974）。建筑师：Brossard、Mopin、Cie（法）；成德兰、田万新；戴念慈；张镈等。作者自摄。

正当人们对民族形式的探索如火如荼之际，天安门广场的改造也提上了议事日程。天安门城楼的重要性日渐突出，这使得在天安门广场上举行的活动越来越频繁，原来的广场便显得狭小局促。在1954—1955年，很多建筑师和规划师都对天安门广场的改建提出了建议。大部分提案针对广场上政府建筑的设计都采用了庭院式，用一个或多个中庭将建筑群组织起来。按照梁思成的观点，这是最具中国本土特色的空间组织方式，是民族形式的主要特征之一（图2.5）。

在天安门广场上，建于1949—1958年的人民英雄纪念碑是梁思成直接参与的一个项目。梁思成与林徽因（梁思成的夫人与同事）指导的清华大学设计方案为纪念碑的最终形式奠定了基调。这个设计实际上是一个放大版的石碑，台基采用了传统的双重须弥座形式，碑顶采用了典型的庑殿顶。

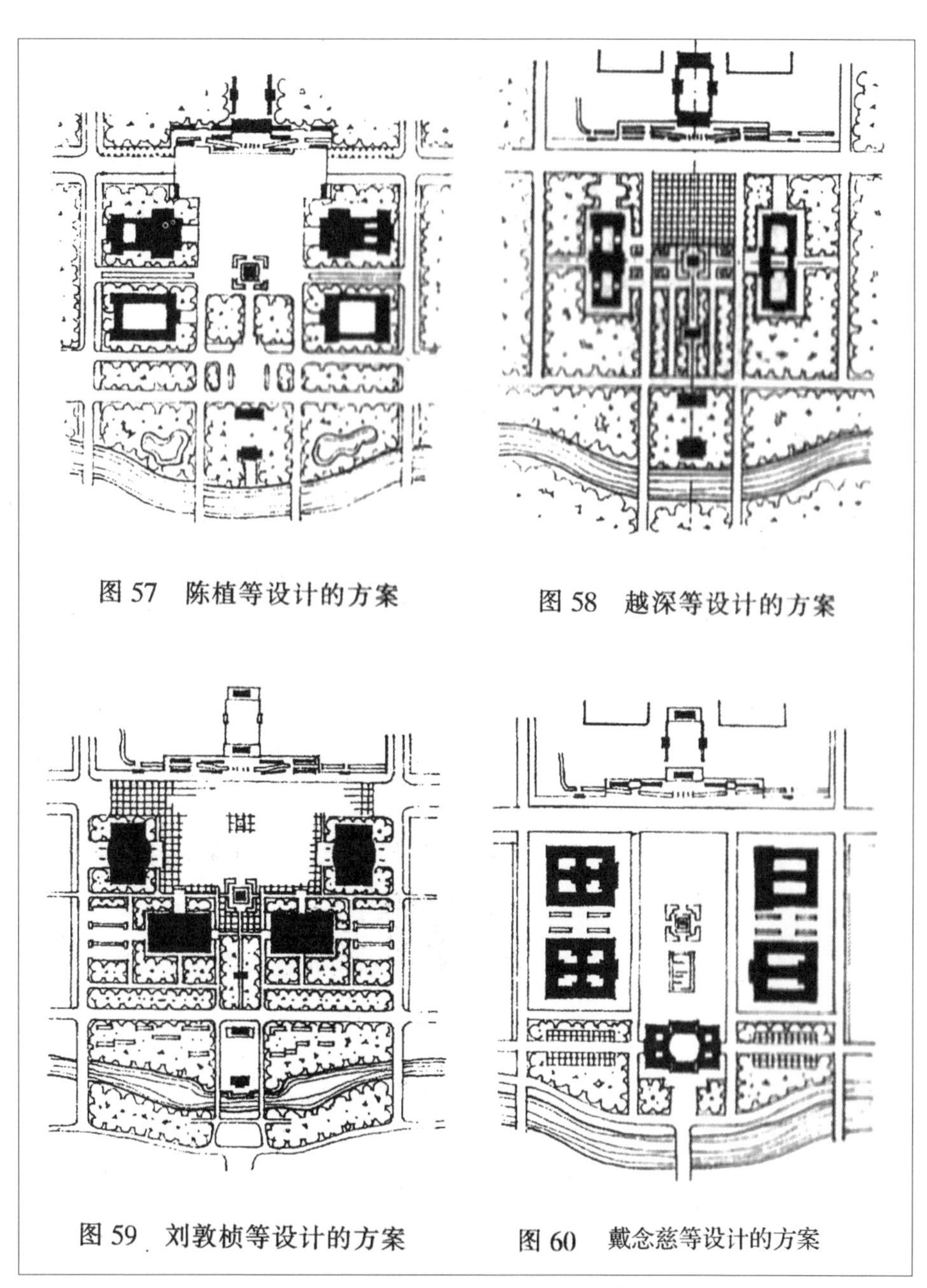

图2.5 天安门广场改建规划，1954—1956年。陈植、赵深、刘敦桢、戴念慈等。
图片引自《长安街：过去、现在、未来》，66—67页，郑光中提供。

在中华人民共和国成立之后，人民英雄纪念碑是为天安门广场和长安街而构想的第一个永久性建筑，而它的设计过程并非一帆风顺。甚至在开国大典举行之前，党中央就曾经为建造一座缅怀中国革命先烈的纪念性建筑而多处选址。[1]直到1949年9月30日的中国人民政治协商会议上，纪念碑的位置才最终被选定在了天安门广场上。[2]在当天傍晚，毛主席和其他政协委员参加了奠基仪式，并将一块奠基石埋在了天安门城楼与正阳门中间的位置上。

不久之后，北京市都市计划委员会向全国展开呼吁征集，收到的设计方案超过了一百件。[3]在这些提交方案中，有的作品设计成如古代祭坛的、沿水平阶梯状排列的高台，然后用围墙加以封闭；有的是一系列带大屋顶的券洞门；有的是在方形基座上耸立的一组柱子；有的是带有几何图案和装饰艺术风格（art deco）细节的高直的抽象雕塑；有的是一个巨大的苏式柱子，顶部耸立着一个高举五星的战士塑像（图2.6）。[4]按照梁思成的观点，设计方案可以分为三个主要类型：（1）平铺在地面的水平构图，象征了人民英雄来自广大工农群众；（2）以巨型群体雕像体现英雄气概；（3）高耸矗立的碑形或塔形纪念物，以体现先烈英勇无畏的革命精神和崇高品质。[5]在1951年的国庆日，人民英雄纪念碑的各种效果图与模型被陈列在天安门广场的建设地点上，以征求公众意见。然而，此时展出的却只有垂直形式的设计方案。1952年5月，人民英雄纪念碑建设委员会成立了，在两名副主席中，梁思成担任了其中一职。[6]到1953年10月，纪念碑下半部分的设计得到了确定：将带有方形底座（plinth）的直立石碑建在双重须弥座形式的台基（terrace）之上。但是，纪念碑的顶部设计却依然悬而未决。设计方

---

1 关于人民英雄纪念碑选址的其他提案，包括以前历史东长安街东端的东单练兵场、西郊的八宝山、天安门城楼顶部以及中华门的位置（明代时的大名门和清代时的大清门）。见吴良镛，《人民英雄纪念碑的创作成就——纪念人民英雄纪念碑落成廿周年》，《建筑学报》（1978年2月），4—9页。

2 对于纪念性建筑物更多的详细分析，参见巫鸿，*Remaking Beijing*，24—50页。

3 在1967年梁思成自己的追述报告中，设计方案的数量是一百七十至一百八十件。根据《长安街》一书的记录，约有一百四十件设计方案。参见梁思成，《人民英雄纪念碑设计经过》，《梁思成全集第五卷》，462页；北京市规划委员会等主编，《长安街》，57页。

4 《长安街》，57页。

5 梁思成，《人民英雄纪念碑设计经过》，462—464页。

6 同上书，462页。

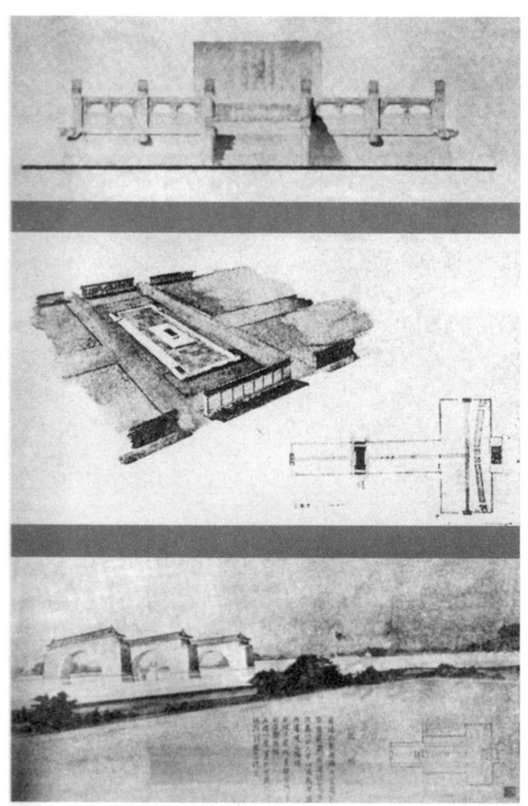

▲ 第一次征图中，一些比较矮形的设计方案 The lower planning schemes in the first designs collection

▲ 第一次征图中，一些比较高形的设计方案 The higher planning schemes in the first designs collection

图2.6 人民英雄纪念碑的不同设计（1951）。
图片引自《长安街：过去、现在、未来》，57页，郑光中提供。

案中包括梁思成团队提出的庑殿顶方案，其他设计者的方顶方案，尖顶方案，雕塑群像顶方案，还有在庑殿顶上再加一个高尖顶（spire），托举着象征共产主义的镰刀锤子党徽，等等。[1]又经过了一个月的讨论之后，才最终决定采用不带尖顶的庑殿顶方案。

通过讨论、分类、筛选的程序来完成对实施设计方案的选定，这种方式在新中国的建筑界将会变成一种典型的做法。对于人民英雄纪念碑的设计而言，梁思成主导了这一筛选过程。1951年，梁思成给时任北京市长兼纪念碑建设委员会主席的彭真写了一封信。在信中，梁思成对一个方案进行了强烈批评，在这个方案中将无顶的碑身立在一个开有三个门洞的巨大平台上。他认为，基座上的三个门洞不仅与天安门和正阳门产生了重复的效果，而且在结构上削弱了纪念碑的稳定性，在视觉上缺乏安全感。梁思成进而提出两点建议：一个是纪念碑应该矗立峋峙、坚实、根基稳固地立在地上（其竖向性要与周边的明清建筑形成对比）；一个是要注重设计纪念碑的顶部（建议采用传统的屋顶式样）。[2]

人民英雄纪念碑的最终形象代表了梁思成所倡导的“中而新”的建筑风格，它遍体采用了民族的形式，但是又不同于以往中国任何一座单体的纪念性建筑物。石碑，这种中国古代建筑中并不庞大的纪念物，在此得到了放大；而“庑殿”顶这种中国传统建筑中最高等级的屋顶样式，通常在横阔的木构中占有巨大比例的部分，在纪念碑的设计中却被缩小后用作竖直柱体的顶端。这些部分被组合在了一起，并在一个平台上拔地而起，这个平台又使人联想起了用于祭祀的祭坛。然而，石碑与祭坛的连接部分更像西方古典建筑中的底座（plinth）；纪念碑带有近乎方形截面的总体外轮廓看起来也更像一个方尖碑（obelisk），而不是中国传统形式的“碑”。在现代汉语里，人民英雄纪念碑一词中的“纪念碑”三字似乎同时影射了上述两者。[3]虽然天安门广场的人民英雄纪念碑在后来被大量复制，并落脚在中国省、市、县甚至乡镇的各种广场和烈士墓园中，它的中

---

1 北京市规划委员会等主编，《长安街》，59页。

2 梁思成，《致彭真信》，《梁思成全集第五卷》，127—130页。

3 “纪念”可以被译为“memorial”，“碑”意为“stele”。在中国传统的墓地、祠堂和寺庙中经常可以发现这样一块带有题词的石板。但是，“碑”在汉语里同样可以用于指代西方的纪念性建筑物，例如“方尖碑”。

国性（Chineseness）也由于重复而得到了不断的确认，[1]但是在语言学层面上，“碑”字含义的模糊性却以难以察觉的方式将实物中所包含的西方元素隐藏了起来，而这正是人民英雄纪念碑“中而新”的设计中所谓“新”的东西（图2.7）。

图2.7 人民英雄纪念碑，1949—1958年。建筑师：梁思成、刘开渠等。图片引自《长安街：过去、现在、未来》，60页，郑光中提供。

1　天安门广场的纪念碑落成之后，全国其他城市建造了大量纪念共产主义革命烈士的纪念碑，它们基本上遵循了人民英雄纪念碑的形式，但是规模较小。

现代主义：1955—1957年

1954年，在梁思成发表了他配有效果图的、关于中国建筑“词汇”与“文法”的文章后不久，他所倡导的民族形式就遭到了打击。1955年3月28日，《人民日报》发表了一篇名为“反对建筑中的浪费现象”的社论。文章号召人们对建筑中的经济原则引起重视，并指出：“建筑中浪费的一个来源是我们某些建筑师中间的形式主义和复古主义的建筑思想……他们往往在反对‘结构主义’[1]和‘继承古典建筑遗产’的借口下，发展了‘复古主义’、‘唯美主义’的倾向。”

《人民日报》的这篇文章尽管在标题中没有对梁思成指名道姓，但是建筑界的每一个人都清楚，他就是矛头的靶子。不过在新中国建筑领域的核心期刊《建筑学报》里面，许多文章便直截了当地批评了梁思成在建筑设计与教育中的复古思想。对于建筑中的大屋顶，以及这些房屋的建筑师，声讨谴责的声音在其他一些期刊、报纸中也是此起彼伏。[2]

从表面上看，尽管全部的批评都指向了经济问题，尤其是造价高昂的大屋顶，但是造成理论导向突变的真正原因却是政治。在苏联方面，斯大林于1954年去世。在苏维埃共产党第二十次代表大会上，赫鲁晓夫（Nikita Khrushchev）站在官方的立场上公开谴责斯大林以及他的政策。1954年11月30日，在莫斯科举行了一个包括苏联建筑师、设计师、工程师在内的会议。在这次会议中，“社会主义内容，民族形式”的建筑方针遭到了官方批判。中国也派代表出席了这次会议，并将这种方针政策上的转向信息带回了北京。[3]然而在中国，斯大林的艺术方针以及作为官方样式的社会主义现实主义，并没有遭到公开批判，正如中国的领导人未改其对斯大林同志的崇高评价一样。人们认为方针政策本身并没有错，错误在于它们遭到了复古主义者的滥用。作为

1 这里的“结构主义”实际指的是俄国构成主义，按照斯大林的苏联模式，“构成主义”在1950年代的中国也被批判为是资产阶级的堕落艺术。关于结构主义与构成主义的进一步解释见词汇表。

2 杨永生，《1955—1957建筑百家争鸣史料》，3—5页。

3 邹德依，《中国现代建筑史》，198—200页。

回应，1949—1952年三年经济恢复期时提出的维特鲁威（Vitruvius）式的建筑方针被稍作变更，以更加简练的形式得到了复活，其内容是："适用、经济，在可能条件下注意美观。"如今，"坚固"被认为是功能"适用"的一个方面，因而被从以前的指导原则中删除。而经济因素的纳入，与维特鲁威三原则中剩下的两条重新鼎足而三，则反映了两个方面的问题：一方面是国家处于新的经济紧缩状况；另一方面是在马克思主义意识形态中，经济基础在一个社会中起决定性作用，只有在经济基础之上，文化、艺术等上层建筑才能得以构建。在中国的方针政策中，经济与美观之间的矛盾根植于马克思主义的基本理论，表现为经济基础与上层建筑的对立统一关系。在一个社会里，经济基础是第一性的，其次才是上层建筑；而在建筑中，经济处于优先地位，相比之下，美学是次要考虑的因素。

在建筑实践中，如此理解建筑方针的含义致使人们将美观等同于装饰。对于西方现代功能主义的建筑师而言，美观是功能完善与经济适用的结果，但是对于50年代的中国建筑师而言，美观却成为功能与经济的对立面。在某种程度上，梁思成的批评者不无道理。在当时，传统的建筑元素的确是以建筑装饰的方式被应用的，并非像梁思成所呼吁的那样，在现代建筑中采用传统建筑的原则，而不是简单地复制细节。卢绳是天津大学建筑系的教授，[1]他在1955年发表的一篇题为《对于形式主义复古主义建筑理论的几点批判》的文章中写道：

> 建筑是具有两重属性的：一方面建筑是人们生活的物质资料；同时，它又是表现社会阶级意识的艺术，具有满足人类精神需要的效能。所以，建筑是从功能及美观两方面来替人类服务的。这是建筑最主要的特征。按照苏联建筑博士尼克拉也夫教授所说的："建筑物的第一方面，为社会的物质利益与经济利益而服务，乃是主

1 卢绳，南京人，在南京中央大学建筑系毕业后，于1942—1944年在营造学社担任研究员助理。1944—1952年，卢绳在中央大学和北京大学的建筑系任教。1952年，他在天津大学担任建筑系的副教授。1957年，他被打为右派。参见杨永生，《1955—1957建筑百家争鸣史料》，6页。

要的有决定意义的一面，而它的第二方面——美学方面——乃是从属的一面。”[1]

用正统马克思主义观点表述了这个关于建筑的定性之后，卢绳借用服装作为类比对象，用以替换梁思成采用的语言类比。梁思成把建筑比作语言，认为通过采用历史悠久的中国建筑元素，可以发展出新的民族建筑。他将中国建筑母题比作词汇，将组织原则看作是文法。然而，卢绳认为，语言不属于生活资料，本身不具备阶级属性，因而把建筑类比语言并不恰当。而服装和建筑一样在生活和美学两方面服务于人民，是更佳的类比对象。效仿梁思成关于建筑中民族形式的论述，卢绳认为：仅仅因为“古代服装是我们中国人民所喜爱、所熟知、所理解的，并引为骄傲的艺术”，就让人民群众在穿衣时，恢复汉、唐、宋、明的古装，这种主张是荒谬的。梁思成将建筑比作语言忽略了建筑的物质属性，因而对形式主义敞开了大门；将民族形式等同于传统元素，特别是将中国建筑中的文法等同于宋代建筑手册中的“法式”，由此导致了复古主义。卢绳总结道，上述这些就是梁思成产生一系列错误看法的原因。

卢绳将建筑的“形式”界定为一个建筑物的外部形象，包括建筑的总体布局、平面排列、立面式样、结构手法等等，并将建筑“内容”归纳为建筑的功能、技术及其所反映出的思想性三方面。他认为，中国古代建筑中所反映的思想观念并不寓于单体建筑之中，而在于一个建筑群的组合形式中。由此，梁思成的错误还在于他只片面地专注于单体建筑的细节，而忽略了建筑物组合中所表达出的封建思想。[2]根据卢绳的观点，梁思成只是在口头上赞成“民族形式，社会主义内容”的方针，而他所倡导的民族形式的结果只能导致复古主义。然而，如同那时所有其他人一样，卢绳对于建筑的“社会主义内容”能贡献的具体东西并不多，他也只能说，“内容必须是社会主义的，就不应该将封建时期的民族形式照样的，而需要根据社会主义的内容来进行创造”。对此梁思成肯定也是赞同之至。

---

1 卢绳，《对于形式主义复古主义建筑理论的几点批判》，《建筑学报》（1955年3月），载杨永生，《1955—1957建筑百家争鸣史料》，6—13页。

2 卢绳，《对于形式主义复古主义建筑理论的几点批判》，11—12页。

卢绳对梁思成和他追求形式主义的复古思想进行的批判，与其说反映了两位建筑学者不同的学术观点，不如说是国家总体政策转变的结果。然而，卢绳的批判也有一定道理，他敏锐而正确地捕捉到了一个问题，即梁思成所声称的中国建筑中代表“精华”的真正传统其实只是这个传统中的一部分，即官式风格，或者用马克思主义的话说，是统治阶级的传统。卢绳同样指出了梁思成对于建筑发展上的复古主义历史观，按照梁思成的观点，中国的建筑“清不如明，明不如元，元不如宋，宋不如唐”。在文章中，尽管卢绳的目的是批判梁思成在意识形态上错误的历史观，但是他也正确地指出了，对于梁思成而言，唐代建筑代表了中国建筑的顶峰。[1]梁思成所做的并不像他说的那样，仅仅是去发现，而是在遵循唐宋官式建筑的理想典范，积极地创建一个中国建筑的传统，不管他自己是否曾经意识到这一点。

如果发生在苏联的政治变化引发了中国建筑界对复古主义的批判，那么1956年毛泽东发动的“百花运动”，伴随着“百花齐放，百家争鸣”轰轰烈烈的方针口号，[2]为现代主义的发展带来了新的希望。作为一次有民主倾向的运动，“百花运动”的发起初衷是鼓励党外人士对共产党提出批评，表达不同意见观点，以此来巩固加强新的社会主义政权。《建筑学报》为“双百方针”开辟了专栏。在专栏中，许多知名建筑师与学者都表达了对建筑领域中当前问题的看法和观点。

大部分文章都针对政府指令与政治决策干预建筑风格的问题表达了不满。值得注意的是，很多文章认为以前采用的“形式主义”、“世界主义”[3]、“复古主义”、“结构主义”等等，这些带有贬义的字眼统统都是“帽子”。在现代汉语里，“帽子”一词的含义大致可以理解为英语中的“标签”（label）。但是，不同于西方评论中使用的“后现代主义”（postmodernist）、“高技派”（high-tech）、“机械美学”（machine aesthetics）等风格性的标签，“帽子”一词带有强烈的政治含义，特指那些被用来不公正地攻击迫

1　了解这一基础叙述结构的起源，以及关于“唐代代表了中国建筑的黄金时代”这一观点形成过程的更多内容，见于水山，《伊东忠太与中国建筑史基本叙事结构的形成》，载《中国建筑史论汇刊》（2015年5月），3—30页。

2　运动正式发起于1956年的4月和5月，中国共产党中央委员会会议与第七次国务院最高会议期间。

3　对于“世界主义”的解释，参见词汇表。

害他人的定性归类词汇。例如，形式主义可能是错误的；但是作为一顶“帽子”的“形式主义”就意味着，在特定的政治场合里不公正地使用这个词谴责某人。因此“帽子”带有明显的贬义，代表对他人不正确地使用贬损的字眼。“扣帽子”代表了一种强制性行为，被扣者少有反驳的途径和机会。而一旦“扣帽子”本身变成了一顶“帽子”，争论就完全陷入了无望的循环之中。在这个循环之中，参与争论的人们相互抛掷着使人名誉扫地且定义模糊的标签。实际上，在20世纪的大部分时间里，“帽子”在中国的建筑论战中都是一个象征性符号，它一方面反映出学术争论中概念运用在理论上的错位（theoretical dislocation），一方面也显示了专业术语里富含的政治信息。下面的引文在语气与措辞上都十分典型：

> 我们对建筑的看法也过于简单，很少分析研究。有些批评家看到大屋顶的房子认为是宫殿庙宇，就扣上复古主义帽子。看到没有装饰的平屋顶房子，称为是方盒子，就加上结构主义帽子。看到有中国装饰但没有大屋顶的房子认为是不中不西，扣上折中主义帽子。这种少见多怪否定一切的批评方法，使设计人不知道往何处走，感到道路虽多，条条不通。[1]

在众多的理论交锋中，尽管“扣帽子”这种不负责任的批判行为遭到了批评，但是因为当时政治措辞的风气，这些标签的贬损性质并没有遭到质疑。诸如“复古主义”、“形式主义”、“结构主义”、“折中主义”等等，这些词汇的来源、指向与确切含义其实并不十分明确。“民族形式”的支持者们批判“形式主义”，而拥护“现代主义”的人则批判“复古主义”。也有新“帽子”被发明出来。例如，此前，一些人给梁思成扣上了“复古主义者”的帽子，并以中国的经济状况作为借口对梁思成进行批判，之后，那些支持梁及其“民族形式”的建筑师又反过来用“片面的纯经济观点”的帽子扣在了这些人头上。不过，在50年代中期，“百花运动”确实也给中国的建筑

1 董大酉，《在一次创作讨论会上的发言》，载杨永生，《1955—1957建筑百家争鸣史料》，37—38页。

讨论带来了新的声音。其中最引人注目的是，一个久违了的词汇重新跃入人们的眼帘——“现代的”。

自新中国成立以来的很长一段时间，在关于建筑的讨论中，人们一般是用“社会主义的”一词来指代那些被期待产生的新事物，而不是采用“现代的”一词。这一用词上的微妙不同显示了新中国的建筑师们有意识地将自己的创作与资本主义世界的同行们保持距离。然而，在1956年的一篇文章中，作者蒋维泓、金志强（那时他们还是清华大学建筑系的两名年轻学生）大胆地采用了“我们要现代建筑”作为文章标题，将现代主义置于讨论的核心位置。在这篇文章中，蒋维泓与金志强对大面积玻璃窗、光洁的墙面以及混凝土框架所创造的简洁外形给予了热情的赞扬。尽管当时用以支持他们论点的建筑实例全部出自社会主义阵营，主要是苏联和匈牙利的建筑物，但是西方历史上的例子，如英国的哈罗新城，也作为论据出现在文章中。作者认为，社会进步将会使建筑中的民族差异越来越小，在未来的共产主义社会中，国家、民族认同感将会完全消失。然而，在这篇文章中，“现代的”反面不是“民族的”而是“古典的”。蒋维泓与金志强认为，虽然许多古典建筑都是美的，但它们毕竟是古代的东西。中国要的是现代的美，建筑师的活动应该是创造新的东西。文章以拉斯金式的（Ruskinian）论调提出：“用洋灰做的须弥座和垂花门是丑陋而造作的，但是洋灰做的壳体和框架却是美丽而轻快的。”文章又以柯布西耶式（Corbusian）的期盼作为结尾，认为在共产主义的年代里，人人要坐上最新式的汽车，住上最新式的楼房。[1]

然而，不同的声音接踵而至。为民族形式辩护的文章刊登在了同一个期刊上。这些文章对现代主义千篇一律、使人生厌的形式进行了批判，认为蒋维泓与金志强将“社会主义的”东西等同于“新的”东西，并给他们扣上了“形式主义”、“世界主义”以及“功能主义”[2]的帽子。[3]但是，此时大多数参与讨论的人都支持现代主义。比如，

1　蒋维泓、金志强，《我们要现代建筑》，载杨永生，《1955—1957建筑百家争鸣史料》，57—58页。

2　“Functionalism”在现代汉语中译作“功能主义”，在现代汉语中容易使人与“功利主义”产生联想。“功利主义”为哲学术语“utilitarianism”的中文译法，暗示带有利己主义的含义，这在当时是一个带有明显贬义的词汇。

3　王德千、张世政、巴世傑，《对“我们要现代建筑”一文的意见》，载杨永生，《1955—1957建筑百家争鸣史料》，58—60页。

朱育琳通过将现代主义等看作现实主义的方式来为现代建筑辩护。他认为：

> “现代建筑”是指这样的一种建筑，它是根据现代的生活出发，也就是根据现代人对一个建筑的使用要求出发，根据现代的材料，结构的特性，科学的原理，现代的施工技术而设计的。室内要求光亮，所以用大窗；钢筋混凝土梁的强度高，于是就取消雀替；施工要求快，采用预制板材；有了骨架承重，外墙就用幕墙。这一切都是忠于生活、忠于科学的，也就是现实主义的。如果“功能主义”就是要尊重功能，“结构主义”就是要忠于结构，那么它们不应该受到反对。[1]

朱育琳同样坚持认为，建筑是为生活和生产服务的，它是一种生活资料和生产资料，不能把它和上层建筑混为一谈。因此，不应该把社会主义与资本主义，这两种对立社会制度的概念应用到建筑领域中。他还批评中国的建筑事业，特别是北京，受到官僚主义的干涉。但是他也给“民族形式”扣上了“复古主义”、“折中主义”的帽子。

正是在当时如此的学术环境下，电报大楼与中央广播大楼在长安街上拔地而起。在梁思成与民族形式淡出人们的视野之后，尽管随后的岁月不能看作是“现代建筑”的兴起，但是相对宽松的政治环境，即便很短暂，也还是留下了它的印记。在1957年同一年内，电报大楼与中央广播大楼这两座既缺乏“民族形式”感也没有中国传统装饰元素的大楼完工了。在它们身上找不到坡屋顶，也不见“勾栏”和“雀替”装饰的外墙。在电报大楼的立面上，由明亮的白色与黄色构成的横竖交错的元素形成了颇有蒙德里安味道的（Mondrianesque）抽象构图。在这座建筑中，大而明亮的窗户富有节奏感地排列在墙面上，并在主立面中部直接外露其混凝土框架，使得结构构件成为建筑外表的一部分。对于中国“现代建筑”的支持者而言，它的形式忠实于结构和材

---

1 朱育琳，《对“对‘我们要现代建筑’一文意见”的意见》，载杨永生，《1955—1957建筑百家争鸣史料》，60—62页。

料，称得上是名副其实的“现代建筑”（见图1.12）。

尽管中央广播大楼采用了标准的对称平面布局，以及斯大林式的古典主义立面，但是它的形式却得到了明显简化。苏联风格的装饰局限在了中央的塔楼上，而这个塔楼也具有一定的实用功能，它所支撑的尖针（spire）就是广播天线。墙面与窗户上的蓝色玻璃搭配在一起，使大部分的建筑立面都呈现为白色的混凝土墙格子（见图1.13）。中央广播大楼的设计在50年代早期就开始了，与北京展览馆同一时期，这就不难理解为什么这座建筑总体上采用了斯大林式的布局。[1]北京展览馆于1955年之前就完成了，因而保留了大量繁复的古典装饰。而中央广播大楼直至1957年才完工，其立面上的苏式古典装饰便得到了大大缩减。在它身上苏式大构图与简洁墙面的组合，恰到好处地捕捉到了1956—1957年的“百花运动”期间，中国建筑界与现代主义之间的短暂蜜月。

由于电报大楼与中央广播大楼都坐落在长安街上，因此这两座大楼在建筑形式上显得更加庄重肃穆，对于“现代建筑”的支持者而言，它们在形式上没有北京其他地区同时期、同样风格的建筑案例那样自由。[2]电报大楼与中央广播大楼的平面与主立面都非常对称，且两座建筑的中间部分均建有塔楼。但是，这两座建筑的塔楼并非全是装饰，一座装有一个塔钟，另一座支撑着天线，在现代主义的支持者眼中，两座尖塔的实用功能也算为它们的存在提供了足够的理由。

1　在中国，许多1955年以前完成的苏联援助项目多由苏联专家主持设计，在细节上都展现出了斯大林式的古典主义风格，例如于1952—1954年完工的北京展览馆（中苏分裂以前叫作苏联展览馆）、建于1955年的上海中苏友好大厦等。参见邹德侬，《中国现代建筑史》，182—184页。

2　对于1949年以后共和国初期的北京建筑，现代建筑的支持者们经常提及华揽洪在1954年设计的儿童医院、杨廷宝在1953年设计的和平饭店以及其他的一些建筑作为范例。这些建筑不但采用了简洁的立面，在平面上也不对称，更接近现代主义者的理想。由于这些建筑没有建在长安街上，因此在本书中没有进行具体分析。关于这些建筑的具体信息，参见邹德侬，《中国现代建筑史》，108页、120页。

政治运动与长安街建筑：1955—1959年

关于中国建筑的学术研究，强调政治在新中国时期发挥的核心作用。很多研究支持这样一种观点，当需要对城市变迁以及重要建筑物的最终方案进行决策时，毛泽东的态度对最终结果具有决定性的影响力。这绝非空穴来风。然而这种成见也暗示了政治是建筑讨论之外的单独势力，而建筑只是被动地屈从于政治压力。这其实与事实相去甚远。在当时，政治是建筑讨论中不可或缺的部分，是建筑师与学者们自觉讨论且津津乐道的话题，不带任何贬损之意。他们努力在建筑中界定政治的“尺度范围”（political dimension），目的是为建筑实践寻求某种指导准则。人们自觉地将政治的维度纳入到这个学科之中，在“民族的”与“现代的”形式讨论之外，又为建筑提供了另外一条出路。

二分法（Dichotomies）与建筑中的阶级性

在新中国成立的前三十年里，对于中国的建筑师和建筑学者，一个主要的理论挑战就是在建筑中给无产阶级定性，并为表达无产阶级的观点寻找途径。根据马克思的观点，在一个阶级社会中，建筑作为一种艺术形式和社会上层建筑的一部分，并非没有阶级性。因此，在波澜壮阔的社会主义舞台上，建筑的角色并不回避阶级立场，而是力图表达历史中最先进阶级的观点，即无产阶级的观点。

关于建筑的阶级性问题，存在两种截然相反的观点。一种观点认为，建筑中具有的阶级性表现在精神层面，而不是它的物质层面，因此阶级性只能通过美学得到体现。统治阶级认为是美的东西与被统治阶级理解的美可以截然不同。例如，在历代帝王眼中，紫禁城是华丽壮美的，但是对于劳动人民，紫禁城是令人生畏的。因此，个人感受基于生活观察，爱憎表达立足于阶级立场，两者共同寓于美的概念中。[1]然而，由于建筑物的物理结构可以服务于任何人，而与阶级地位无关，因此建筑的功能与技术不具有阶级性。但是，对立的观点则认为，美的标准是普遍存在的（universal），而建筑的功能却具有阶级性。在历史中，统治阶级拥有供他们享乐的奢华大厦，或为提高资本盈利而建造摩天大楼；而劳动阶级的房屋仅能满足最低的生活标准，建筑规模也受到等级高下的限制。但是，对美的反映却是主要依靠人类的直觉。例如，自从清王朝被推翻之后，每个人都可以在颐和园享受这个昔日皇家园林的美。[2]

即使对于理论问题的梳理作用不大，这样的辩论也为长安街与北京旧城改扩建的实际工作提供了一个语境框架（discoursal framework）。是保护还是拆除长安街沿线的历史建筑？对于这个问题的判断，至少在表述上，阶级性成为了一个标准，尽管在实际运用上有很大的灵活性，甚至略显随意。例如天安门城楼，昔日作为通往皇城的中央大门，在阶级性上是封建的。然而，当毛主席站在天安门观礼台上宣布新中国成立之后，它就变成了新中国的标志，并获得了新的阶级身份。天安门广场在1949年以前是学生示威游行的场所，而1949年之后，它又变成了群众欢庆的舞台，这使得天安门广场也经历了类似于天安门城楼一样的阶级性转变。明清时期的“T”形天安门广场，在崭新的社会主义社会，面对群众集会的功能性需求，空间显得太小，因此不得不进行改扩建以容纳更多群众，并同时将它改造成一个社会主义的公共广场。长安街沿线周边的传统居住区需要整治，并替换为社会主义的纪念性建筑物。尽管这些地方在明清时期居住着劳动人民，但是它们却带着封建社会阴暗面的烙印。与之相反的是，尽管紫禁城曾经是皇家的住所，可是它是劳动人民创造出来的，因此是劳动人民智慧与才能的象征。

无产阶级的观点同样要求建筑要为人民服务。在共产党的领导下，“艺术为人民服务”成为所有艺术工作者的指导方针，相比之下，“为艺术而艺术”被批判为资产

1　杨永生，《1955—1957建筑百家争鸣史料》，95页。
2　同上书，109页。

阶级的东西。自从1942年，毛泽东发表了著名的《在延安文艺座谈会上的讲话》（在下文中将详细讨论），相同的方针政策就在其他的艺术形式中得到执行，其中包括绘画、音乐、舞蹈、戏剧等领域。在20世纪50年代，当建筑初次面对这样的意识形态要求时，由于其范围太过宽泛，而无法为建筑师提供可操作性的指导原则。当国庆工程的建设正在紧锣密鼓地进行中时，1959年6月，在“住宅建筑标准及建筑艺术问题座谈会”上，梁思成讲道：

> （党）提出了要六亿人民共同设计；同时党还要求我们在建筑中要表现民族风格。过去[1]许多建筑师对于“民族形式”这四个字连提也不敢提一声，现在就感觉到胆子大了些。但是什么是民族风格，建筑师们还在彼此你问我，我问你。当然，有些人又马上会想到斗栱、雀替、大屋顶；更多的人对这种看法并不同意。正是由于党号召我们六亿人民共同设计，所以这个问题很快就得到明朗化了。设计人员走了群众路线，其中特别是青年建筑师和高等学校的学生们，他们从建筑的功能一直到建筑的形式都深入群众，了解群众对使用上的需要、在形象上的喜爱。我们可以说是初步摸到了门儿了。从群众的要求中，我们可以理解到群众是一致要求建筑具有民族风格的。但是我们也可以理解到群众所要求的民族风格并不是古建筑的翻版。对于不同的建筑他们有不同的要求。例如在天安门前他们就不要大屋顶，[2]但是在美术馆上他们又要。这说明群众是按照建筑的内容而要求不同的形式的。[3]

梁思成的话道出了一个实际情况，即在20世纪50年代中后期，当关于建筑的讨论从形式问题转变为阶级分析时，中国的建筑师们面临着无所适从的困境。理论上新的二分关系——一方面是形式与功能，另一方面是形式与内容——伴随着当时对阶级

1 在这里，梁思成所指的是1956—1957年，在这时的“双百运动”期间，他提出的建筑中的民族形式被批判为“复古主义”。

2 在这里，梁思成所指的是人民大会堂和中国革命历史博物馆。

3 《从“实用，经济，在可能条件下注意美观”谈到传统与革新》（在住宅建筑标准及建筑艺术问题座谈会上关于建筑艺术部分的发言），参见《梁思成全集第五卷》，307—308页。

性的强调，将以前的各种理论问题带到了同一个讨论范围之内。它将50年代早期关于“民族的”与“现代的”问题讨论纳入到了一个更大的社会、政治语境中，并同时回归到了一个更具体、更有操作性的实践原则——“文艺为人民服务”（这一总原则发端于40年代）。由此，“民族的”与“现代的”问题讨论让位给了一个新的理论框架。“民族的”与“现代的”问题如同阴阳关系一样，被限制在形式现代化的太极统一体中，但是“形式对功能”与“形式对内容”，这两组二分关系将这个现代化的工程进行了扩展，并将整个建设实践都包含在了其中。理论导向从形式维度转向了社会维度，这种变化为大规模的政治运动卷入建筑实践打下了基础。

对于抓住一个特定对象的特征，二分法是一个重要的理论工具。其手段是在分析中将对象的不同方面分解成彼此独立而排他的成对范畴。然而，一旦二分法变成了思维的固定模式，它将迫使人们以特定的二分关系看待这个世界，将事务进行简化，并忽略不同类别之间的联系与相互转化关系。在50年代关于中国建筑的讨论中，最常见的几组二分关系包括美观与功能、建筑艺术与建筑科学、形式与功能、建筑形式与建筑内容、理论与实践。它们相互联系，并彼此强化。多数人认为建筑既是科学也是艺术。建筑科学处理材料、结构、建造、声学、光线、温度等等问题，而建筑艺术主要处理形式问题。前者与建筑功能联系较多，后者则与美学发生更多的关系。建筑艺术的定义本身隐含了它和形式与美观之间的天然联系，而建筑内容，这个具有高度争议的术语，才因二分法的排他性原则与功能、工程等产生了貌似合理的关联。

在50年代，关于建筑理论方面的讨论是建立在这些不同的二分关系基础上的。在1954年10月发表于《建筑学报》上的一篇题为“论建筑艺术与美及民族形式”的文章中，作者翟立林将建筑的本质界定为功能与美的统一体，它既充当生活资料又发挥社会意识形态的作用，以满足人类的精神需求。然而，他认为建筑本质中的这两个方面并不平等。功能属性处于优先地位，而美学方面处于次要地位。[1]

1　翟立林，《论建筑艺术与美及民族形式》，《建筑学报》（1955年1月），载杨永生，《1955—1957建筑百家争鸣史料》，93—96页。

建筑的双重性格表现在它既是生活资料和生产手段，又具有意识形态的性质。这就决定了关于建筑的知识可以分为两大类别：建筑科学和建筑艺术。在建筑本质属性的二分关系中所包含的不平等关系同样表现在了建筑知识的二分关系中。翟立林举出了六点来支持建筑科学在建筑艺术之上的主导地位。第一，建筑不是纯艺术，而是添加了实用功能的艺术；第二，一个建筑的修造，需要大量的财富和劳动力，因此建筑与经济问题直接联系在一起；第三，建筑首先是一个工程技术问题，其次才是艺术问题；第四，由于功能要求，以及经济与技术的限制条件，建筑在表现形象方面远不如其他门类的艺术那样自由；第五，由于建筑需要巨大的物质财富才能够完成，因此一个社会中最好的建筑作品经常属于统治阶级，无产阶级的建筑艺术只能在无产阶级取得政权之后才开始产生；第六，由于建筑在经济活动中本身就是一种物质工具，因此生产力的发展将立即直接导致建筑艺术的变化，相比之下，其他艺术分支对生产力的依赖则较少，对生产力发展的反映滞后很多，且更加间接。[1]

继承了毛泽东思想中关于矛盾的对立统一及辩证发展关系的论述，[2]二分法和它所包含的不对等关系持续主导着建筑内容与形式的讨论。在他的文章中，翟立林将建筑内容界定为 实用功能、科学技术、意识形态思想。他写道：

> 依我看来，首先，建筑既是满足人类生活及生产需要的物质手段，其适合使用的功能应该是它的内容。其次，建筑必须采用适当的材料和结构，因此材料和结构等技术条件也应该属于建筑的内容。最后，建筑既然具有艺术的性质和作用，它必须反映出一定的社会意识来，因而建筑的内容也应该包括反映某种现实生活的思想性在内。功能、技术及思想性三者是统一地容纳在一个建筑形式之中的三种内容或内容的三种成分。[3]

1 翟立林，《论建筑艺术与美及民族形式》，载杨永生，《1955—1957建筑百家争鸣史料》，96—97页。
2 毛泽东，《矛盾论》，274—312页。
3 翟立林，《论建筑艺术与美及民族形式》，载杨永生，《1955—1957建筑百家争鸣史料》，93—107页。

对于翟立林而言，建筑内容几乎包括了除形式之外其他所有的东西。造成这样一个结果的主要原因是对马克思主义关于形式与内容二分法的生搬硬套。这种方法在对某些艺术形式进行分析时非常有效，例如文学、戏剧、绘画等可叙事性艺术；但是当应用于其他的艺术形式时，例如建筑、音乐等，则显得捉襟见肘，这是因为这些艺术形式的非叙事性特性，以及由此所产生的内容的不确定性和阐释上的开放性。为了强行保持艺术理论范畴的一致性，一个与“形式”相对应的概念必须得到界定，于是可能影响到建筑形式的所有事物就都被归纳到了建筑内容中。

将形式与内容的二分关系不加区别地应用，会使人落入理论陷阱之中，对此，青年学者陈志华与英若聪二人已有所觉悟。在一篇题为“评翟立林‘论建筑艺术与美及民族形式’”的文章中，两位作者辩论道：“翟先生说‘功能、技术及思想性三者是统一地容纳在一个建筑形式之中的三种内容或内容的三种成分’的提法就如同说‘颜料、麻布、木框、技巧和主题思想都是统一地容纳在一幅油画之中的若干种内容或内容的若干种成分一样。”他们同时也暗示，建筑不同于绘画，不能简单地视其为艺术。尽管陈志华与英若聪并没有在文章中提供内容或形式的具体定义，但是他们指出，翟立林的错误在于其对于马克思主义基本原理中形式与内容的辩证统一关系的简单化理解。在建筑领域，他没有对建筑与社会的关系进行具体分析，辩证唯物主义运用得过于死板，且过于宽泛。两位作者呼吁，在社会主义社会中，应该对建筑发展进行有针对性的分析，而不是过分简单地理解应用马克思主义的条文。[1]

另外的一些学者主张建筑内容应该只包括意识形态思想。他们指出，根据马克思主义的理论，形式是用来表达内容的；如果建筑内容包括功能、技术以及思想意识，那么建筑形式就会将功能、技术以及思想意识进行表达。但是，这种观点存在明显错误，因为：

---

1 陈志华、英若聪，《评翟立林“论建筑艺术与美及民族形式”》，《建筑学报》（1955年3月），载杨永生，《1955—1957建筑百家争鸣史料》，107—114页。

> 建筑的基本职能不是去表现功能，而是要和机器设备、食、衣等物质资料那样去满足实用要求，技术不是形式表现的对象，而是实现建筑的必要手段，只有当建筑形式完善地表现了崇高思想内容，这个形式才是优美的……所以把建筑的基本职能和为实现建筑所采取的手段混在一起是不妥当的。[1]

尽管对于如何界定建筑的内容，以及其他关于建筑性质的细节存在不同的观点，但是，作为一个对话讨论的基本框架（discoursal framework），二分法的地位却从来没有遭到过质疑。在这些讨论当中，每一个参与者都理所当然地默认使用这一对对的概念（例如功能与美观、科学与艺术、内容与形式）的合法性和有效性，以为通过它们可以为有意义的思想交流和讨论提供一个主要平台。实际上，二分法自身的性质与功能凌驾于讨论之上，从来未被触及。另外，关于建筑形式的定义同样不存在争议，因为它看起来似乎相对简单明了。建筑形式所指的是建筑外观表现出来的东西，其中包括建筑的总体布局、平面排列以及立面式样。然而，问题一旦触及在实践中采用某种具体的形式风格时，这种共识便烟消云散了。

作为所有艺术形式普遍推行的苏联官方风格，社会主义现实主义的形式特征在绘画与雕塑领域中显得清晰明了，但是将这种风格运用在建筑领域中，则问题百出。如同这个名称所反映出来的信息，“社会主义现实主义”（socialist realism）同时包含了内容（社会主义的）与形式（现实主义的）两个方面。因此，围绕社会主义现实主义问题的风格之争马上就又回归到了内容与形式的论战。在建筑领域，关于社会主义现实主义存在两种不同的观点。一种观点将它等同于“民族形式，社会主义内容”。[2]另一种观点则坚持认为，在文学艺术领域，社会主义现实主义是一种以社会主义现实生活为基础的创作方法，而“民族形式，社会主义内容”对于无产阶级文化建设而言，是

---

1 周祥源，《论建筑艺术的内容——与翟立林同志商榷》，《建筑学报》（1955年3月），载杨永生，《1955—1957建筑百家争鸣史料》，133—135页。

2 翟立林，《论建筑艺术与美及民族形式》，载杨永生，《1955—1957建筑百家争鸣史料》，102页。

一个方向性的原则。[1]二分法的影子无处不在。

形式与内容二分关系的概念源自马克思主义哲学中的辩证唯物主义（dialectical materialism）。马克思主义从19世纪的德国哲学传统中继承了二分法，作为理解社会与自然现象的重要概念。在马克思主义哲学中，这些不同的二分关系被称为范畴（categories），其中包括物质与意识、生产力和生产关系、经济基础和上层建筑等不同的层面。在同一组二分关系中的两个范畴彼此相互依存，并在一定条件下相互转化。例如，当以社会的生产作为考察对象时，生产力代表内容，而生产关系代表形式；当以社会的结构作为考察对象时，生产关系代表内容，而政治体系、法律系统、意识形态等上层建筑则代表形式。[2]

从这个意义上说，建筑中的内容与形式应该充当一种观念工具而不是指导实践政策的基础。翟立林在他1955年发表的文章中，将建筑的内容界定为“功能、技术、思想性”的统一体，之后，他进一步解释道：

> 这三种内容的比重当然是并不相等的。功能和技术是属于建筑的物质合理性方面的东西，是建筑的物质性的内容；而思想意识是属于精神方面的东西，是建筑的精神性的内容。既然建筑首先是满足人们生活及生产活动的物质手段，其次才是丰富人们精神生活的艺术作品，不言自明，一般说来，功能和技术的内容是首要的，是基本的，而思想意识的内容则是次要的，是派生的。[3]

因此，在二分关系中，相对于内容而言，形式是次要的；在内容的不同方面中，对于功能与技术内容而言，思想意识内容又相对次要。这样一个理论框架将重点放在工程技术方面，实际上是将建筑艺术降低为可有可无的装饰。在理论讨论中，学者和

1　陈志华、英若聪，《评翟立林“论建筑艺术与美及民族形式”》，《建筑学报》（1955年3月），载杨永生，《1955—1957建筑百家争鸣史料》，112—113页。

2　杨永生，《1955—1957建筑百家争鸣史料》，124页。

3　同上书，98页。

建筑师们认为，建筑是艺术与科学的结合体。在实践与官方宣传中，建筑主要被当作工程技术工作来处理。对于1958—1959年间的国庆工程，几乎所有纪念性建筑的官方文献与宣传，都是关于工程技术方面所取得的惊人成就，或者奇迹般的建造速度与质量上的不同凡响。有关建筑艺术的几乎为零。

国庆工程

在1958年，为了庆祝来年新中国成立十周年，中央政府决定在北京建造十几个重要的国家工程。这些工程中的一部分建筑计划在国庆日以及之后的日子用于会议和接待场所，但是大部分仅仅计划作为展览空间，用以展示社会主义国家十年来在不同领域取得的成就。与此同时，这些工程本身就是被展出的重要成就。这些项目起初被称作“国庆工程”，在后来，以“十大建筑”的统称更加为人所熟知。这些建筑大部分都建在了长安街上。[1]如果说，我们可以将这些国庆工程比作各式各样的“展厅”，用以展现社会主义建设前十年取得的伟大成就，那么，长安街就是这些“展厅”的主要陈列空间，是一个陈列“展厅”的城市“展台”。

从一开始，人们就努力将长安街打造成一个“展台”。当1949年初，夺得革命胜利的共产主义政权刚搬进中南海时，历史长安街上还到处是商业活动。那时它还并非一条闻名遐迩的街道，在那里居住和谋生的人们大部分来自于较低的社会阶层。在长安街最中心的位置，西三座门与南长街的交会处之间，还有许多摊贩和临时商铺。由于天安门广场被指定为举办开国大典的场所，中南海被选为中央政府的所在地，为适应社会主义首都的需要，崭新的共产主义政权决定为长安街打造全新的面貌。为了使摊贩们离开长安街，并将长安街改造成更加优美的城市大道，刚刚成立不久的新北京

1　郑光中是清华大学建筑学院城市规划领域的教授，他曾经参与过1949年以后所有长安街主要的规划项目。根据他的介绍，起初，1958年计划中所有的国庆工程都坐落在长安街上。到了1959年，由于发现有些原来计划的工程项目无法按时完成，坐落在其他地点的建筑物才被添加了进来，以充“十大”之数。郑光中，作者采访，2005年10月24日，北京。

市政府提高了这一区域的商业税额。1949年8月5日——在新中国于10月1日成立的前夕——有五十个摊贩向北京市政府提交了一份请愿书，这些人中包括一些卖稀饭、油条的小贩等。他们认为政府应该对长安街沿线的商贩用与城市其他地区同样的标准征收税额。政府对此给予了毫不留情的回应。官方用红色墨水在请愿书原件上做出的批复简单而果决："如感负担重便可迁移。"徐辑五，请愿书的执笔人，同时也可能是这次抗议的发起人，最终写了坦白书，正式承认自己的错误："现在政府是人民的政府……不应联合多人像对国民党伪政府时代那样举动……"并且保证"知道错误，以后再不重犯"，才被交保释放。[1]

早在1949年，北京市政府就将长安街指定为一个风景优美的观光区，[2]而长安街发展的下一个目标是打造成一个新中国的"展台"。整个20世纪后半叶，每逢重要的国家庆典开始之前，政府都要针对长安街和天安门广场进行一系列加建改建的工作，并每每声称要在某个时间段"基本完成"长安街的建设。[3]而1959年，为新中国成立十周年进行的国庆工程建设只是一系列"完成"工作的第一个重要篇章。

"十大建筑"是国庆十周年献礼工程后来的称谓。数字"十"在中国的民间文化中，象征着十全十美。采用这个数字一方面表达了对工程的雄伟壮丽的赞美，另一方面也暗示出这种"基本完成"之努力的全面性。然而在今天所称的十大建筑中，有一部分是后来添加进去用来凑数的，[4]而一部分起初计划建造的建筑则始终都没有完成。在1959年2月23日的一份报告中显示，所有计划的工程项目加起来共有十六个，而此时距离国庆工程的完工日期只有七个月时间。这十六个工程项目被归纳为三类：十一个必成项目，两个期成项目和三个推迟项目。必须完成的项目包括：全国人民代表大

1 《第7区长安街树林内摊贩徐辑五联合各摊贩具名请求减征地捐的原呈和坦白书》，1949年8月，北京市档案馆，档案编号45-4-29。

2 同上。

3 《关于长安街改建和规划步骤的请示报告》，1964年1月，北京市档案馆，档案编号131-党9-16-139。

4 例如，民族饭店就是后来被加进去的。

会堂（即此后的人民大会堂）[1]、中国革命博物馆、中国历史博物馆、农业展览馆、中国人民解放军博物馆[2]、民族文化宫、国宾馆、体育场（即今天的工人体育场）、长安饭店（即今天的民族饭店）、华侨大厦以及北京火车站。这些建筑中，体育场和华侨大厦不在长安街上，这两座建筑物原计划在1958年完工，且没有列在最初的国庆工程名单中。由于没有按时完成，这两座建筑物便被添加到国庆工程之中，并于1959年十周年之际完成。两个预期完成的项目，科技会堂和中国美术馆虽然当时已经开工，但是由于建造材料短缺而不得不延期。三个推迟项目是国家大剧院、电影宫和西单商场，这三个项目当时还没有开工。[3]

尽管在10月1日庆典时，国庆工程并没有全部及时完工，但是一些重要的纪念性建筑的建造速度的确是惊人的，这是当时"大跃进"运动的直接结果。"大跃进"一词正式出现在1957年末，它后来发展成一个全国范围的群众运动，强调人的主观能动性和它对社会转型与经济发展速度的影响。背离了经济基础决定上层建筑的马克思主义信条，在"大跃进"期间，人们相信社会转型能够解放巨大的生产力，并迅速走向工业化。在1957—1958年一年之内，中国社会的基本结构发生全面转变。根据《人民日报》的记载，到1958年底，99%的农村人口被编入了两万六千个"人民公社"这种共产主义社会的新基层单位之中。1958年5月，在北京召开的党的八大二次会议通过了"鼓足干劲，力争上游，多快好省地建设社会主义"的总路线，并立下了十五年内在主要的工业生产上超越英国的雄心壮志。[4]

在建筑领域的大跃进促使国庆工程中心区域的纪念性建筑物以惊人的速度圆满落成，展示了社会主义新政权的组织能力和伟大成就。和总体的大跃进运动一样，国庆工程的建设强调人民意志与革命精神的力量，设计与建造的速度是展现成就最方便、易于理解又可量化的指标。所有十大建筑的设计与建造都在十个月内完成，尽管这样

---

1 全国人民代表大会堂在完工之后，毛泽东将其更名为人民大会堂。在本书以后将其简称为"大会堂"。

2 在本书中，以后一律用"军事博物馆"这个更为人熟知的名称来指最初命名的中国人民解放军博物馆。

3《关于国庆工程的汇报提纲》，1959年2月23日，北京市档案馆，档案编号47-1-70。

4 关于大跃进运动在社会政治方面的特征，参见Spence，*The Search for Modern China*，574—582。

一个令人满意的结果是在删除了原先计划中的一些项目之后才达到的。根据官方的报告，取消某些项目的原因主要是成本上涨和材料短缺造成的。某些工程的建筑面积增加了，因而费用也必然超出预算。集中人力财力完成几个重要的标志性工程才是当务之急，对原计划略加删改便在情理之中。而那几个重要工程在当时能够及时完工实属奇迹。迟至1959年2月23日，大多数人还认为人民大会堂几乎不可能如期完工，尤其是它中央的万人大会堂。[1]此后，大会堂的建设如同一场群众运动。从1959年2—8月，工程组织者为每一天的具体工作制定详细计划，并印发每日简报公布具体的目标、完成的计划、处理的事项、解决的问题，并在简报的显著位置刊登标语口号，号召人们拿出更多的革命精神。[2]

十大建筑的建造几乎与设计同时进行。然而建造过程突出的是工人而不是设计师，而设计过程强调的是工程技术方面的成就而不是建筑美学。主持开工典礼的是政府官员和建筑工人代表，而不是建筑师，甚至连工程师都没有。建筑工人被看作十大建筑的英雄，而他们所取得的成就主要归功于“中央政府领导的智慧”以及“人民的伟大支持”。

对于政治领袖和公众而言，建筑的形式与内涵显得含糊与陌生，而建筑物的高度、规模、建设速度则显得更加实在，更容易用以衡量所取得的建设成就。以人民大会堂为例，这座建筑的南北长为336米，东西长为174米。它的用地面积达15公顷，总建筑面积为171800平方米，总体积为1600000立方米。[3]为了建造大会堂，有433150立方米的土方被移走。所用建筑材料数量惊人，其中包括127700立方米的钢筋混凝土，400000平方米的灰浆饰面，71600平方米的木地板，24000平方米的大理石，27000平方米的花岗岩。[4]这些建筑材料的采集堪称举国之力：除北京之外，二十三个省市都做出了贡献。当人民大会堂完工之际，政府马上就组织群众参观这座巨大的纪

---

1 《关于国庆工程的汇报提纲》，北京市档案馆，档案编号47–1–70。

2 《人民大会堂工程生产日报》，1959年2—8月，北京市档案馆，档案编号125–1–1277–1。

3 《人民大会堂设计概况》，1963年9月，北京市档案馆，档案编号47–1–301–1。

4 《全国人民代表大会堂工程的基本情况》，1959年8月27日，北京市档案馆，档案编号47–1–92–1。

念性建筑。它庞大的体量，尤其是巨大的内部空间给人们留下了深刻印象。这座建筑被看作“大跃进”运动以及党的总路线的伟大胜利。[1]

在当时，建筑设计要服从于火箭式的建筑速度。要跟得上“大跃进”的精神，“快速设计、快速建造”成为了当时时髦的口号。人们发明出了设计流水线的批量生产方法。标准化的建筑单元被分别绘制在不同的透明图纸上，这样就可以在不同的工程项目中重复使用同一单元，以节省设计的时间；或是将设计单元排成不同的组合方式，直接晒制施工蓝图。设计工作赶不上施工进度。在当时，几乎所有主要的国庆工程都是采取边设计、边备料、边施工的方式进行建设的。[2]

的确，在建筑领域中，“大跃进”的精神通过建筑工地上的群众运动得到了最具戏剧性的展现。无论是从字面意义还是象征意义上讲，“建设社会主义”的口号都在这个舞台上淋漓尽致地表现了出来。建筑工人以军事化的方式被动员了起来。从十八个省和自治区选拔出来的7785名优秀工人投入到了建设人民大会堂的战役中。[3]人们像对待军事行动一样对待建设任务，建设队伍也采用了部队编制。[4]为了更快地完成任务，军事上的战略战术，例如“明确重点，集中优势兵力，重点突击”，变成了工地上的一个个口号。[5]

对于中共政府而言，十大建筑证实了“大跃进”的正确性和毛泽东总路线的胜利。这些建筑提供了具体的实例，可以激励中国人民在社会主义建设中向前迈出更快更大的步伐，实现更大规模的跃进，同时驳斥了国外敌对势力对群众运动的贬低。1959年，对人民大会堂组织有序的参观持续了数周之久。为了加强对国内外的宣传，在1959年10月1日以前，外国使节、记者以及政治、军事领袖被邀请参观了大会堂；在十周年庆典之后，北京市人民委员会集中组织了两次群众参观。第一次是10月，约

1 当时的群众意见也并非完全一致。有一部分人对建筑物的外观颇有微词。另外一些人则抱怨，如此宏伟的建筑与普通百姓的困苦生活状况形成了鲜明的对比。见北京市档案馆，档案编号2-20-101。

2 北京市规划管理局设计院人民大会堂设计组，《人民大会堂》，《建筑学报》（1959年9—10月），23页。

3 《人民大会堂政治思想工作总结初稿》，1959年10月10日，北京市档案馆，档案编号125-1-1226-1。

4 《关于农展馆、革命历史博物馆工程基本总结和工人体育馆工程验收报告》，1959年1—3月，北京市档案馆，档案编号47-1-90-1。

5 北京市档案馆，档案编号125-1-1226-1。

有五万人参观了大会堂；第二次在12月4—26日间，以更大的规模接纳了更多的群众参观。在此期间，大会堂总共接待了463588名来自北京和其他省市的参观者。[1]

如同12月参观计划所描述的，组织群众参观人民大会堂的目的是"为了启发社会主义的劳动热情，更进一步向全市人民进行总路线、'大跃进'的教育，了解'大跃进'的成就"[2]。参观者对于大会堂的反映主要集中在建筑物庞大的规模和技术成就上。在万人大会堂巨大的内部空间中，没有采用一根立柱支撑天花板，许多参观者都对此赞叹不已。人民大会堂向参观者们证明了崭新的社会主义社会较之以前的旧社会无比优越。例如，许多参观者都表示，与紫禁城的三大殿相比，人民大会堂要好得多，因为在这里"劳动人民的智慧得到了充分发挥"，这是只有社会主义社会才能取得的伟大成果。也有人把大会堂比作是"仙境"和"天堂"，说："一进人民大会堂，就像腾云驾雾一般。"更有人表示："到了大会堂就像进了共产主义社会。"[3]

人民大会堂的设计

与人民大会堂的施工过程相比，尽管这座建筑的设计在媒体上受到的关注度要低得多，但是也同样采取了群众路线[4]。这项工作始于全国范围的方案征集。1958年9月，政府将来自全国的设计方案进行了收集整理。总共有三十四家建筑设计单位提交了八十四个平面布局和一百八十九个立面设计方案，在这其中，包括密斯式的玻璃房子、苏式的中央塔楼以及传统的中式大屋顶。1958年9月，在国务院总理周恩来亲自主持下，来自十七个省市自治区的知名建筑师云集在北京对方案进行讨论。大会堂项目选定了赵冬日、沈其的设计方案，并委任张镈为总建筑师。[5]在建筑与城市规划领域，设计竞赛的获胜者并不一定充当项目的总建筑师，这种集体主义的创作方法和过程在

1 "1959年组织群众参观人民大会堂工作计划及简报"，北京市档案馆，档案编号2-20-101。
2 北京市档案馆，档案编号2-20-101。
3 同上。
4 对于"群众路线"以及它背后意识形态的分析，见第三章，关于建筑实践中的集体方法的有关内容。
5 潘谷西，《中国建筑史》，431页。

新中国成立之初的三十年间十分普遍。而最终的结果也往往是和最初方案颇为不同的带有折中性质的新设计，它要么反映了不同观点间的互相妥协让步，要么是将不同方案的优点进行合并。

人民大会堂在风格上同样进行了折中，以创造一种当时认为恰当的建筑形式。当50年代早期，“民族形式，社会主义内容”的方针正在实行中，没有附加装饰且不对称的建筑物会被扣上“结构主义”和“形式主义”的帽子；1955年，当梁思成的建筑思想被批判为奢侈浪费之后，带有中式传统屋顶的建筑物就被批判为“复古主义”和“形式主义”的另一种变体。最终，被简化的功能主义的“方盒子”又被批判为“片面的纯经济观点”。50年代末的中国建筑师不得不避开所有这些负面的联系。

于1959年9月完工的人民大会堂是一座苏式新古典主义风格的综合建筑群，但没有中央塔楼；富有中国的民族形式，却不见大屋顶；规矩的“方盒子”，又围上了古典的柱廊和各种表面装饰。如同苏联新古典主义的纪念性建筑物，大会堂的外部以实墙和巨大的柱廊为主。四个建筑立面完全对称，面对天安门广场的主立面被水平划分为五个部分，且中央与两端的部分得到了凸显。但是，大会堂的砖石立面却经过了精心的设计，以展现中国的民族特色（图2.8）。北京市建筑设计院在对人民大会堂的设计说明中做出了如下解释：

> 采用中国习惯的檐部，墙身，柱廊，基座三段形式。檐部不用大屋顶，而用平直做翘及枭混线的轮廓；门廊柱距采用明间大、次间小的手法；柱式[1]比例，在西洋柱式与中国柱式比例的基础上加以发展；基座采用中国传统的须弥座形式。[2]

---

1 中文“柱式”一词译自英文“order”，在中国传统建筑中内容包括柱身、柱础、部分梁枋，以及柱子顶部的斗栱等出挑构件。20世纪早期的中国建筑史学家接受过西方的学术传统，他们努力将中、西的建筑体系和术语系统进行融合，并往往用西方建筑中的概念分析中国传统建筑。比如，梁思成将中国建筑中檐下至基座间的柱子及其附属构件称为“Chinese order”，并按照弗莱彻爵士（Sir Banister Fletcher）在*A History of Architecture*中插图的模本，绘制了历代“中国柱式”的立面图。见梁思成，*Chinese Architecture*，10页。

2 北京市档案馆，档案编号：缩47–1–301–1。

图2.8 人民大会堂，1958—1959年。建筑师：赵冬日、沈其、张镈等。作者自摄。

这个报告的措辞十分谨慎，以避免使人联想到此前被批判到的各种风格。尽管说明强调了中国特征，但是它也提醒读者，中国建筑的表现不仅仅局限在大屋顶的创作形式上。在50年代晚期，一提“大屋顶”人们首先想到的就是梁思成和他倡导的民族形式。相反，人民大会堂的设计者所强调的中国性却体现在了这座建筑的结构特征、比例以及细节的处理上。在当时，毛泽东号召从“古今中外”吸取一切精华，作为一种回应，“西方的”一词尚可采用。但另一方面，“现代的”一词却被小心避免，因为在50年代晚期，它依然是个有些敏感的字眼。

由于“民族形式”与“现代的”两个术语都会使人因先前关于建筑的几番论战而产生不好的联系，因此不得不发展出一套新的术语系统，而事实也确实如此。梁思成将建筑风格按照“中”、“西”、“新”、“古”进行的分类，便是在这种新的理论背景下产生的。1959年，在一个关于国庆工程的会议上，梁思成提出，根据建筑的形式，有四种不同的创作方式：“新而中”、“中而古”、“西而新”、“西而古”。梁思成认为，最好的组合方式是“新而中”的。的确，在当时的历史背景下，要表达对建筑风格的偏好，没有一种说法比这更安全了。[1]

作为新中国政治力量的一个象征，人民大会堂的设计展现了一个国家的统一与民族平等。在大会堂内，中国的每一个省、直辖市、自治区都有一个以之命名的独立厅堂，包括西藏、内蒙古、新疆和台湾。在万人大会堂的天花板上，无数的星形聚光灯围绕着中央的一颗巨大红五星，象征着六亿中国人民团结在党的周围。略成拱形的天花板从四面平滑流畅地融入墙面，宛如布满繁星的苍穹。据说，周恩来总理曾亲自提出，天花板与墙面应该如同"水天一色"般融为一体。[2]然而，在90年代以前，大多数中国人都没有机会进入人民大会堂，一睹这社会主义所创造的奇迹。这座建筑物的利用率相当低。对于公众而言，大会堂更多是作为天安门广场与长安街的一个建筑立面而存在着。

---

1 值得注意的是，梁思成在"新而中"的概念里特地把"新"放在了"中"之前，而其他三个都是"中""西"在前，"新""古"在后。可见梁措辞的小心谨慎。参见梁思成，《梁思成全集第五卷》，311页。

2 关于人民大会堂功能与设计的更多详细信息，参见Jayde Lin，*The Great Hall of the People: Defining the Socialist Chinese National Identity through Re-defining the Center*，华盛顿大学，硕士论文，2004年，34—57页；另见巫鸿*Remaking Beijing*，108—126页。

博物馆与长安街上的历史展示

在某种程度上，全部的国庆工程都在展示着社会主义建设前十年所取得的伟大成就。然而，有两个工程项目是专门用来展示的，且与历史有关，一个是中国革命历史博物馆（现更名为国家博物馆），另一个是军事博物馆。坐落在长安街上，这两座建筑在新中国对历史的重建过程中都发挥着核心的作用，它们将当前政权的合法性融入到历史的宏大叙事之中。两座博物馆为中国历史的官方表达提供了中心舞台。尽管它们的物理结构半个多世纪以来基本未变，但是在建筑内部不断变化着的展览项目却折射着20世纪后半叶中国社会与政治的变迁。

历史、博物馆与重写中国的过去

中华文明擅长于历史记载，在这方面，她拥有现存世界上最为悠久且连绵不断的传统。先秦文献中的《尚书》录有上古三代（夏商周）的文稿，而最早的史书《春秋》则记载了东周春秋时期（约公元前770—前476）的历史，后人根据这本书的标题来为这段历史命名。[1]司马迁于公元前2世纪晚期至公元前1世纪早期创作了《史记》一书，全景式地描绘了自黄帝时代（约公元前3000年）至作者所处时代的历史。按照司马迁开创的模式，在中国过去的两千年中，每一个主要朝代都至少留下了一部正史。累计到今天，总共有二十五部之多，从传说中的黄帝到清朝的末代皇帝，二十五史涵盖了整个中华文明五千年的历史。[2]

这些一册册被称作正史的书籍构成了官方版本的中国历史。在大多数情况下，对一个朝代历史的撰写是由接替它的后朝来完成的，这项工作由专职编纂前代历史的官

1　对于中国先秦文本的基本介绍，见威尔金森（Wilkinson），*Chinese History*，454—579页。

2　除了这些正史，还有更多官方资助的修史机构没有编辑的文献。对于中国朝代的各种历史记录，见威尔金森（Wilkinson），*Chinese History*，483—521页。

员完成。同时，每一个朝代又都设有专职官员，对当时的历史及皇帝起居进行记录，为书写正史的后代提供了丰富的资料素材。尽管中国历史上不乏刚正不阿的史官拒绝阿谀奉承当权者，坚持书写真实发生过的事件，甚至为此不惜搭上性命，但是，如同清末民初的著名学者、改革家梁启超所言，《二十五史》[1]不过是王侯将相的家谱罢了。[2]

根据儒家"君命天授"的观点，皇帝作为天子代替上天执行统治天下的使命。但是，假如一个皇帝昏庸无能，他就会丧失上天的授命，并被一个新的皇帝或朝代所取代。为了强化"奉天"的观点，在为前代修史的时候，前朝初期的皇帝，特别是开国皇帝，总是被描绘成雄才大略的圣明君主，是真正的天帝之子。而从另一方面，对于随后的朝代，为了证明自己是名正言顺的接班人，前朝末期又会被描述成君王失道民不聊生的时期，百姓们翘首期待一个救民于水火的新政权取而代之。对于修史者而言，前代的实录可以很好地满足后代修史的需求。关于前代初期和盛期皇帝的大部分材料都是由当时的官员进行编辑的，内容充满了赞美之辞；但是那些末代皇帝们却往往没有如此幸运，因为他们通常还没来得及等到这些赞美性的记录编辑成册就驾崩或被推翻了。历史记录与历史逻辑在这一点上配合得天衣无缝。

将王朝更替书写成一个连续的"君命天授"的过程，使中国的历史观表现为一系列不受时代条件影响的永久循环。全部的二十五史都有相似的格式，遵循了司马迁创立的写作范本，其中只偶尔有微小的调整。与此同时，这些史书关注每个朝代的兴起、繁荣与灭亡，并形成一套生生不息的循环。这一循环始于圣明的君主，但是最终会因暴君的昏庸无道而分崩离析。

1949年后新中国的历史书写突破了这种朝代模式。中国历史不再以朝代兴衰轮回、无限循环的方式进行描绘，而是被叙述成一个有指向性的（teleological）、目标明确的通往共产主义革命的上升过程。历史越是靠近当下，书写便越具有选择性，以便

---

1 "清史"这个末代皇朝的历史，是由民国学者编辑的，而不是出自帝制时代官员的手笔。清史从来没有以标准的传统格式正式完成，这留给了我们两个不同的术语"二十四史"和"二十五史"，其差别取决于是否将末代清史计算在内。民国学者们采用"清史稿"的标题，而没有直接使用"清史"，用以表明它的非官方地位，有别于由历代朝廷所修的前朝正史。

2 梁启超，《中国之旧史》，载《梁启超文集》，陈书良编辑（北京：北京燕山出版社，2009年），153页。

聚焦那些可以被拿来证明当前政权和具体政治路线的合法性的历史事件。导致朝代更替的农民起义被描绘得像是共产主义革命之前的不同彩排和不成熟的版本。在以前的历史叙述中，农民起义是朝代更替之间的间奏；但是在中华人民共和国早期书写的历史中，它们成了主角，而不同朝代却变成了革命不断循环周期中的过渡阶段。如同长安街上的建筑立面，之前的“缺口”得到了填补。在这样一个重写历史的过程中，博物馆扮演了举足轻重的角色。

在中国，博物馆建筑是在漫长的帝制时代结束之后才出现的。1912年，在北京的国子监成立了历史博物馆，而此前这里是皇家教育中心。在1918年，历史博物馆的陈列被迁到了紫禁城的南大门——午门，而午门南面的端门被改作博物馆的库房。[1]在1924年10月，清王朝瓦解后的第十三年，西北军冯玉祥的部将鹿钟麟将末代皇帝溥仪驱逐出了紫禁城。在北京临时执政府的支持下，成立了一个委员会，负责对故宫内的文物、古迹进行编目。一年之后，在1925年的10月10日，紫禁城更名为故宫博物院，并面向公众开放，用于陈列展出帝制时代的文物藏品。[2]实际上，在当时的展览中，并不是所有被称为“文物”的展品都年代久远。其中的一部分是晚清时期的东西，在20年代，这些“文物”还是许多中国人生活经历中的一部分。但是，由于与中国的帝制时代发生着千丝万缕的关联，这些物品成了历史，而博物馆的使命就是划分过去与现在的边界。

在共产主义革命以前，并不存在对文物展览进行指导的政治纲领和意识形态。历史博物馆中的展览专题按照金器、石器、玉器、青铜器等不同材质媒介进行布置。但是，在1949年共产主义接管政权之后，博物馆就变成了重写中国历史的一个积极参与者。为构建一个新版本的中国历史，展览项目被重新布置，用以建构一个以共产主义革命和中华人民共和国的成立为最终归宿的历史发展进程。新编的整个中国历史，推进了以共产党为领导核心的施政纲领的合法化，尤其光耀了以毛泽东为代表的中共领

1　马芷庠，《北平旅游指南》（北京：燕山出版社，1997年），18—20页。另见中国历史博物馆，《中国通史陈列》，封三文字。

2　故宫博物院紫禁城编辑部，《故宫博物院80年》，30—35页。

导人的政治路线。

新中国成立之后，位于天安门城楼北面的午门与端门上的房间继续作为历史博物馆使用，当时更名为北京历史博物馆（即为今天国家博物馆的前身）。[1]与此同时，一个新的博物馆——中央革命博物馆筹备处——于1951年在故宫内的武英殿成立，这里此前是皇家书局，位于紫禁城外三大殿以西的庭院中。[2]1951年，在新博物馆举办的展览以“七一展览”为主。“七一展览”以中国共产党的建党生日命名。就像之后中央革命博物馆中的展览一样，这个展览旨在向北京市民普及新执政党的知识。自从清王朝垮台之后，北京市民就生活在政权不断更替的环境之中，并接受着不同甚至相互矛盾的各种意识形态。这其中包括1937年以前的众多新旧军阀政权，1937—1945年日本人扶持的华北傀儡政权，以及1945—1949年的国民党政权。在1955年，“七一展览”变成了一个常设的党史陈列展。在1958年，党史陈列展扩充成了新民主主义革命历史展。[3]

1958年9月，为迎接新中国成立十周年，中央政府决定在天安门广场东侧建造新建筑，以容纳中央革命博物馆和中国历史博物馆。为了与天安门广场西侧人民大会堂的巨大立面取得平衡效果，最终这两座博物馆被合并在了一个综合建筑群内，统称为中国革命历史博物馆。

1959年，革命博物馆展览中的历史材料包括了从1840年第一次鸦片战争到1949年新中国成立的内容。这段时期被描述为一个从衰落到复苏的时代，最终促成了共产主义革命的胜利和新中国的诞生。按照这个历史大叙事，在康乾盛世之后，鸦片战争使清王朝一蹶不振，最终导致了孙中山领导的资本主义革命。孙中山尽管不是一个没有阶级局限性的领导人，却是一个进步的资产阶级革命家。一方面他晚期的革命思想受到了1918年俄国革命的启发，另一方面他本身也对共产主义者抱有同情之心。他的接班人蒋介石却被描绘成一个彻头彻尾的反动分子，他的行为注定了国民党政权的衰

1《历史博物馆：关于端门维修》，北京市档案馆，档案编号47-1-673-1。
2 中国人民革命军事博物馆，《走进中国人民革命军事博物馆》，7页。
3 同上书，10页。

落和中国共产党的崛起。

为了将马克思关于社会发展的观点展示出来，革命博物馆的陈列中包含了封建社会、资本主义社会和社会主义社会这三种不同社会制度的材料。但是在展览中，这段长达百年的历史被简化成了两个时期：旧民主主义革命时期和新民主主义革命时期。在中国历史的叙述中，1840—1949年的这段历史时期被称为近代史，[1]并表现为连续不断的革命运动。旧民主主义革命推翻了清王朝的统治，促成了辛亥革命和中华民国的成立；新民主主义革命推翻了国民党政权，并造就了中华人民共和国的成立。前一场革命截止于1912年，而后一场革命开始于爆发五四运动的1919年。近代史的这种分期方式，使两个革命之间只相隔七年，实在没有给展示民国时期对中国的建设和贡献留下多少空间。

在1919—1949年的三十年中，一个突出的主题是共产主义在中国的成长。1927—1937年的南京政府期间，蒋介石的国民党政权在这十年对国家的建设则被完全否定。与此同时，新民主主义革命被进一步简化成了毛泽东思想路线的胜利，而早期共产主义领袖的贡献也被忽略掉了。展览的重点聚焦在了毛泽东革命路线发展壮大的一些关键地点，如井冈山、延安、西柏坡等地方。这些地方在建国以后，全都成为了红色中国的圣地。

以共产主义革命为目的论之时空箭头的最终指向，中国历史博物馆展出的古代历史成为了这一未来图景的延伸部分。涵盖1840年以前的全部历史，编年陈列展的文物与图片按照马克思主义的社会发展序列进行布置：从原始社会到奴隶制社会，再到封建社会。[2]这些展览将重点放在进步势力与反动势力、革命力量与保守力量、唯物主义与唯心主义、辩证法与形而上学等方面之间的斗争上，同时突出了富有革命精神的劳

1　对于“近代”、“现代”、“近现代”和“当代”的详细讨论，见第三章的结尾部分。

2　根据马克思主义的观点，典型的社会发展通常要经历一个连续性的形式，表现为从原始社会发展至奴隶制社会，至封建社会，至资本主义社会，至社会主义社会，最终达到共产主义社会。然而，由于欧洲帝国主义的扩张，在西方以外的国家，封建社会向资本主义社会的连续性过渡被打断，并沦为了殖民地。由于中国没有完全沦为西方列强的殖民地，而直到孙中山领导了资本主义革命，封建皇权才被推翻。于是，“半殖民半封建社会”一词被创造出来，用于描述1840—1911年之间的中国社会。根据这一理论，中国的资本主义社会非常短暂，从1912中华民国成立至1949年中华人民共和国成立，国民党政权逃往台湾，仅仅三十八年的历史。

动人民所做出的贡献。在1959年建成的博物馆内，新展览中添加了更多关于农民起义方面的材料。[1]毛泽东发展的基础力量来源于中国农民，“农村包围城市”是他对于中国共产主义革命总结出来的战略思想。展览将毛泽东的共产主义革命展现为一场正确符合马克思主义指导思想的无产阶级起义，但是在某种程度上，又是一种古代农民运动在新时代的延续。

在1959年1月，当包含两个博物馆的新建筑在紧锣密鼓的建设之中时，政府做出了一个决定，将这两个博物馆重新命名，以赋予它们国家地位。中央革命博物馆筹备处更名为中国革命博物馆，北京历史博物馆更名为中国历史博物馆。[2]这两个博物馆原先隶属于北京市文化局的管理系统之内。在1962年，这两个博物馆与故宫博物院一起升级为国务院下的文化部直属单位。[3]

另一座建在长安街上，属于1959年国庆工程中的博物馆是中国人民革命军事博物馆（即军事博物馆）。与其他博物馆相比，军事博物馆的陈列内容所覆盖的历史时期要短得多，并且主要展出近现代的材料。陈列内容的时间始于1927年，即南昌起义和中国工农红军诞生的年份，截止于50年代初期的“抗美援朝”战争。当中国历史博物馆将中国共产党的政治纲领扩展到了整个中国历史范围中时，军事博物馆将中国共产主义的胜利浓缩在了军事斗争方面的篇章之中。

博物馆建筑与陈列空间

在中国传统建筑类别中，并不存在现代博物馆可参照的样板。事实上，中国的第一座博物馆是由帝制时代的纪念性建筑改造而成的，即1912年在北京国子监成立的历

1 《北京市文化局，本局党组关于北京历史博物馆、自然博物馆变更名称及中国革命历史博物馆筹建情况的报告》，1959年7—9月，北京市档案馆，档案编号164–1–31–1，041。

2 《关于北京历史博物馆自然博物馆两馆名称问题的请示》，1959年1月7日，北京市档案馆，档案编号164–1–31–1。

3 《北京市文化局，本局关于革命历史博物馆、故宫博物院三单位上交文化部领导的报告及市人委办公厅的批复》，1962年5月8日，北京市档案馆，档案编号164–1–358–1。

史博物馆。在民国时代的南京国民政府时期（1927—1937），蒋介石的国民党政权针对首都建设提出了一个雄心勃勃的计划，在计划中决定建造多个由政府资助的项目。在十年时间的密集建设中，有两座博物馆在南京落成了：一座是中央博物院，一座是国民党中央党史史料陈列馆。国民政府鼓励对中国传统文化的继承和发扬。1929年的“首都计划”[1]要求全部的设计方案都要与“中国本位”思想结合。“中国固有之形式”受到了高度青睐，特别是在公署和公共建筑的设计中。[2]中央博物院建有一个唐辽风格的庑殿顶，而国民党中央党史史料陈列馆建有一个清式的歇山顶。这两个建筑物都比较忠实地遵循了历史中的范例。中央博物院的立面比例和式样借鉴了梁思成不久前所发现的山西五台山佛光寺大殿，而体量比后者大。梁思成当时为中央博物院的设计提供了很多意见。国民党中央党史史料陈列馆的大屋顶样式与重檐的城门楼十分相似，在30年代的中国，类似这样的古城楼尚随处可见。这座建筑的比例与细节从某种程度上反映了梁思成对中国古典建筑的理想化憧憬。[3]

然而，对于新中国的政权而言，与中国辉煌历史的联系不再是建筑风格合法化的理由。作为1959年国庆工程的一部分，在首都北京建造中国革命历史博物馆的主要目的是为了展现新的社会主义体制的能力与成就。首要的问题就是规模。为了迎接建国十周年，作为天安门广场改扩建工程的一部分，博物馆的体量必须与广场的规模相匹配。根据1958年的规划，博物馆的规模在东西方向上扩展到了500米。如同人民大会堂和人大常务委员会办公楼是广场西侧的两座独立建筑一样，东侧的革命博物馆与中国历史博物馆原先计划也是相互独立的。由于这些建筑物对天安门广场的围合界定起着重要作用，因此，从1958年就开始了筹备这些建筑物与广场关系的提案。一共有七

1　1927年国民政府定都南京后，于1928年2月成立国都设计技术专员办事处，聘请美籍工程师古力治（Ernest Payson Goodrich）为工程顾问，美国建筑师墨菲（Henry Killam Murphy）为建筑顾问，于1929年12月颁布“首都计划”。参见潘古西，《中国建筑史》，322页。

2　潘谷西，《中国建筑史》，322页。

3　关于中央博物院建筑的设计详情及其与中国传统建筑的关系，参见Delin Lai, “Idealizing a Chinese Style: Rethinking Early Writings on Chinese Architecture and the Design of the National Central Museum in Nanjing,” in *Journal of the Society of Architectural Historians*, Vol. 73, No. 1 (March 2014), pp.61–90；关于30年代的“中国固有之形式”建筑，参见潘谷西，《中国建筑史》，373—383页。

个提案被筛选出来向中央领导汇报，其中有三个提案建议采用四个独立的建筑物，广场两侧各建造两个；另外四个方案建议将广场两侧的建筑物在结构上进行合并，成为东西各一的两个建筑群。[1]

革命博物馆、中国历史博物馆、人大常务委员会办公楼在规模上相似，且相对较小，相比之下，人民大会堂在规模上比三者都要大得多。由于四座建筑物规模悬殊，因此通过四个独立的建筑物将天安门广场围合起来，不可能取得平衡的效果。将建筑物在结构上合并的提案看起来更加理想。但是，仅仅与大会堂单独一座建筑物的规模相比，两座博物馆在结构上合并之后仍然显得很小。如果将人大常务委员会办公楼再添加进去，广场西侧合并在一起的建筑物会使东侧的博物馆建筑群显得相形见绌。北京市规划局提出了一个解决方案，西侧的大会堂建筑群采用紧凑的块状实体组合，而在东侧通过添加大面积庭院的方式扩大博物馆建筑群的占地规模，以获得天安门广场两边具有平衡感的建筑立面效果。这个提案最终也成为了实施的方案（图2.9）。[2]

博物馆建筑群的平面被人为地拉长，以便充满一个与西侧的大会堂规模相当的总图地块。完成后的建筑物，南北长313米，东西宽为149米。即便抠出了三个大型庭院（各76米 × 100米）和两个小型庭院，博物馆建筑群也仅仅需要两层便可满足当时所有展览空间的需要。如果建筑师采用普通展厅的层高来设计，将产生一个高仅15米而长度有300米的面向广场的西立面。它更像一堵墙。设想一下，站在天安门广场的中央，人们将很难注意到这座建筑物。广场的两侧将呈现出西高东低的局面，失去应有的平衡感，因此博物馆建筑群的高度也被人为地拔高了。两个展览楼层室内的单层高度为7米。另外又在天花板上增加了2.5米高的空间，用于结构和设备管线，这样就使每一层展厅的总层高达到了9.5米。支撑这两层主体展厅的是一个在立面上处理成基座形式的地面楼层，用于仓库、文物库房、工作间、食堂、厨房和停车位，这样就

1 《长安街》，66—67页。
2 同上书，67页。

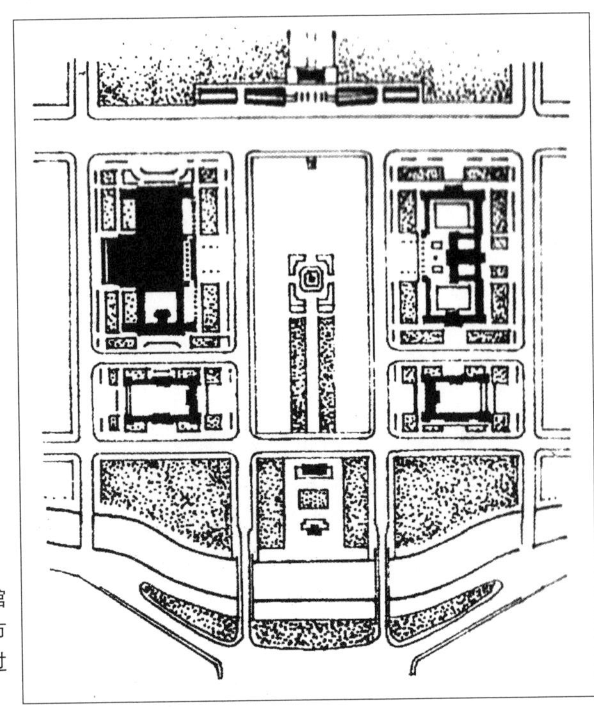

图2.9 图纸中展现的人民大会堂、博物馆建筑群与天安门广场之间的关系，北京市规划管理局方案。图片引自《长安街：过去、现在、未来》，67页，郑光中提供。

进一步将建筑物的整体高度提升到了26.5米。[1]然而，这样的高度依然比大会堂40米高的建筑立面矮了十多米。最后，为了使博物馆的建筑立面显得更加宏伟壮观，并具有连贯性，在面向广场的西立面又建造了一个11开间，32.7米高的柱廊，用以连接革命博物馆和中国历史博物馆。柱廊两侧巨大而凸出的柱状实体有39.88米高，只略低于大会堂的平均高度（图2.10）。[2]天安门广场两侧的平衡总算是达到了。

博物馆建筑群的风格同样取决于它与广场对面大会堂的呼应关系。针对大会堂

1 《北京市建筑设计院，中国革命历史博物馆设计概况》，1963年9月，北京市档案馆，档案编号47-1-301-1，7—8页。

2 《中国革命和中国历史博物馆工程的基本情况》。1959年8月27日，北京市档案馆，档案编号47-1-92-1，4—5页。

图2.10 中国革命历史博物馆，1958—1959年。建筑师：张开济、叶祖贵、黄乔鸿等。
作者自摄。

的设计，政府进行了全国范围的方案征集，[1]并产生了大量风格不同的方案，其中涵盖了“玻璃盒子”与传统中式屋顶等各式各样的设计。一旦大会堂的设计敲定，博物馆建筑的风格问题就变得相对简单了。与大会堂相同，博物馆建筑群在立面上遵循了苏联新古典主义的构成方式，既不见大面积的玻璃幕墙，也没有采用传统中式屋顶。所有的立面都是对称的。主立面同样水平划分为五个部分，在垂直方向上，分为屋檐、主体和台基三部分。人民大会堂和博物馆建筑群在建筑结构上都采用了钢筋混凝土框架，并在主立面采用了同样的材料与色彩设计：淡红色的花岗岩台基，建筑的主体采用了浅黄色花岗岩饰面，以及檐部黄绿相间的琉璃瓦饰带。

建成的博物馆建筑群与人民大会堂的外观规模相当，建筑轮廓线相似，布局相

1 在中华人民共和国时期，方案征集的实施与通行的设计竞赛不同，本书将在第三章进行详细讨论。

互呼应。从空间概念看，两座建筑阴阳互补，虚实相济。大会堂建筑群的中心是“实的”万人大会堂，而博物馆建筑群的中心是一个“虚的”巨大庭院。位于大会堂建筑群东主立面内的柱廊是一个“实廊”（依附在主建筑旁的一个实在的走廊）[1]，而博物馆建筑群西侧主立面中间的柱廊是一个“虚廊”（两侧开通，无实体依靠的走廊）。大会堂实廊内柱子的横截面是圆形的，而博物馆建筑群虚廊内柱子的横截面是方形的。中国古代相信“天圆地方”，天为阳，地为阴。在广场两侧正对的建筑立面中，由柱子的横截面在方圆之间形成的反差，暗合了这两座建筑群的阴阳关系。也许并非巧合。由红色与黄色组成的巨大国徽悬挂在大会堂柱廊顶部的中心位置，国徽的形状也是圆形的，直径有4.5米；博物馆建筑群同样带有红黄两色的旗帜与五星装饰，5.5米高，26.5米长，同样位于柱廊顶部的中心位置，形状是长方形的。

因此，从整体布局到装饰细节，从体量虚实到形式象征，西边的人民大会堂都是天安门广场不争的“阳”面，而东侧的博物馆建筑群则代表着“阴”。但是这两座建筑之间的阴阳关系远远超越了形式层面。作为“阳”的重要补充与呼应，“阴”主要扮演着附庸的角色。历史的书写服从于政治势力的意志，这恰如博物馆建筑群服从于人民大会堂的领导一样。

上世纪50年代博物馆建筑群的空间组织也反映了历史为政治服务的要求。两座完全分离的建筑物通过前面的柱廊和后面的门厅连接起来。在建筑群内有三个主要的庭院，它们在南北轴线上沿直线排列，这与北京传统的四合院的院落组织相似。柱廊面向天安门广场，而由柱廊和中央门厅所围合的中间的庭院则成为连通整个建筑群的过渡空间。北侧庭院属于中国革命博物馆，南侧庭院隶属于中国历史博物馆。根据中国的传统，在庭院式民居中，北院的地位更加重要，通常住着一家之长。在传统上，由于院子中所有的窗户都开向院内，因此北院的主室面向南方，可以获得更加充足的日照。传统院落的正门通常开在南墙上，由于与大门离得更远，因此北院更具有私密性，并凸显出了更加尊贵的位置。在明清两代，这些针对院落布局的实际考虑获得了符号上的含义，并将等

1 《长安街》，72页。

级制度演化成了空间上的表现形式。因此，在1959年的博物馆建筑群中，革命博物馆比中国历史博物馆占据了更加重要的位置，并且处于天安门与长安街的交汇点上。

作为两个博物馆的连接部分，坐落于中央庭院的建筑颂扬的是马克思主义中国化的神圣历程。经过门廊和过厅，中央大厅给人的感觉如同一个圣堂。在整个博物馆建筑群中，中央大厅是最大的独立内部空间（42米×32米），净高14.6米。进入大厅，正对入口的是马克思、恩格斯、列宁、斯大林的大理石浮雕。在浮雕前面，矗立着一尊毛泽东的胸像。四位代表马克思主义的外国先驱提供了国际背景与理论基础，而毛泽东在中国的革命实践中应用并发展了马克思主义。在中央大厅两侧的墙壁上装饰了两幅10米×10米的壁画，北墙上的壁画内容是“全世界人民大团结”，南墙上的是“全中国人民大团结”，[1]与天安门城楼主席像两侧的标语主题一致。起初，这两幅壁画曾经设计为两幅木刻浮雕的群像，各自象征着世界各国团结在一起，以及中国各民族紧密团结起来。[2]在入口墙面的上部装饰有和平鸽图案，以及“和平”、“团结”的字样。在中央入口大厅下面的地下层，是一个七百座的礼堂，用于革命与历史题材的演讲和电影播放。中央大厅本身并没有安排什么特定的功能。然而，位于整个建筑群的中心位置，这个神圣的厅堂为博物馆的整个内部空间和全部的展览定下了基调。

在色彩设计方面，博物馆建筑群室内采用了浅色底子衬托红色形象的方式。参观者经由过厅，在同一层内，向左转可以进入革命博物馆，向右转可以进入中国历史博物馆。在过厅内采用的是红色大理石柱子。在中央大厅的墙面上，铺装了浅黄色人造大理石，地板上采用了红色及浅灰色大理石。中央大厅被两排对称的柱子一分为三，柱子截面为八角形，表面铺装了浅灰色大理石。三部分中，中央的空间高大宽敞，两侧的狭窄低矮。这样的设计使得中央大厅的空间类似于带有本堂（nave）和过道（aisles）的教堂。两列柱子所形成的轴线将人的视线引向了中央大厅的后墙，而那里放置的便是四位马克思主义先驱和毛泽东的雕像。

---

1 北京市档案馆，档案编号47-1-301-1，7—8页。
2 北京市档案馆，档案编号47-1-92-1，4—5页。

如同天安门广场东侧的博物馆建筑群，军事博物馆表现的主题同样是只有毛泽东的思想政治路线才能拯救中国。比较而言，在这里展览的内容侧重于歌颂毛泽东的军事思想与策略。毛泽东传奇般的胜利使井冈山、大渡河这样的战斗遗址成为了新中国人民向往朝拜的圣地。在14.3米高的过厅中，放置着一个毛泽东的大理石雕像。如同天安门广场的博物馆建筑群，这个过厅连接着两个“L”形的侧翼部分，后面的中央大厅则隔断划分出了左右两个对称的庭院。毛泽东雕塑的放置方式和所有神圣空间中的中心圣像一样，他的下身可以从大门外看到，但是只有进入大厅仰视才能看到雕像的整体形象，他高高在上的面部将观众的视线引向了室内空间的垂直纵深。

军事博物馆的建筑面积为60557平方米，与天安门广场博物馆建筑群的65152.05平方米的建筑面积相比，它只是略小。然而，军事博物馆比后者小得多的建筑用地，迫使它只能采用金字塔式的立面构图方式。广场的博物馆建筑群为了对天安门广场形成有效的围合，不惜用宽大的庭院来稀释建筑实体，并人为加高了两层展览空间的层高，又通过中央柱廊的连接才获得了一个漫长的横向建筑立面。而军事博物馆如同山峰一样拔地而起，它的中央是七层楼与塔楼形成的顶峰，两侧的部分为四层楼，最外的东西两端是三层楼，由此在长安街上创造出一个对称的建筑立面。94.7米高的中央塔尖上托起一个巨大的解放军军徽：包含了金黄的“八一”两字的红五星，外部围绕着麦束主题的装饰图案，与大会堂和博物馆建筑群上的徽章采用了同样的色彩设计。

长安街上博物馆展览的变更

长安街上的博物馆在90年代经历了重大变化。1990年7月1日，革命博物馆内的中国革命历史陈列（包括两个常设展览部分：旧民主主义革命时期和新民主主义革命时期）更名为中国近代历史陈列，并且中华人民共和国陈列展更名为当代中国展。[1]原先展览的材料是根据革命分期进行编排的，后来的展览改为了按照年代序列布置，文

1　中国革命博物馆，《中国革命博物馆50年》，13页。

物与图片根据前后连续的历史事件进行编排展示，其中包括：鸦片战争、太平天国、辛亥革命、中国共产党诞生、南昌起义等等。自从1976年毛泽东去世，“文化大革命”随之结束以后，在公共宣传中，革命斗争精神不再扮演重要角色。在毛泽东领导中国时，历史被看作是一系列的革命运动；而毛泽东之后，革命成为了社会与政治变化边缘的戏剧性历史瞬间。

在革命博物馆，曾经举办过两个关于孙中山的展览，一个在1976年以前，一个在1976年之后。在博物馆传达的政治观点中，没有什么比这两个展览更能反映出这种鲜明的变化。孙中山生于1866年，无论是共产党还是国民党都将他奉为现代中国的开创者。1966年，在轰轰烈烈的“无产阶级文化大革命”即将拉开帷幕的时候，一个关于纪念孙中山百年的临展在革命博物馆开幕了。在这个展览中，孙中山被表现为中国历史进程中一个承前启后的人物，象征着中国历史从旧民主主义革命向新民主主义革命的发展进程。展览突出强调了孙中山联合并支持共产党人，对于其他国民党领导人，在展览中只提到了几个，例如宋庆龄、廖仲恺、何香凝等左翼人士。实际上，这个展览与其说在展现孙中山不如说是在歌颂中国共产党。展览的内容显示，他的革命活动在1924年以前充满了政治错误，是历史应该吸取的教训。而孙中山于1925年就去世了。两者之间只有短短一年时间。展览的内容因此暗示出，孙中山在生命的尽头才到达了他政治生涯的关键时刻，他的革命事业由民族主义向社会主义过渡，而这一转变过程是在中国共产党的帮助下才得以完成的。正如刘少奇当年对展览主题所做的指示，本次展览的目的在于展现“中国人民在中国共产党和毛泽东主席的领导下，彻底完成了孙先生没有完成的民主革命，并紧接着进行了社会主义革命，现在继续深入社会主义革命和进行伟大的社会主义建设”[1]。而在三十年后，如此带有明确目的性的阐释（teleological interpretation）基本上不见了，对孙中山革命生涯的讲述也改变了方式。1996年，纪念孙中山诞辰一百三十周年的展览在同一个博物馆开展了。此次展览中，孙中山基本上是被当作民族英雄大加

1《中国革命博物馆，孙中山先生诞辰百年周年纪念展览工作概况》，1966年3—4月，北京市档案馆，档案编号2-20-456-1。

颂扬，他不仅推翻了清朝皇帝，还捍卫了国家的统一。

在90年代，中国历史博物馆在材料的展出方式上经历了类似的变化。在1997年的常设展览——中国通史陈列——不再追随马克思主义的社会发展框架，而是恢复了朝代的序列。夏以前的远古时期不再被贴上“原始社会”的标签，而是按考古学材料划分为旧石器时代和新石器时代，对1840—1911年的历史时期也采用了更加中性的术语“晚清”，用以替代之前意识形态浓重的字眼“半殖民地半封建社会”。[1]中国古代史也不再是对1840年之后革命历史做逆向的回顾扩展。由此，对古代劳动人民革命精神的倚重让位于突出强调文化、政治、经济发展和技术进步。

在长安街上的博物馆陈列中，关于中国历史最富有戏剧性的变化发生在21世纪初期。2002年，政府决定将革命博物馆和中国历史博物馆合并为中国国家博物馆。但是，在这次合并之后常设展览基本不见了，而且中国革命历史展完全消失了。在这座建于1959年的建筑中，几乎全部的展厅都用于临时性的主题展览。在2005年，走进国家博物馆的参观者会发现，中国通史展览的规模缩小为馆藏精品展。在这里，他们可以观赏到那些从史前陶器到明式家具在内的著名艺术品。展览不再通过物质文化来讲述中国历史，而更像是一个陈列艺术品的美术馆。陈列的项目按照材质进行编排，例如陶器、瓷器、青铜器、金属器皿、木器、绘画、雕塑等类别。与先前的通史展览相比，现在的展览规模要小得多，并且重点展示那些在关于中国文化的经典书籍中经常提到的文物典型和艺术杰作。

国家博物馆的其他展厅全部都用于临时性的主题展览。2005年的11月，在以前革命博物馆的首层是《郑和七下西洋》的展览，而原来中国历史博物馆的首层则举办了《文明的曙光：良渚文化文物精品展》。

以上提到的展览全部都是临时性的。当时到国家博物馆的参观者会惊奇地发现，唯一相对固定的展览是《馆藏蜡像展》，位于以前革命博物馆的二层。在昏暗的灯光下，参观者可以见到，孙中山与秦始皇对面而立；毛泽东边微笑边凝视着过道对面的

1　中国历史博物馆，《中国通史陈列》。

几位汉代皇帝；列宁在和马克思、恩格斯亲密交谈，而康熙皇帝就立在附近；性感的玛丽莲·梦露裸露着肩膀站在中国共产党的英雄们前面；比尔·盖茨则对身旁的雷锋发出神秘的微笑。从诗人屈原到“二战”领袖温斯顿·丘吉尔，从电影明星成龙到篮球明星姚明，21世纪中国人所熟知的全部世界名人都可以在这里找到。所有的蜡像都直接排列在参观者行走的地板上，有立有坐，既没有基座，也没有围栏，营造出一种超现实主义的氛围。参观者在此很容易产生一种迷失的错觉，混淆于哪个身影是观众，哪个是蜡像。1912年，作为中国的首家博物馆，故宫博物院最先在历史与现代之间划出了界线，但是在2005年国家博物馆的蜡像陈列中，古今的界线却消失了。同时失去边界的还有历史与现实。具有讽刺意味的是，当时，国家博物馆中唯一的常设陈列采用的却是最不耐久的材料——蜡（图2.11）。

长安街上博物馆陈列所发生的变化，部分是由于党对意识形态控制的松绑，而经济方面的考虑也同样扮演着重要角色。每年，数百万的游客涌进天安门广场。在参观完故宫、人民大会堂、人民英雄纪念碑、毛主席纪念堂之后，游客们最多是在博物馆里花上数小时参观。为了吸引更多游客，不得不对综合展览中冗长的通史陈列做出调整。在中国五千年历史的漫游中，观众很快就会感到倦怠。实际上，游客们需要的是一种“文化快餐”，对中国灿烂悠久的历史进行一种蜻蜓点水式的体验。的确，在今天的天安门广场周边和长安街沿线上，已经有足够多的麦当劳和肯德基餐厅了。这些新的调整反映出了大众在文化消费上的变化。而国家博物馆的蜡像很好地满足了这种变化中的需求。与其他展厅相比，蜡像展吸引了更多的游客前来参观。

90年代以来，当长安街的中心地带对游客和商业的开放程度变得越来越高时，原先中国革命博物馆与中国历史博物馆所扮演的角色便转移到了长安街西面的延长线上。在1959年，建造军事博物馆的初衷是展现解放军的发展历程，而今，它却担当着继续讲述中国共产党正史的重任。除了兵器馆以外，上世纪50年代留下的常设展览，如今被安置在三个不同展馆：土地革命战争馆、抗日战争馆、全国解放战争馆。这三个展览代表了中国共产党领导下，人民军队的诞生、成长与辉煌胜利。关于土地革命发展的展览覆盖了1927—1937年的时间段，即自1927年南昌起义爆发，中国工农红

图2.11 中国国家博物馆蜡像馆内景，2005年，作者自摄。

军诞生，至1937年日本侵略中国。抗日战争展览覆盖了1937—1945年的中日战争时期。全国解放战争展览包括了从“二战”结束到中华人民共和国成立前的内战时期。[1]这三个最初的展览都聚焦在了共产党的领导上，展览突出了党在战争中获取胜利以及推动现代中国历史进步所发挥的核心作用。

第一个展览展现了中国红军在党的领导下，发展成英勇无敌的人民军队的光辉历程。它突出的是中国共产党的早期成就，具体体现在毛泽东将马列主义与中国现实相结合，领导人民军队开创中国革命道路，确立人民军队的建军原则，并逐步形成一整套适合于中国革命的人民战争的战略战术。这个展览旨在揭示只有在中国共产党领导下的武装斗争，才能救国救民的历史必然性。第二个展览展出的是由中国共产党领导，并在国共合

1　中国人民革命军事博物馆，《走进中国人民革命军事博物馆》，90页、172页、231页。

作的旗帜下进行的民族解放战争。这个展览突出的内容是，在抵抗日本侵略者时，中国共产党与党的军队发挥的核心作用。第三个展览详细描述了人民与人民解放军在推翻国民党政权斗争中的作用，并在中国共产党的领导下，建立了中华人民共和国（图2.12）。[1]

在1988年，经过了四年的筹备，军事博物馆增添了两个新的展览：古代战争馆和近代战争馆。前者覆盖了史前到1840年的历史时期，后者从鸦片战争到1919年。在中国历史博物馆取消了通史陈列之后，军事博物馆的这两个展览提供了关于古代中国战争与军事历史最全面的教育材料。当天安门广场上填满了游客之后，长安街——广场的臂展延伸——就变成了展示政治力量和教育宣传的主要场所。

图2.12 军事博物馆土地革命战争馆内景，2005年，作者自摄。

1 中国人民革命军事博物馆，《走进中国人民革命军事博物馆》，90页、172页、231页。

第三章
集体创作：1964年长安街规划

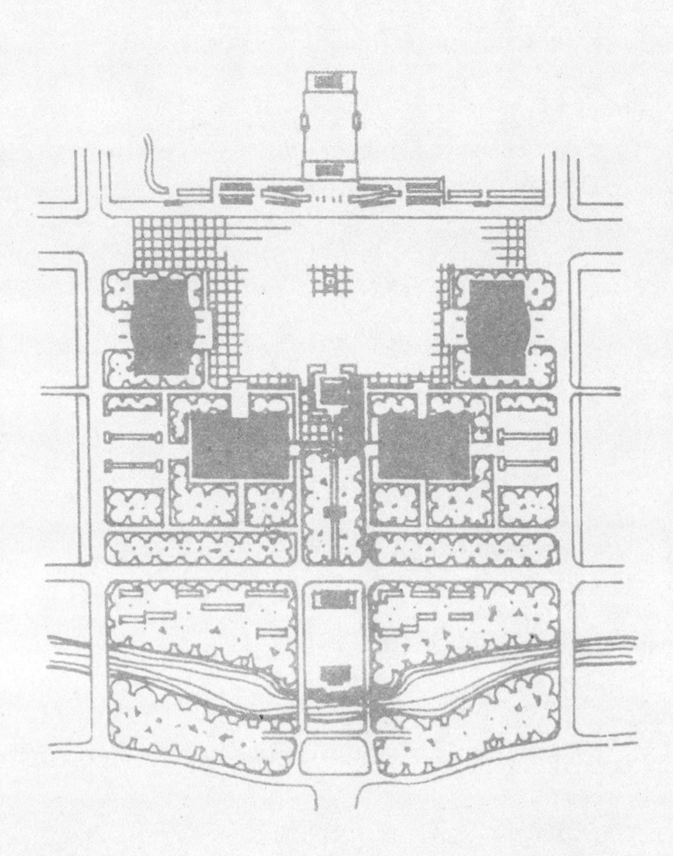

对于20世纪中叶中国的共产党人来说，艺术创作是社会生产的一种特殊形式，它创造的是与物质材料产品相对的无形之精神产品。宣扬个性是资产阶级思想的表现，而社会主义的艺术创作应该突出集体主义的创作方式，简称“集体创作”。建筑包含物质材料和精神思想两方面的要素，理应遵循社会主义的这一创作模式。

在中国艺术向集体创作发展的初期阶段，“群众原则”[1]的提出是其中重要的一步。1942年，毛泽东在陕西延安发表了著名的“在延安文艺座谈会上的讲话”。他号召艺术家应该了解并服务于人民群众，强调所有的艺术形式都具有阶级性，而新中国的艺术必须为占大多数的人民服务，包括工人、农民、革命战士和小资产阶级。毛泽东还告诫艺术家们，应该深入农村，向劳动人民学习，体会劳动人民在生活与革命斗争中的感受。他指出：“文艺批评有两个标准，一个是政治标准，一个是艺术标准……但是任何阶级社会中的任何阶级，总是以政治标准放在第一位，以艺术标准放在第二位的。”面向群众的艺术既要符合艺术标准，又要有正确的政治观点。用毛泽东的话说：“我们的要求则是政治和艺术的统一，内容和形式的统一……我们既反对政治观点错误的艺术品，也反对只有正确的政治观点而没有艺术力量的所谓‘标语口号式’的倾向。”[2]

为了将知识分子[3]争取到革命事业中，中国共产党进行了不懈的努力，而毛泽东的讲话为这个工作树立了一个重要的里程碑。中国在20世纪走过的大部分岁月里，艺术与政治的关系成为这项工作围绕的主题。对于传统、革命、西方、现代化等问题的态度，在共产党与知识分子之间存在着巨大的分歧，但是这并不意味着双方在阶级层面上是一种对立的关系。一方面，党内的许多干部本身就是知识分子；另一方面，在关于文化领域方针政策的政治斗争中，大部分参与其中的知识分子本身也是共产党员。

---

1 “群众”在这里指的是马克思主义概念里的“人民大众”。在中国社会主义的意识形态中，“群众原则”和“群众路线”都是政治运动中常用的标准术语。

2 毛泽东，《在延安文艺座谈会上的讲话》，804—835页。

3 在社会主义中国，知识分子是一个被划分出来的特定群体，指的是所有受过良好教育并从事脑力劳动的人，包括艺术家、作家、科学家、工程师等等。在西方，他们大致等同于小资产阶级。但在中国，知识分子群体本身并不构成一个独立的阶级。在毛泽东的无产阶级思想体系里，他们应该接受“群众”的再教育，被改造成革命队伍里的“文化工作者”。

无论在新中国成立之前还是以后的日子里,《在延安文艺座谈会上的讲话》都为社会主义中国的艺术创作提供了一个基本的理论平台。在40年代，许多艺术家都将注意力从注重自我表现的艺术创作转向了引导群众的文艺活动，他们中的大多数都工作在农民与士兵的行列当中。[1]到了50年代，群众运动鼓励艺术家为党的政治路线服务，并以轰轰烈烈的艺术运动的形式持续着。[2]与此同时，全国范围内出现了群众直接参与艺术创作的新发展。在大跃进期间，工人、农民、士兵也拿起了画笔，创作他们自己的绘画作品。职业艺术家和人民群众一起以难以置信的速度创作出了数量惊人的艺术作品。[3]而1958—1959年的国庆工程则彻底实现了建筑设计中的集体创作和群众参与。恰如在1949年建造人民英雄纪念碑和国旗、国徽的遴选工作中所实践过的那样，国庆工程的主要建筑物也面向全国展开方案征集的工作。可以说，国庆十周年的庆典创造了一个场合，它使全国知名的建筑师首次聚集到北京，对国家级纪念性建筑的方案进行讨论。

在社会主义中国，集体方法对建筑实践产生了深远的影响。这种创作方式在人民大会堂的建设过程中发展到了成熟阶段。按照工作程序，集体方法的第一步是“方案征集”。在此之前，工程项目的主办方（通常是各级党委）要确立几个总的设计原则。在方案征集之后，主办方会组织评审会讨论，期间设计师们要对自己的设计理念做出陈述，并对彼此的设计初稿发表意见。在小组会议之后，设计师或是设计院所会分别对方案继续完善，并将同行和官方的点评意见参考进去。针对同一项目可能会举行第二或是第三轮的小组讨论。设计师会对自己的修改方案做进一步陈述，并指出采纳、借鉴他人意见和设计思路的部分。在整个过程中，没有一人一票做决定的评审委员会（jury），也不会选出所谓的决赛圈方案（finalists）。实际上，在重要的国家工程设计之中，所有的行业权威都会参与进来。在某种程度上，当各个研究单位向他人推销自己的设计概念时，确实存在着彼此之间的竞争，但是在会议之后，每个单位或个人都可

1 Sullivan, *Art and Artists*, 91–112.

2 Spence, *The Search for Modern China*, 514–73.

3 Sullivan, *Art and Artists*, 91–155.

以在方案修改中自由地使用他人的设计想法。最终，要达成一个综合各方面意见的设计并非一件难事，因为无论怎样，到最后所有的设计师都在或多或少地朝着相同的设计方案努力。

在新中国初期的岁月里，集体方法在建筑设计中造成的一个结果就是建筑物的作者不详。人民大会堂最初方案的设计者是赵冬日和沈其，这两名设计师均来自北京市规划局。但是，负责大会堂最终设计的总建筑师却是张镈，他来自北京市建筑设计研究院。根据陈志华教授的回忆，在张镈主持设计的最终方案中，大会堂的立面图与清华大学大会堂设计组提供的方案几乎完全一样。张镈的工作就是将清华方案中建筑立面上的中式大屋顶去掉了。[1]

尽管，在谁创作了新中国早期的某个纪念性建筑的问题上，后来的建筑师和史学家存在着争论，但是在50年代晚期，建筑物作者不详的情况似乎是理所当然，也是不成问题的。在当时，个人主义遭到人们的强烈谴责，而在社会主义的巨大机器中，个人仅仅是一个小小的螺丝钉。与设计竞赛不同，在集体创作中，方案征集更像是一个思想汇总，为最终更加完善的综合性设计提供各种素材。在大多数情况下，项目的参与者彼此都很熟悉。知名的建筑师会经常相互拜访彼此的设计工作室，并在设计过程中交换意见。在最终投票评选之前，他们经常聚在一起，并对彼此的设计方案进行点评，而这些人经常也同样参加最终评选并对方案投票。在这样的运作程序中不会有获胜者产生。投票只为下一个设计阶段提供基础性的方案文本。并且，政府最终会按照社会主义体制下的全盘计划，将工程指派给一家“理想的”设计院所，而不一定非要分配给提供原方案的设计单位。

中国的建筑设计在“大跃进”期间还遵循着集体创作的流程，但是后来发生在艺术与建筑领域中的群众运动却以更加激进的集体主义方式进行着。1961—1962年间，是一段相对宽松的时期。艺术家从乡村重返学校和研究院所，政府重新开办了艺术院校，普通的职业教育也得到了恢复。然而，如同此前的“百花运动”，这段暂时的宽

1 陈志华是北京清华大学建筑学院的教授，建筑史家。陈志华口述，本书作者采访，2005年10月27日，北京。

松时期仅仅是另一场更大规模政治运动的插曲，这场政治运动就是“无产阶级文化大革命”。

在1961年的一场由新编历史剧《海瑞罢官》引发的关于戏剧的理论笔争，尽管看似无关紧要，但却成为“文化大革命”的导火索。当“文化大革命”在1966—1969年间达到顶峰时，不仅全国的文化艺术机构遭到了崩溃性的打击，而且整个国家的管理系统也几乎瓦解了。全国各地所有级别的温和派官员，下至工作单位的普通领导，上至国家主席刘少奇，全部都被激进派所取代。在艺术领域，毛泽东提出了“古为今用”、“洋为中用”的方针。作为回应，江青发动了一场革命运动，一手将中国的传统京剧改造成了“革命现代京剧”，另一手又将西方的芭蕾舞剧改造为“革命现代芭蕾”。尽管“文化大革命”期间的群众艺术运动越发地表现为对毛泽东的个人崇拜，但是它所采取的形式却与二十五年前《在延安文艺座谈会上的讲话》中的“群众原则”如出一辙，只是以更大规模、更激进、更暴力的方式爆发了出来。

1964年的长安街规划

1964年的长安街规划就发生在“大跃进”和“文化大革命”之间，恰好赶上集体创作的方法发展成熟，但又尚未被轰轰烈烈的群众运动所溶解的时候。在建筑领域，集体方法发端于1949—1958年人民英雄纪念碑的设计建造过程中，成型于1958—1959年的国庆工程，并在1964年的长安街规划中发展到了极致。在这一轮规划期间，来自全国的建筑、城市规划领域的知名专家齐聚北京，参加在4月举办的为期一周的研讨会，同时，其他领域的专家学者和政府官员也受到了邀请，其中包括来自雕塑、戏剧、工艺美术、建筑施工、市政工程等不同领域的人。然而会后不久，由于政治环境的变化，在国家再度强调社会主义集体精神的情况下，中国大部分的设计院所被解散了。在1964年11月，建筑领域发起了“设计革命”运动，此后建筑师们走向了农村，专业化的集体创作彻底被运动式的群众参与所取代了。

无论是1964年之前还是之后的长安街规划项目，都属于北京城市总体规划的一个组成部分，或多或少带有副产品的性质，而1964年的规划却是专门针对长安街展开的。最终方案本打算马上实施，并在1969年建国二十周年之际完成长安街的建设。因此，与其他任何一次大道的设计相比，1964年的长安街规划在各方面都更加细致入微。实际上，传统长安街上的每一个建筑物无论在平面布局还是立面排列上，都经过了精心的设计，即便人们对这些建筑的具体功能并不明确。1964年的规划是第一次、同样也是唯一的一次为长安街提供了一个风格整齐划一的形象愿景。在此之前，长安街沿街立面的风格从来没有达到如此统一的程度，而在未来也几乎不可能。此后，当中国再次盼望“完成”长安街的建设，并有足够的财力付诸实施的时候，社会主义社会的商业化发展却将长安街的沿街立面变成了一幅眼花缭乱的拼贴画。

1964年的这一轮规划遵循了建筑设计领域中集体方法的基本流程，从方案征集到单独方案的设计，从小组讨论到综合方案评定。集体方法的影响如此深远，以至于它在21世纪纪念性建筑的评选过程中也留下了深刻的烙印，这其中的典型案例即是

1998—2007年设计建造的国家大剧院。

规划步骤与经过

1964年的长安街规划是为了解决以前在沿街立面上遗留的两个“缺口”问题。当时长安街上有两处空地，一处位于西单十字路口的东北角，另一处位于方巾巷的东侧，它们是1958—1959年国庆工程遗留下来的。在最初规划的十六个国庆工程中，有两个项目被放弃，三个项目延期。但是，这两个未完成项目的施工准备工作实际上在1958年已经开始。[1]当时，政府对西单商场的建设用地已经进行了筹备，将位于西单十字路口东北角的老房子全部拆除。在1959年，位于方巾巷东侧的科技宫已经开始打地基了。[2]正是这两个未完成的项目在长安街上留下了两处空地。

作为解决缺口问题的对策，在1963年，国务院副总理李富春向党中央提交了一份报告，提出通过完成建国十周年国庆工程遗留下来的建筑项目，在新中国建国二十周年之际“基本完成”长安街的建设。[3]但是，党中央做出的回应更加雄心勃勃。中央要求的不是“基本完成”，而是在1969年“完成”长安街的建设。[4]于是，北京市政府立即启动了规划行动程序，并指定副市长万里负责这项工作。[5]

在1964年初，北京市城市建设委员会邀请了北京的六家设计单位提供各自的方案。这些单位包括：北京市规划局、北京建筑设计研究院、北京工业建筑设计院[6]、清华大学、北京建筑科学研究院、北京工业大学。与此同时，来自不同省市的知名建筑师也被召集到北京，共同商讨一个集体性的方案，人们称之为“综合方案”。

在没有具体设计任务书的情况下，方案征集工作就开始了，规划要求只提供了几

1 关于这些项目的详情见第二章。
2《关于国庆工程的汇报提纲》，北京档案馆，档案编号47-1-70-1，1页。
3 北京建设史书编辑委员会编辑部，《建国以来的北京城市建设资料第一卷》，371—374页。
4 北京市档案馆，档案编号131-党9-16-139。
5《长安街》，78—79页。
6 北京工业建筑设计院是后来的建设部建筑设计院的前身，而它又是现在中国建筑设计研究集团的前身。

条指导性的原则：长安街和位于它中央的天安门广场应该是北京的政治中心；它应该"为中央，为生产，为劳动人民服务"，还应该"庄严、美丽、现代化"。[1]在长安街上，需要完成的总建筑面积约为150万平方米。[2]两处空地将会用于建造百货大楼和办公楼，[3]在功能上没有明确的要求。尽管政府要在长安街上盖满房子，但是没人知道盖这些房子的确切目的。似乎完成长安街建设的唯一理由就是长安街需要被完成。

从1月到3月，来自北京的六家单位分别展开了规划设计的工作，并在4月初完成了各自的方案初稿。所有应邀参与的六家设计院所都针对这项长安街规划任务成立了专门的设计团队。清华大学团队由梁思成、吴良镛、刘小石带领。这项工作还成为建筑工程系1964届学生的毕业设计。截止到4月6日，他们相继提供了两个方案。与此同时，在4月11—15日的审查会议之前，由来自首都六家参与单位的设计师和来自地方省市的五位建筑师也完成了一个综合性方案，这五位外地建筑师分别是：赵深、杨廷宝、林克明、陈植、汪原沛。[4]以上提到的所有参与设计的建筑师同样参与了对其他设计院所方案的评审讨论。

对此次审查会议的筹备工作在3月中旬就启动了。[5]到3月28日，北京市人民委员会计划邀请九个省的十七位建筑专家来到北京。邀请信上注明，会议于4月10日开幕，为期一周，每一位受到邀请的资深建筑师可以携带一至两名年轻专家。在北京受邀的专家名单中总共包括了十六家单位的三十人，其中二十七人来自设计单位和相关的研究机构，此外还有来自政府部门的三名负责人，他们分别来自市建设局（这家单位为国家经济规划委员会下属）以及设计局和情报局（这两家单位为中央建设部下属）。在来自北京的二十七名专家中有十七人都是来自提交规划方案的六家设计单位。参与设计"综合方案"的五名外省建筑师也被列在了十七位外省的评审专家名单中。[6]

---

1 "长安街规划审查会议"，第3组，第4次座谈会纪要，清华大学建筑学院档案馆，档案编号64 K032 Z019, 7页。
2 "长安街规划审查会议"，第1组，第3次座谈会纪要，清华大学建筑学院档案馆，档案编号64 K032 Z018, 3页。
3 作者没有找到任何关于指导原则的文献资料。这些原则是从专家会议的讨论记录中提炼出来的。
4 郑光中，作者采访，2005年10月24日，北京。
5 北京档案馆，档案编号2–20–172–1。
6 北京档案馆，档案编号2–16–371–1。

毕竟，方案征集不是设计竞赛，专家委员会也不是评审团。举办研讨会的目的在于交流思想，对彼此的方案提出意见，达成共识，而不是评选出优胜的方案。

并非所有参加审查会议的专家学者都来自建筑和城市规划领域。例如，刘开渠来自中国美术家协会，雷圭元来自于中央工艺美术学院。[1]在其他的文献中显示，另有两名作家和中国人民艺术剧院的六位代表也在会上进行了发言，同时还有来自新闻制片厂的代表和《北京晚报》的记者。[2]1964年长安街规划同样引起了全国范围的关注。例如，有一个省级的研究所在没有受到邀请的情况下派出了专家来北京参加研讨会。到4月10日，准备参加讨论的七十六位专家中有三十一人来自十五家北京单位，四十五位来自其他省份。包括领导和专家在内的与会人数比原先预计的要多得多。[3]

在审查会议期间，所有座谈会[4]都在国际饭店的会议厅举行。[5]七十六位与会人员被分为三组，每一组由两位知名建筑师主持：梁思成、袁镜身主持第一组，杨廷宝、汪原沛主持第二组，赵深、刘小石主持第三组。从4月11—15日，各种会议持续了五天。本来4月11日的原计划是现场考察，但是由于当日下雨，于是调整为室内活动。在当天上午，六家北京设计单位对西单和方巾巷“缺口”的两座单体建筑物设计进行了陈述。之后，与会专家利用上午的剩余时间对长安街的各个总体方案进行了审阅。第一轮集体评审讨论座谈会在当天下午进行。三个小组在不同会议室同时进行讨论，会议对每一个发言者的主要观点都进行了记录。随后的两天安排了现场考察。之后，在14日和15日举行了另外的四轮座谈会。[6]

会议上的讨论形式是自由且自发的，发言者的话不时地被其他人的意见打断。五轮小组会议并没有按照具体的规划问题进行组织。为了给每一个与会者发言的机会，

1 北京档案馆，档案编号2-16-371-1。
2 北京档案馆，档案编号2-20-172-1。
3 同上。
4 在这里，作者对“审查会议”和“座谈会”进行了区分。“座谈会”指的是每一次分组讨论，而“审查会议”指的是历时五天的整个活动。
5 郑光中，采访。
6 “长安街规划审查会议”，第1组，第1—5次座谈会纪要，清华大学建筑学院档案馆，档案编号64 K032 Z016-020。

研讨会不得不延长时间。在会议记录中显示，大多数人在五轮会议中的正式发言只有一次。只有极个别的人进行了两次甚至多次长篇大论的发言。[1]到研讨会结束时，所有方案，包括由北京六家单位和外省五名专家共同参与提供的“综合方案”，没有一个能让所有与会者完全满意。也许是出于这个原因，清华大学在审查会议结束三个月之后（1964年的7月），又单独提交了该单位的第三个规划设计方案。[2]

规划方案

群策群力的综合方案与北京市六家设计单位各自单独提供的方案都是在4月11日以前完成的，其中包括文本、模型、平面图、立面图以及各种细部设计的图纸（图3.1）。某些规划概念在所有的方案中都有所体现。例如，在规划平面上，天安门广场将向南面扩展。当时，广场北侧的空间已经由东西两侧博物馆建筑群和人民大会堂的立面划定出来；与此相同，广场向南的扩展部分同样应该由东西两侧对称的建筑物围合起来。广场的北侧部分铺装了地砖，仅有垂直的国旗杆与人民英雄纪念碑矗立在中央的南北轴线上，显得十分空旷。与之不同的是，广场的南侧部分被设想为一个带绿化的公共园林。

所有的方案都提议保留正阳门城楼、箭楼以及内城南墙外面的护城河，并采用宽阔的桥梁连接天安门广场和护城河以南的地区。护城河南岸的低矮建筑将被拆除，取而代之的是横向延展的多层板块状建筑；不时突出的竖向高层塔楼为这些板块划分段落，增添节奏感，并突出强调了建筑群的中心与两端。由于对称的布局，这些由板楼和塔楼组成的建筑群，强化了北京的南北轴线。沿着护城河的轮廓，以及现已消失了的防御城墙（之前用于连接正阳门城楼与箭楼），整个建筑群将划定出天安门广场的南端边界。大部分方案都以天安门广场为中心，在长安街沿线布置了开放性的广场、高层塔楼以及附加的南北轴线。开放性的广场布置在了东单和西单，这里是历史长安街的东西两端。高楼

1　郑光中，采访。
2　清华大学资料室，“首都长安街改建规划说明，三稿”，1964年，清华大学建筑学院档案馆，档案编号64 K032 Z015。

a. 北京建筑设计研究院方案

b. 清华大学方案

c. 北京工业建筑设计院方案

d. 北京市规划局设计院方案

e. 北京建筑科学研究院方案

f. 综合方案

图3.1 长安街规划方案模型，1964年4月。清华大学建筑学院档案馆提供。

不但用以凸显东单、西单这两个历史长安街的终点，而且也用来强化建国门和复兴门这两个传统长安街的终点。所有的方案还都提议，沿民族文化宫和北京火车站——这两座建国十周年的国庆工程——形成与中轴线平行的附加的南北轴线。民族文化宫的位置坐落于西长安街的北侧，而北京火车站则位于东长安街的南侧。

这些提案中的一个主要差别反映在长安街沿线建筑的组织方式上。清华大学方案提出采用中国传统的城市单位——“里坊”[1]作为政府建筑群组织方法的参照模式。这种形式是采用成组的建筑物从四面将中央庭院封闭起来。但是，与传统“里坊”不同的是，清华的规划方案将建筑群的主立面朝向了长安街，而将通往中央庭院的主入口放在了建筑群的背后（图3.2）。与之相反，北京市规划局和北京市建筑设计院的方案提出，沿长安街的两侧排列线性的块状实体建筑（图3.3）。[2]前者遵循了中国传统城市空间的组织系统，而后者则避免了将长安街沿线大量的四合院老宅拆除。

造成这种差异的原因，与其说是单体建筑的形式处理问题，不如说是关于城市街道的不同空间概念所致。方块状的建筑将城市街道界定成了由沿街立面夹合的线性空间；相比之下，大型庭院则将街道空间向两侧延展，使之渗入并串联起一系列分散独立的空间。前者强调街道的单向性和交通空间所应有的运动感；后者则通过建筑物之间或大或小的静态的零散空间弱化了漫长的线性街道。尽管所有的方案都提议在长安街的两侧用方整的建筑形成连续性的沿街立面，但是清华方案却表现出了更多的细致处理。由于长安街南侧的沿街立面朝北，是一个背“阴”的立面，因此，在清华的方案中，设计者采用了带有大型庭院的建筑群与建有小型建筑的绿地交替排列的方式进行布置。前者采用实的建筑将一个虚的空间包围起来，而后者用虚的空间包围住一个实的建筑。[3]根据清华设计者的构想，这样的处理方式将给长安街的空间和街面上带来

---

1 “里坊”是中国古代城市的基本单位。通常，一个城市至少由四个里坊构成。唐代的长安城有一百零八个里坊。在唐代，为了加强对都市生活的管制，里坊都建有围墙和大门。宋代以后，由于中国城市中蓬勃发展的商业活动，里坊变得更有开放性，坊墙逐渐消失，坊门则演变为街头巷口的标志性牌楼。清华大学的方案说明中并没有明确所指的是哪一种类型的里坊。在图纸中，这些带有里坊特征的单位表现为外围有建筑而中央是空地庭院的城市街区，与一个集中庞大的建筑占据着场地中心的安排方式形成反差。

2 “长安街规划审查会议”，第3组，第1次座谈会纪要，清华大学建筑学院档案馆，档案编号64 K032 Z016，7页。

3 “长安街规划审查会议”，第1组，第2次座谈会纪要，清华大学建筑学院档案馆，档案编号64 K032 Z017，13页。

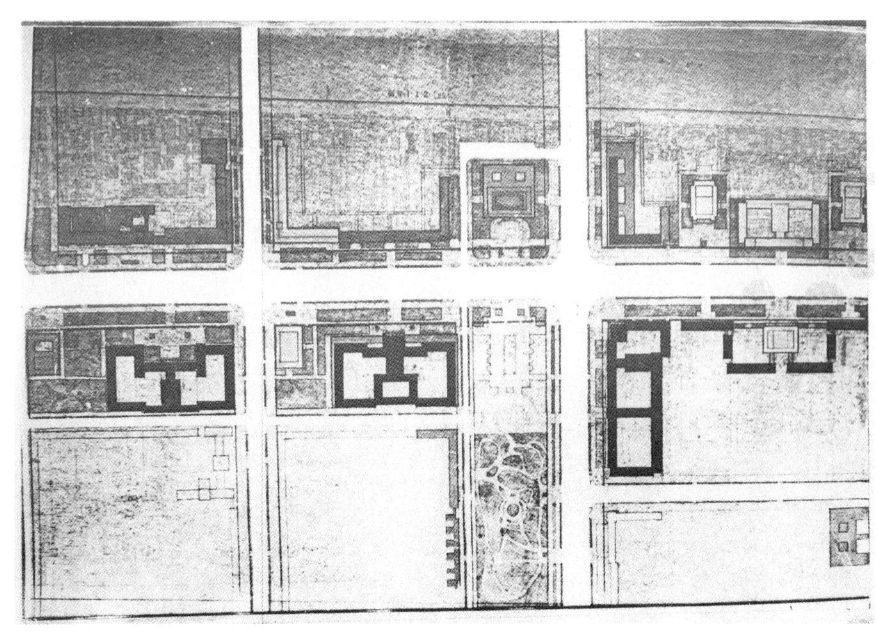

图3.2 清华大学提出的“里坊”庭院模型，1964年4月。
清华大学建筑学院档案馆提供。

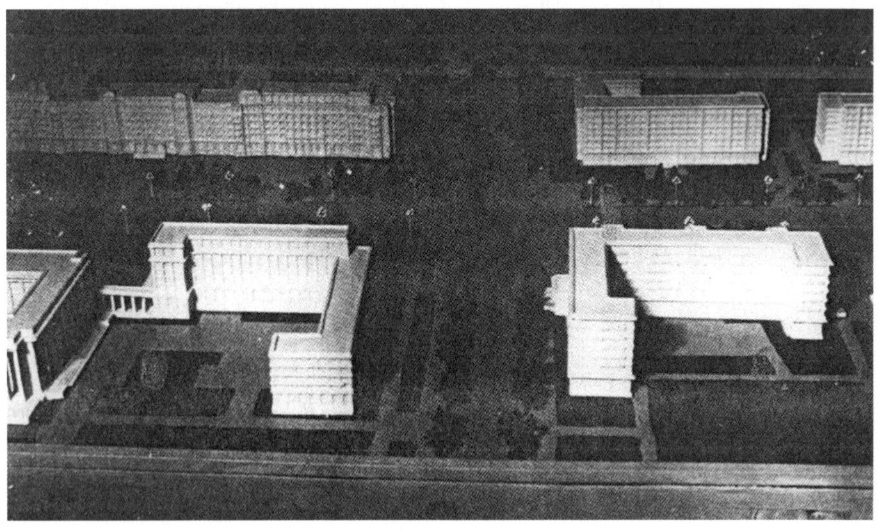

图3.3 北京市规划局提出的线性块状实体建筑，1964年4月。
清华大学建筑学院档案馆提供。

更加充足的自然光照。在会议讨论中，清华的这一设计得到了一部分人的支持，原因在于这个方案在长安街上创造了丰富的景观，但是也遭到了其他人的反对，原因是它打破了长安街沿街立面的连贯性。[1]

当讨论转向了天安门广场改扩建问题的时候，设计单位分别提出了三种不同的解决方法。第一种方法以清华大学和北京市规划局的提案为代表。它将天安门广场改造成了一个开放型的广场，并采用一系列桥梁将广场扩展到了内城南侧的护城河。这一种方案需要在护城河以南建造房子，作为广场的南端边界，将天安门广场改造成一个拉长了的巨大庭院。北端用天安门城楼作为广场的屏障，人民大会堂和大会堂南侧的新建筑划定广场的西侧，而博物馆建筑群和它南侧的新建筑界定广场的东侧。这种方案将正阳门城楼和箭楼都收在了天安门广场之内。由于广场的开放特征，因此人们称这个方案为“放”的方法。

广场改扩建的第二种方案由建筑科学研究院提出。这个方案将人民大会堂和博物馆建筑群以南的两座新建筑伸展进了广场内部，通过这两座建筑划定天安门广场南端的边界。在这个方案中，天安门广场的南北距离非常短，并且广场内部只容纳了人民英雄纪念碑这一座纪念性建筑。与前面的开放方案相对比，人们称这个方案为“收”的方法。

第三种方法以北京工业设计研究院和北京市建筑设计研究院的提案为代表，被称为“半收”的处理方法。这是一个介于“收”与“放”之间的解决方案。这一种方案提出，人民大会堂和博物馆建筑群南侧的两个新建筑只将广场南侧的一部分遮蔽起来，两者间留有足够宽的空间，以保证不遮挡正阳门，并保留正阳门作为广场南端边界的中心。

由此，天安门广场改扩建的关键问题在于如何布置广场南侧的两座新添建筑物。如果这两座新建筑的立面与大会堂和博物馆建筑南北排成一条直线，采用的就是“放”的方法，并形成一个开放型的广场（图3.4）；如果它们互相靠近并挤压或遮挡了南北轴线上的正阳门，就是“收”的方法，由此形成一个闭合型的广场；如果它们部分伸进了广场，但是又给正阳门留有足够大的开口，即是采用了“半收”的方法，如此形成的将会是一个半闭合型的广场（图3.5）。

---

1 “长安街规划审查会议”，第3组，第2次座谈会纪要，清华大学建筑学院档案馆，档案编号64 K032 Z016，2—3页。

图3.4 采用“放”的方法的天安门广场，长安街规划图纸，清华大学，1964年4月。清华大学建筑学院档案馆提供。

图3.5a 采用“半收”方法的天安门广场，长安街模型，综合方案，1964年4月。
清华大学建筑学院档案馆提供。

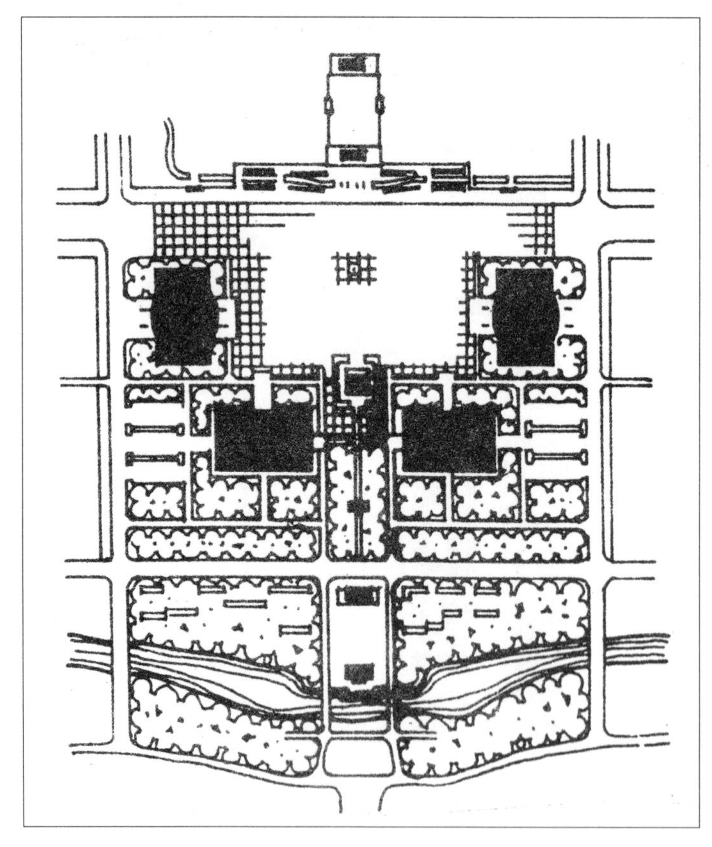

图3.5b 毛梓尧等设计，采用“收”的方法的天安门广场，天安门广场改扩建规划图纸，1958年。
引自《长安街：过去、现在、未来》，66页，郑光中提供。

在建筑单体的设计中，北京市建筑设计研究院提交的方案强调了水平构图，在建筑中主要采用了平屋顶。而清华大学的方案通过塔楼和更加复杂的屋顶突出立面中的垂直元素。按照中国60年代的标准，清华方案由于其建筑单体的形式表现出“庄重”的风格，被认为更突出政治性，而北京市建筑设计研究院的方案由于其简洁的立面和建筑整体展现出的轻松效果，而更富有“现代化”的气息（图3.6）。

图3.6a“轻松”的风格，北京市建筑设计研究院制作模型。清华大学建筑学院档案馆提供。

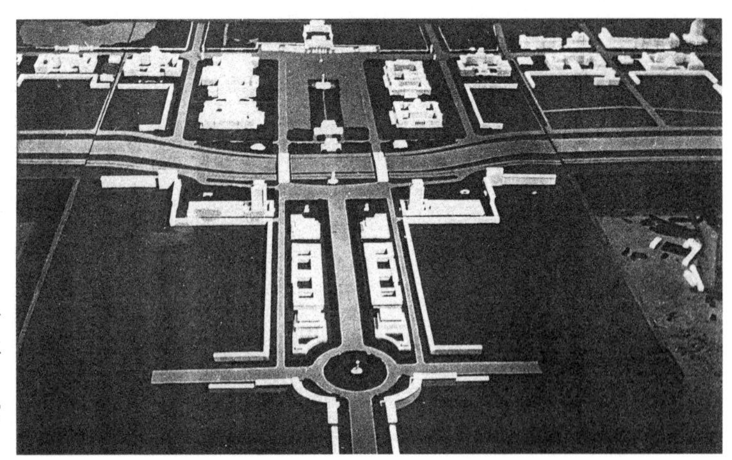

图3.6b“庄重”风格，清华大学制作模型；1964年4月。
清华大学建筑学院档案馆提供。

审查会议上的讨论

为期三天的会议讨论既处理了设计中存在的具体问题，也涉及了总体的理论议题。从50年代以来采用的“民族的”、“现代的”、“内容”、“形式”等词汇继续沿用到了1964年的讨论中，但是新的讨论却给这些老的分类方式赋予了崭新的含义和理论维度。

现代与庄严

在“庄严、美丽、现代化”的总原则中，“现代的”一词作为其中的一个主要要求，频繁地出现在小组讨论中。然而，在1964年规划的语境中，“现代的”提法与50年代的含义截然不同。在50年代，“现代的”概念是在补充“民族的”概念时得到界定的，在当时，它是对形式主义的批判。而在1964年的规划中，“现代的”一词是作为“政治的”对立面出现在讨论中的。政治需要的是庄严、肃穆的建筑，然而“现代的”概念却创造出轻松的形式。[1]在50年代，尽管“政治的”一词是先前“形式”与“内容”讨论中的必备字眼，但是，在1964年的规划中，它的含义却简化为某种“外观上的正规化”。而此时，“现代的”概念同样得到了简化。抛掉了先前大量意识形态上的包袱，如今“现代的”概念同样表现为一种形式特征，它一方面禁止采用装饰，另一方面歌颂新的东西：为新的形式提供新的技术、新的结构、新的材料。[2]

对使用“现代的”禁忌在60年代中期已经结束了。梁思成在50年代晚期提出了“中、西、古、新”作为风格分析的新词汇，[3]而如今他却认为，中国传统建筑中的建筑

---

1 例如，刚从上海的同济大学毕业的年轻建筑师苏邦俊发言认为：“[新建筑要]与现状结合，与原来建筑不能强烈对比，不能过分重，[以至于]不现代化，也不能太轻，[以至于]冲淡政治气氛。色彩有个基调，一些小地方不妨变化。”见：“长安街规划审查会议”，第1组，第1次座谈会纪要，清华大学建筑学院档案馆，档案编号64 K032 Z016，11页。

2 例如，来自重庆的建筑师唐璞发言认为：“对个体建筑我认为应从现代化方面考虑，有的看来很笨重，装饰很多，对现代化（材料上、设计上、施工上）有很大关系，是对现代化表现不够的。”见：“长安街规划审查会议”，第1组，第1次座谈会纪要，清华大学建筑学院档案馆，档案编号64 K032 Z016，第10页。

3 关于梁思成对建筑风格分类的详情，见第二章。

原则、建造方法、设计过程以及形式与结构的关系都是非常现代的。[1]梁思成在美国接受过布杂艺术建筑体系（Beaux-Arts Architectural System）的训练，他在30—50年代的写作突出表现在以结构理性主义的观点，即认为建筑形式是功能结构的合理化表达，来重建中国古代建筑史。[2]在这些文章中，梁思成认为，中国有着生生不息的建筑传统，它的结构系统在汉代就已经发展成熟了。按照梁思成的观点，这套系统既是中国独有的，也是普世的。说它是中国独有的，是因为通过相似、简单的建筑手段，例如独立的房屋单元、庭院、带有屋顶的连廊等，这套系统成功地解决了不同的建筑功能问题。说它普世，是因为它外表的结构真实性：古代工匠为木材料探寻理想的建筑形式，最终形成了斗栱系统；传统屋顶形成的优美曲线并不是源自专制时代的审美趣味，而是由于屋顶内部木结构组合所造成的自然结果。换句话说，就是形式遵循功能与结构。中国建筑传统同样是现代的，这样说是因为它的科学性：中国的木框架与现代钢框架或混凝土框架结构的原则相同；中国古人在建筑群和建筑单体中对尺度单位（宋代的材契，清代的斗口）的应用称得上是现代建筑模数化体系的先驱；在中国传统木建筑中，斗栱系统和榫卯结构是根据抗震要求做出的创造性发明等等。

在1964年的规划讨论中，“现代的”一词传达的是正面的含义。建筑的政治属性被理解为将政治寓意附加给建筑，而“现代的”一词意味着将建筑作为一个独立的表现实体。政治属性暗示出采用绝对对称的布局、厚重的墙壁、集中的形象、尺度夸张的立面，而现代特征要求采用非对称的布局、开放性的墙体，以及符合人体比例的建筑立面。

由于“庄严”与“现代”在表现形式上的关系似乎并不兼容，在难以同时达到两

---

1 “长安街规划审查会议”，第1组，第3次座谈会纪要，清华大学建筑学院档案馆，档案编号64 K032 Z018，4—6页。

2 例如，梁思成《蓟县独乐寺观音阁山门考》，本文原载1932年《中国营造学社汇刊》第三卷，第二期，现收录在《梁思成全集第一卷》，161—222页；《敦煌壁画中所见的中国古代建筑》，原载1951年《文物参考资料》第二卷，第五期，现收录在《梁思成全集第一卷》，129—160页；《建筑的民族形式》，1950年1月22日在营建学研究会的讲话稿，现收录在《梁思成全集第五卷》，55—59页；《我国伟大的建筑传统与遗产》，原连载于《人民日报》，1951年2月19—20日，现收录在《梁思成全集第五卷》，92—100页；《中国建筑的特征》，原载《建筑学报》（1954年1月），现收录在《梁思成全集第五卷》，179—184页；《祖国的建筑》，原为1954年10月由中华全国科学普及协会出版的单行本，现收录在《梁思成全集第五卷》，197—234页。

种效果的前提下，会议讨论便将着重点转向了长安街的哪些部分应该是庄严的，而哪些部分应该是轻松并富有活力的。大多数人同意，靠近天安门广场的部分应该更加突出政治性，由此应该呈现出庄严肃穆的效果，而靠近传统长安街的东西两端——建国门和复兴门的部分，应该更加轻松活跃，并为人们提供更多的街道生活。[1]然而，一些专家认为，因为长安街是全中国绝无仅有的一条街道，因此整个传统长安街都应该保持庄严肃穆的风格。来自北京的规划师沈亚迪就持有这种观点，他发言质疑道：

> 长安街向东、西延长，全长35公里，［传统］长安街是中间一段，是35公里中的7公里，在这五分之一中是否还分三段。建国门外可以轻松活泼，住宅多些，复兴门外也可以活泼些。
>
> 从全城看，东单北、西单北商业比较多，前门结合传统商业也很多，长安街是否也需要。街道应从性质布局上有所区分，商业性活泼些，政治性严肃些。[2]

尽管并非所有人都赞同沈亚迪的观点，但是人们对于保持天安门广场和长安街中心部分的庄严性并不存在任何疑问。至于天安门广场改扩建的三种方案，在4月11日第一次会议上，大多数发言人都支持采用“收”的方法。他们认为，天安门广场的东西跨度有500米，已经足够宽阔了。如果将广场的南北跨度扩展到护城河的南侧，那么被拉长的空间看起来更像一条空旷宽阔的街道而不是一个广场。但是，在随后的两天，当与会者进行了实地考察之后，许多专家又改变了主意，投票选择了“放”的处理方法。他们总结道：天安门广场的东西跨度如此宽阔，如果采用“收”或者“半收”的方式，由于透视的作用，从天安门观礼台上望过去，广场会因为太短而丧失空间上的深度。[3]

---

1 例子，见：“长安街规划审查会议”，第1组，第2次座谈会纪要，清华大学建筑学院档案馆，档案编号64 K032 Z018，13—14页。

2 “长安街规划审查会议”，第1组，第3次座谈会纪要，清华大学建筑学院档案馆，档案编号64 K032 Z018，2页。

3 “长安街规划审查会议”，第1组，第2次座谈会纪要，清华大学建筑学院档案馆，档案编号64 K032 Z017，11页；第2组，第2次座谈会纪要，清华大学建筑学院档案馆，档案编号64 K032 Z017，4页。

所谓“收”的、“放”的或是“半收”的广场改扩建方案实际上关系到北京城的南北轴线。“放”与“半收”的方式将保持南北轴线的连贯性，而“收”的方式将会在广场的南部边界上对南北中轴线造成一定的阻塞。在国家庆典时，党和国家领导人会在观礼台上向下眺望，因此天安门广场的形式主要是依据人们站在天安门观礼台上的视角而决定的。在讨论期间，受邀来自湖北省的建筑师殷海云讲道：

> 从天安门上主要不是看到东西轴线，南北轴线更为重要。它是实际存在，符合中国习惯的南北轴线，应更庄严，直通到永定门不应收。中间有正阳门、箭楼，不应做得很轻巧。前门大街做商业区看起来不够庄严有力，应该对这条轴线特别重视。[1]

尽管，在划定天安门广场的范围以及北京城南北轴线的作用中，人民大会堂和中国革命历史博物馆以南的两座新建筑非常重要，但是它们的功能却并不明确。大部分方案将国家剧院置于人民大会堂南边，将青年宫放在博物馆建筑群一侧。人们对青年宫的位置安排几乎没有异议。青年代表了国家的未来，应该在国家的政治心脏占有一席之地。然而，国家剧院的布置却遭到了部分人的非议。一些人认为，剧院熙熙攘攘的氛围和繁忙的交通状况会破坏广场的庄严性。[2]他们提议用科学宫或是国家图书馆取而代之，这样将会与广场庄严的氛围更加吻合。[3]其他人认为，国家剧院不仅仅是一个娱乐场所，而是新中国社会主义文化的象征。由于国家领导人经常在正式会议之后邀请来访的外国领导人到剧院观看演出，因此在大会堂这个会议场所旁边放置一个新的剧院，将会为外交活动提供便利。对于大会堂内的国宴厅而言，国家剧院在功能上将

1 “长安街规划审查会议”，第1组，第1次座谈会纪要，清华大学建筑学院档案馆，档案编号64 K032 Z016，5页。
2 同上，档案编号64 K032 Z017，14页。
3 “长安街规划审查会议”，第2组，第2次座谈会纪要，清华大学建筑学院档案馆，档案编号64 K032 Z017，5页；第3组，第2次座谈会纪要，清华大学建筑学院档案馆，档案编号64 K032 Z017，1页。

会起到理想的补充作用。[1]另外一些人也从不同的角度支持采用国家剧院。他们认为天安门广场已经太过严肃了，广场在夜间会变得死气沉沉，并且它完全被政治性的建筑物包围着，提供夜间活动的建筑显得十分必要。[2]

在今天，天安门广场宽广而空旷的效果是人们努力保持其庄严性的结果。在1964年的规划期间，许多人都相信不可能使车辆完全避让如此宽阔的广场，因此，研讨会认真严肃地讨论了天安门广场内部的公共交通。即便采用“收”的方案，广场的南北跨度几乎也有1公里的距离。然而，为了保持政治中心庄严肃穆的特征，大多数人最终还是放弃了因留出行车路线和行人区域而将广场分区的想法。对于是否保留正阳门和箭楼的问题同样没有定论。尽管全部的方案在规划模型中都保留了这两座建筑，但是也有人提出了其他的可能选项，包括拆除这两座城门楼。

如同对广场采用“收”、“放”方案的辩论，关于长安街范围与宽度的讨论同样关系到这个象征性空间的规模。原先要求120米的街道宽度，在一些地方显得太宽，而在另外一些地方似乎又显窄。务实型的设计师建议采用100米的宽度范围，这相当于一个足球场的宽度。而更有雄心的规划者梦想着唐代往昔的辉煌荣耀。在唐代，国都长安建有数条超过200米宽的林荫大道。他们认为，新中国首都的街道也配得上如此宏大的规模。如果长安街看上去显得空旷，那么就在东单以东和西单以西两侧的主要行车道和纪念性建筑物之间增添陈列与商业服务性的低矮建筑，或是通过附加的步道来增加休息区域。尽管东单到西单的中央区域应该保持宏大威严、庄严肃穆的单一氛围，但是中心区域以外部分应该更加富有活力，并满足普通市民的日常需求。[3]

为了突出天安门广场宏大威严与庄严肃穆的氛围，由长安街立面形成的天际线需要保持相对平直，只需要在东单、西单、建国门、复兴门这样关键性的十字路口布置一些高楼。靠近天安门广场的部分需要保持庄严，而离中心更远的部分可以更加活

1 “长安街规划审查会议”，第1—3组，第1—5次座谈会纪要，清华大学建筑学院档案馆，档案编号64 K032 Z016–20。

2 同上。

3 “长安街规划审查会议”，第3组，第1次座谈会纪要，清华大学建筑学院档案馆，档案编号64 K032 Z016，7页。

跃。长安街的“中心区域”要庄严肃穆，但是人们对于这部分的长度范围却存在分歧。赞同沈亚迪观点的人认为，传统长安街的7公里街道全部都应该是庄严肃穆的。但是大多数发言者都支持将“中心区域”限制在3.5公里长的范围内，而东单和西单大致位于传统东、西长安街上的中点位置，可以作为转变街道氛围的过渡地带。第三种选项提议将“中心区域”限制在从南池子到南长街之间1.5公里的范围内，这段距离仅仅是天安门广场宽度的三倍。

根据这个最后的提议，只有那些直接划定广场范围的建筑物才需要保持庄严肃穆的氛围。在1964年，人民大会堂和博物馆建筑群已经矗立在了那里，而南池子和南长街之间的北立面是皇城的红墙。因此依照这个提议，未来长安街上全部待建建筑的风格都将是轻松活泼的。实际上，中央工艺美术学院的雷圭元教授公开支持这个提议，他主张长安街应该是“社会主义的天桥”。[1]天桥是正阳门以南的一条商业街，在清代和民国时期，天桥是各种民间艺人聚集表演卖艺的地方。雷圭元希望长安街能够成为普通民众的娱乐中心。

内容与形式：实用性与象征性

在50年代，“建筑内容”一词得到了人们的广泛讨论，并与意识形态紧密联系在一起，但是在1964年研讨会中，“建筑内容”的概念却转向了建筑功能。大部分的讨论都围绕着是否应该在长安街上盖满办公楼的问题。一部分支持者认为，像北京这样的大都市，不同街道应该各有其自身的功能与作用，一些街道就应该富有政治性，并具有庄严静穆的氛围。那些寻找喧闹夜生活的人应该去其他的街道。[2]而另一部分人认为，如果缺乏商业性、服务性和娱乐性的建筑物，长安街在夜间就会变得一片死寂。根据这一观点有人提出，诸如东单菜市场、马戏团、长安剧院等富有老北京特色的城市空间和建筑应该得到保护。[3]

1 “长安街规划审查会议”，第3组，第1次座谈会纪要，清华大学建筑学院档案馆，档案编号64 K032 Z016，6页。
2 “长安街规划审查会议”，第1组，第2次座谈会纪要，清华大学建筑学院档案馆，档案编号64 K032 Z017，9页。
3 “长安街规划审查会议”，第2组，第1次座谈会纪要，清华大学建筑学院档案馆，档案编号64 K032 Z016，2页。

蕴藏在建筑内容中的意识形态以“三个服务”的功能原则再次显现出来。这“三个服务”是：服务首都、服务中央、服务生产。在这三项原则中，对长安街要服务于生产的要求显得最具体，但问题也最大。乡村的生产是农业，城市里搞生产自然就是盖工厂。大多数专家们都反对在长安街上建造工厂。来自上海的知名建筑师陈植提出：

> 为三个服务的方针是任何城市都要依据的，但是不一定非在长安街这一段体现，否则长安街上放两个工厂，[为了不污染]又只能是精密仪器厂，又要防震、太勉强！最好不要形式[主义]。
>
> 长安街上既不应该都是办公楼，也不是大量住宅，而是满足大多数人生活上的需要；要考虑如何在这条街上很好地组织生活。从需要出发，商业、文化休息、住宅、办公……也需要些茶室。保留长安大戏院很好。[1]

关于建筑形式的问题，竟没有一个人对任何一个方案有稍许的满意。由于有半数参加研讨会的人都至少参与了其中的一个方案设计，因此，这样的结果显得令人费解。[2]大部分批评的焦点围绕着两个问题：一个是单体建筑之间的雷同风格，另一个是建筑物的轴对称关系。所有的大楼都采用了相似的轴线、对称的布置和“工”字形的平面布局。在长安街上，如此多的建筑物都有自己的南北轴线，以至于许多与会者都担心这样可能会削弱穿过天安门广场南北方向的中轴线（图3.7）。除了这些建筑在平面上的设计，与会专家还对一些建筑的规模进行了批评，认为这些建筑物过分庞大。陈植认为，长安街上的建筑物应该“宁小勿大，宁短勿长，宁低勿高”。[3]最后，不加区别地在屋檐装饰上使用琉璃瓦也成了受人诟病的问题。[4]

---

1 “长安街规划审查会议”，第2组，第1次座谈会纪要，清华大学建筑学院档案馆，档案编号64 K032 Z016，3页。
2 郑光中，采访。
3 “长安街规划审查会议”，第2组，第1次座谈会纪要，清华大学建筑学院档案馆，档案编号64 K032 Z016，4页。
4 “长安街规划审查会议”，第1组，第2次座谈会纪要，清华大学建筑学院档案馆，档案编号64 K032 Z017，5页；第2组，第2次座谈会纪要，清华大学建筑学院档案馆，档案编号64 K032 Z017，11页。

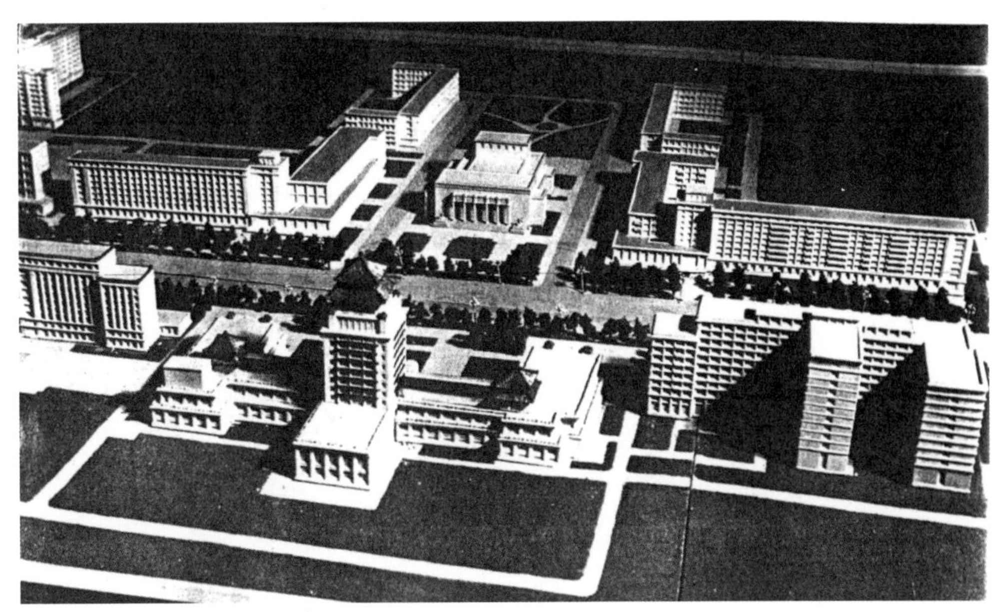

图3.7 综合方案模型中的轴线，1964年4月。
清华大学建筑学院档案馆提供。

在1964年规划中所有关于设计方面的批评似乎都指向了五年前完成的十大建筑。在讨论“庄严、美丽、现代化”三个原则时，来自河北的建筑师黄康宇讲道：

北京是中国的首都，现在又成为世界革命的中心，需要庄严，但庄严并不是严格的对称。对称要从大的总体来考虑。这许多方案，过于强调了每栋房子的对称。严肃有余，活泼不足，革命的乐观主义精神不足。建筑处的地位不同，可对称也可不对称，总的要加强中轴线。关于美丽的问题。在7公里长每段气氛应变化一下，都很严肃不一定美丽。七排树一栽，都是办公，不够亲切，最好有橱窗，气氛活泼些。从色彩、体形、气氛上有变化些，也就更美丽些。关于现代化。现代化是更重要的，因为它要体现我们新社会，毛泽东时代的时代精神。有些方案结构布局新，但加了艺术处理后，反而变成了砖石结构，不够新。新就应该有新的面貌，民族风格只能在新的基础上去追求。[1]

在研讨会即将结束的时候，关于建筑内容的讨论变得更加务实。在4月14日第三轮会议上，梁思成终于提出了对建设规模和目标任务的质疑，他说："150万平米都搞机关，每个部打2万平米，可以摆75个部，100万平米可摆40多个部，我看这个玩意儿有问题。有人说，是否嫌做官的太少了，是个值得研究的问题。摆住宅会有不同的感觉，任务说清文章就好作了。"他更是直截了当地批评了为"完成"而"完成"的盲目规划，抱怨道："我觉得目前文章难作，在这条街布置什么还不很清楚。气氛是它自己长出来的，不是扮演出来的。"[2]

要求在这么短的时间内，以如此大的规模完成长安街的建设，梁思成并不是唯一一个被难住的人。来自北京的城市规划师、景观建筑师程世抚说道："听说要求在国庆二十周年把长安街改建完。我看要拆60万—70万平米，又要建200来万平米房子不一定能实现。应考虑分期过渡，能一步二步三步地进行建设，这样'进可攻，退可守'。即使国家有投资、人力、材料，也要逐段地考虑。"[3]

程世抚的意思很清楚，即便钱不是问题，长安街的"完成"也不可能一蹴而就。但钱似乎还是个问题。对长安街的建设，官方的预算为每平方米300元。而在60年代的中国，大多数建筑工程每平米的造价低于100元。那时的中国依然是个贫穷的国家。一些人质疑，为什么长安街要在奢侈浪费方面成为一个坏的先例，公然不顾人民的生活水平还处于贫穷状况的现实。对于这样的质疑，得到的回答只能是，这样做是出于象征意义的目的。全中国只有一条长安街，而且全中国人民都期待通过一条雄伟壮丽的大道来体现社会主义祖国的辉煌成就。[4]

是一部分一部分地完成长安街，还是一劳永逸一次性地完成建设，这个问题在当

1 "长安街规划审查会议"，第3组，第1次座谈会纪要，清华大学建筑学院档案馆，档案编号64 K032 Z016，5页。
2 "长安街规划审查会议"，第1组，第3次座谈会纪要，清华大学建筑学院档案馆，档案编号64 K032 Z018，3—4页。
3 "长安街规划审查会议"，《改建长安街规划设计审查会议小组座谈纪要（一）》，清华大学建筑学院档案馆，档案编号64 K032 Z016，10页。
4 "长安街规划审查会议"，第3组，第2次座谈会纪要，清华大学建筑学院档案馆，档案编号64 K032 Z017，7页。

时的确备受争论。一些人坚持认为，应该“基本完成”长安街的建设，保护老建筑，维护那些可以继续使用的房子，并用一些新的纪念性建筑填补立面上的缺口。一些人提出，长安街的建设标准应该降低，规模应该缩小。在将来经济允许的情况下，可以用更高、更大的建筑物替换现有的房子，或是在现有基础上添加新的楼层。[1]而另一些人认为，由于长安街如此重要，街上的每一个房子都应该是高质量的，街道上的建筑宁缺毋滥。

1964年的长安街在城市中发挥着很好的作用。大部分的建筑物处于良好的状态，街道上充满了生机与活力。在4月13日现场考察之后，来自重庆的资深建筑师唐璞不无伤感地表示，当下的长安街很兴盛，生活气氛很浓，大拆大建是很可惜的，因为附近的房子还很好。他建议学习缝纫师“补旧翻新”，前期未拆的旧房子先换上民族化的新装；还建议将国家剧院移到东单，使西单长安戏院一段变成“民众乐园”，以保持长安街上蓬勃的传统生活气息。[2]

由于长安街自身的政治意义，对它进行改扩建的基本理由纯粹是出于象征目的。长安街与天安门广场一同构成了北京乃至中国的中心。长安街既是一条将天安门广场和首都其他部分连接在一起的交通主路，也是一条服务通道。如果天安门广场是政治的心脏，那么长安街就是主动脉。大多数重要的外事活动与事件都发生在广场或周边地区。当重要的访客，特别是来自其他国家的政治首脑，从位于北京东北的国际机场来到西长安街延长线北面的国宾馆时，长安街将会成为他们的必经之路，并且是必看的都市景观。在长安街上，外国访客会对这个城市以及它的都市空间留下第一印象。出于这个原因，传统长安街的东端建国门被设定为“起点”，而西面的复兴门则作为“终点”。最终，针对这两处“大门”，数个方案都按照传统“阙”式门楼的概念设计了建筑物。这种象征性的大门，在强大的汉代非常普遍，它通常带有两个对称的独立

1 “长安街规划审查会议”，第1—3组，第1—5次座谈会纪要，清华大学建筑学院档案馆，档案编号64 K032 Z016-020。

2 “长安街规划审查会议”，第1组，第2次座谈会纪要，清华大学建筑学院档案馆，档案编号64 K032 Z017，1—2页。

式的高楼，将中间的通道围合起来，标示出由世俗向神圣地点与场所的过渡。这样的建筑物将凸显在长安街上通过这一行为的礼仪特征。

中国的新政权要通过长安街向世界展现社会主义制度的优越性，甚至考虑到长安街不同部分的功能与风格的具体象征意义。有人建议，在建筑布局上，长安街西边应该是民族的，而东边应该是国际性的，如同黄康宇所说的，这意味着："北京规划建筑不只是为中国劳动人民服务，而且是为世界无产阶级、劳动人民服务。"[1]

在研讨会上，尽管大多数人都强调不应弱化北京的南北轴线，但是戴念慈这位未来的建设部领导却认为长安街占有更加重要的地位：

> 听说将来最主要的车站要摆到永定门，这似乎是为了强调中轴线，过去皇帝在故宫，人家从中轴线来见皇帝，的确很有势派，我们现在则相反，现在已经形成东西长安街是主要轴线，高大的重要的建筑，都在东西长安街，这是物质存在，前门只是从构图上形成主要轴线，如果规划意图想以前门大街为主，那么这些重要建筑似乎应当搬到前门大街去，那末今天讨论的东西长安街应当是另一种局面。[2]

戴念慈的观点非常清楚，长安街已经是社会主义首都名副其实的主轴线，它不是明清帝制时代轴线的延续，因此具有更加重要的意义。

清华设计：放大版的明清天安门广场

清华大学建筑工程系先后提交的三个方案可以看作是这一集体创作模式下规划设计过程的范例。前两个方案以研究为主，以草图和模型配以简要的文本介绍，表现文本较为粗略，但是第三个方案完成于规划审查会议之后，这个方案不仅内容详尽，并

1 "长安街规划审查会议"，第3组，第1次座谈会纪要，清华大学建筑学院档案馆，档案编号64 K032 Z016，4页。
2 "长安街规划审查会议"，第3组，第2次座谈会纪要，清华大学建筑学院档案馆，档案编号64 K032 Z017，10—11页。

且对会议期间专家们提出的意见与批评进行了有针对性的回应。

清华的设计者从一开始就强调中国的传统以及长安街的政治意义。他们在第一个方案说明中阐述道，长安街与天安门广场是首都的中心，也是国家行政管理与文化中心的所在地，应该展现全国各族人民的智慧和文化遗产。这个规划“要无愧于我们五千年的文化传统，要无愧于我们伟大的六亿人口的国家，要无愧于我们伟大的党，要无愧于我国在国际共产主义运动的地位，要无愧于毛泽东时代。……长安街的建筑面貌要表现我们时代特点和民族风格，在体形上宜以庄严雄伟为主（配以某些造型活泼的建筑相陪衬）”。设计者在第一个方案中还提出，应该通过大面积的绿地在纪念性建筑物之间形成分隔，由此打破一般街道所常见的空间形象。[1]

第一个方案为后来的设计奠定了大部分的主要原则，这些原则在清华后来的方案中都可以一一找到。这个方案的第一点提出天安门广场是规划的焦点。长安街最靠近天安门广场的部分因此也获得了重要的政治地位，并且在建筑风格上更加庄严。规划中最重要的部分是一个“T”形的区域，这个区域的东西跨度包括长安街东单至西单之间的部分，南北部分的范围从北面的天安门广场至南面的珠市口，将前门大街（当时也被称为正阳门大街）收入其中。长安街其他部分的街道宽度相应变窄，并简化了建筑样式，植物点缀也减少了。方案的第二点提出，天安门广场的扩展部分将跨过护城河。广场周边的建筑物应该反映出政治上的重要性，例如国际共产主义领袖的纪念堂、反映工人运动历史的博物馆、工人文化宫或是国家剧院。方案的第三点认为，应该废止采用沿街立面的传统。建筑物应该按组团进行布置，其间分散布置大型绿地，并采用更加传统的中式风格。长安街北面的建筑物应该更加高大，而大街南侧的建筑物之间需保持更宽的间距，可以使充足的阳光照射在长安街上（图3.8）。方案还提出需要为大型群众集会布置更多的绿地；拓宽护城河，为天安门广场营造出优美的景观等。[2]

---

1 《首都长安街改建规划说明，初稿》，1964年2月，清华大学建筑学院档案馆，档案编号64 K032 Z013。

2 同上。

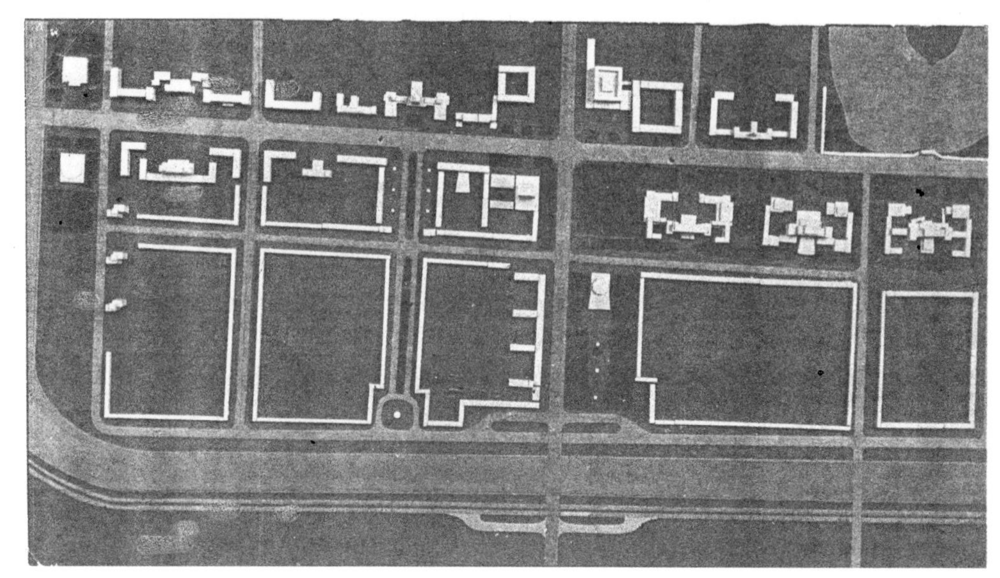

图3.8 清华大学第一次规划方案中的长安街模型，1964年2月。
清华大学建筑学院档案馆提供。

对第二个方案的介绍基本上重复了第一个方案中的内容，但是存在着两处主要差别：一个是长安街作为北京东西方向轴线的地位得到了认可（图3.9），在南北方向与之呼应的是前门大街；[1]另一个差别是删除了第一个方案中有关因不明确的功能要求而造成规划困难的内容。出现在第一个方案中的一些小心翼翼的说明在第二个方案中消失了，这些说明曾建议有关单位做进一步的研究，为规划拿出更有科学依据的设计任务书。[2]但潜在的问题并没有因此而得到解决。在第三个方案中，建筑内容不明确的问题，或者说，长安街上建筑物具体功能的问题得到了部分解决。在这个方案中，建筑内容变成了针对每一个规划区域的首要话题。

清华的第三个方案说明完成于规划审查会议之后。与前两个方案相比，这个文

1 《首都长安街改建规划说明，二稿》，1964年7月，清华大学建筑学院档案馆，档案编号64 K032 Z014。
2 《首都长安街改建规划说明，初稿》，1964年2月，清华大学建筑学院档案馆，档案编号64 K032 Z013。

本的篇幅要长得多。在前言中，设计者对研讨会上遭到批评的主要设计意图进行了阐述，并在细节上表述得更加清晰。内容包括以下几个方面：首先对不同区域内的建筑风格进行了说明，而选择不同风格的策略将有助于形成由“T”形中央区域所界定出的等级化的空间组织；其次是采用成组的政府大楼与建有小型服务建筑的绿地进行轮替布置的规划方式；第三是通过高层建筑将护城河南岸屏蔽起来，由此完成天安门广场的围合界定并强化北京的南北轴线；第四是对城市绿色区域的具体布置。在120公顷的区域内，要建设的总建筑面积将达到200万平方米。预计要拆除60万平方米的现有建筑。[1]

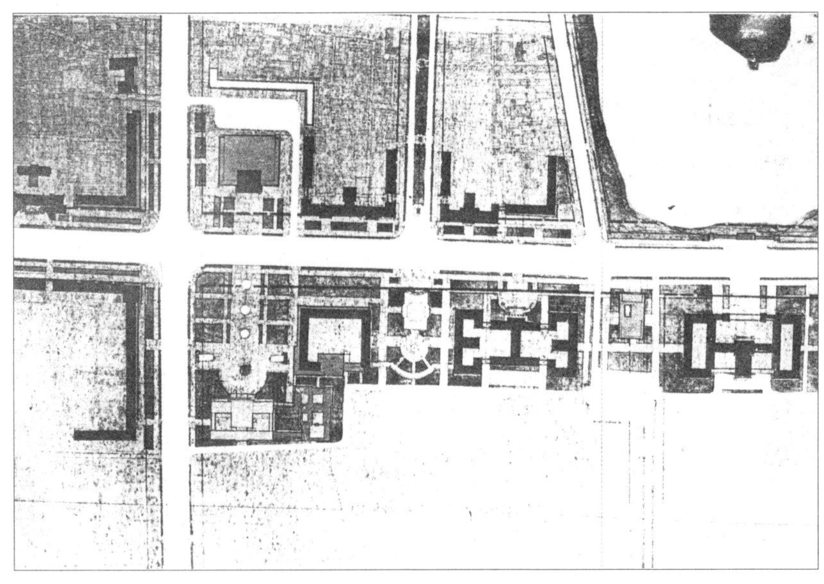

图3.9 清华大学第二次规划方案中的长安街平面图纸，1964年4月。
清华大学建筑学院档案馆提供。

1《首都长安街改建规划说明，三稿》，1964年7月，清华大学建筑学院档案馆，档案编号64 K032 Z015, 4—5页。

在该方案说明中，总共三章的主体内容吸取了审查会议期间形成的一些共识性建议，但是更大的篇幅是用来对座谈会上专家的批评做出的回应，为清华方案的主要设计概念进行辩护。在"天安门广场"一章中，大半内容都在解释"放"的规划方案的种种优点。清华的设计者认为，在广场的设计中首先需要考虑的是政治意义。尽管在"收"的方案中，天安门广场能容纳五十五万人，已经是世界上最大的广场，但是对于一个有六亿人口的国家而言，它还无法满足容纳一百万人的潜在需求。清华的文本坚持认为，政治功能是先决条件，艺术上的组合方式只是手段。当新情况针对建筑内容提出了一个前所未有的问题时，手段就要为目标服务。清华的设计者们相信，这样一个开放型的广场空间能够最好地满足新时代精神的需求和人民群众的喜好。[1]

清华设计者在"长安街"一章中提供了一个详细的清单，里边包括在长安街和天安门广场上十座已有的建筑和七十五座将要建造的新建筑。在这些建筑中有五座建筑坐落在天安门广场的中轴线上，其中包括：天安门城楼、人民英雄纪念碑、正阳门、箭楼以及一座未来的未命名的纪念性建筑。有十八座围绕着天安门广场和前门大街沿线，其中包括：人民大会堂、博物馆建筑群、大会堂以南的青年宫、博物馆以南一座未命名的建筑物、两座服务性大楼、两座住宅楼、两座饭店、两座商业性大楼和六个办公楼。总共八十五座建筑中有六十二个都建在长安街上，天安门广场的东西两侧各建三十一座。在西长安街上建造的三十一个建筑物中，仅有十三座是办公楼；而东长安街上的三十一座建筑中，只有十座确定为政府使用。显然，在之前的审查会议上，与会者们批评长安街上的办公楼太多，对此，设计者已经谨记于心，并在某种程度上修改了规划方案。[2]其实，数字多多少少是个误导。因为在清华的方案中，长安街南侧的大型办公楼与小型服务性建筑是交替布置的，建筑物的数量不能反映出各种功能建筑的真实比例、尺度和规模。事实上，关于实际的建筑面积，在东长安街总共列出830200平方米建设区域中，办公楼占据了536900平方米；在西长安街上，总共

1 《首都长安街改建规划说明，三稿》，1964年7月，清华大学建筑学院档案馆，档案编号64 K032 Z015，9—14页。
2 针对过多办公楼的批评详情，参见"审查会议上的讨论"一节。

795700平方米的建设区域，用于办公楼的面积是465700平方米。[1]在1964年的构想中，长安街，特别是西单到东单的中心部分，仍然主要被政府办公楼占据着。

将建筑物按组围绕中央庭院进行规划的方式也受到了辩护。清华的设计者写道，按庭院进行成团成组的建筑布局方式是为了“[通过扩充建筑的外围体量来]加强中心区建筑的气魄”。中央庭院可以给外部活动提供足够的空间。除此之外，在一个建筑综合体中，庭院组织可以进行灵活的区域划分。每一个建筑综合体的总建筑面积都有约6万—8万平方米，可以容纳两到三个政府部门。较大的部门可以占用一个完整的建筑群，而较小的部门可以与其他部门共用一个建筑群。清华的设计者们承认，在建筑综合体中采用庭院组织的一个缺点是它们占据了更大的用地面积，因此就不得不拆除更多的老建筑。[2]

审查会议上有的批评指出，在这个规划方案和单体建筑设计中，存在太多轴对称的布局。作为对批评的回应，清华第三个方案做出的阐述是，从历史角度上看，对称性造就了伟大的建筑与城市。尽管很多人认为北京的布局死板僵化，但是对称性是它的主要传统特征。在历史长安街上，曾经有很多组对称布置的建筑物，包括东单牌楼和西单牌楼、东长安牌楼和西长安牌楼、东三座门和西三座门、长安左门和长安右门。但是没人会觉得它们僵化刻板。与之相反，清华的设计者们认为，北京城如果没有对称性的整体布局，将丧失它在秩序上的强大震撼力。[3]

作为方案说明的核心内容，在“长安街”一章中，设计者对一些重要交会处的设计在细节方面进行了阐释，例如西单、东单、建国门、复兴门的广场。将建国门与复兴门设计为两个新的“大门”，以标示出传统长安街东西两端的终点（图3.10）。在这些交会处，将街道围合起来的建筑物使人想起了中国传统建筑中的“阙”。在方案中，长安街被设想成了一个外来访客参观中国的主要展台。对此，设计者在文本中解释道：

1 《首都长安街改建规划说明，三稿》，1964年7月，清华大学建筑学院档案馆，档案编号64 K032 Z015, 18—20页。
2 同上，23—24页。
3 同上，25—26页。

图3.10 在清华大学第三个方案中建国门区域的设计，1964年6月。
清华大学建筑学院档案馆提供。

> 为了突出中心干道，使长安街更为完整、严谨，本方案将建国门和复兴门处理成“大门”的形式。但由于建国门和复兴门所处位置不同，设计也有所不同。建国门是迎接由机场来的外宾的真正的“大门”，它的东面又有较大的一片绿地。而复兴门在欢迎外宾时，实际上是一个“出口”，而且它的西面也紧接着广播大厦等建筑。因此，方案中更强调了建国门，气魄更大；而复兴门则比较平淡。[1]

如果长安街的先进性（progressiveness），或者说，中国建筑的现代性，是在一种隐含着西方注视（Western gaze）的前提下——这一点中国的设计师和政治家实际上是有共识的——构思出来的，那么具体的规划形式则将中国的传统习俗融入到带有政治性的都市体验之中。在第三个方案说明的“后记”中，清华的设计者批判了现代建筑中过分倚重先进技术的看法，同时，将满足意识形态的要求和人民的生活经历思想感

1 《首都长安街改建规划说明，三稿》，1964年7月，清华大学建筑学院档案馆，档案编号64 K032 Z015, 28页。

情等界定为社会主义设计的特征。设计者在文中写道：

> 我们认为"现代化"的含义应当是广泛的，它包含在艺术形象上要表现时代精神，也包括先进技术的运用。在长安街的建设中，无疑地应该广泛利用新技术，但新技术的利用本身并不是目的，归根到底它只是为了达到建设的多快好省的手段。……以为新技术就是代表时代，时代精神就寄托在新的技术上，至少在认识上是不够全面的。决定长安街建筑艺术形象最根本的还在它特定的思想内容和生活要求，例如作为首都行政中心的政治意义，群众的思想感情，时代的精神和传统的习尚，民族文化的体现……[1]

尽管在设计方案第三稿的说明中突出强调了时代精神，清华大学长安街规划的平面图和模型中所表现出的空间体验与明清时代的城市空间布局却十分近似。在某种程度上，清华设计中的长安街是对明清时代天安门"T"形广场的一个放大版。在明清两代，天安门广场是由数个"大门"和墙壁围合起来的。它北面的天安门城楼、南面的大清门（1911年后更名为中华门）以及东侧的长安左门、西侧的长安右门共同划定出了广场的范围。[2]后来，这些建筑物与千步廊一起被一一拆除，只保留了天安门城楼。在50年代，广场由原来的封闭空间扩展为开放的公共空间，明清时代的"T"形天安门广场随着岁月消失了。然而，在1964年的长安街规划方案中，明清时代天安门广场的空间布局似乎仍然萦绕在设计师的脑海中，挥之不去。

在清华第三个方案说明中，有一个专为前门大街编写的部分，然而，在1964年规划之初却并不包含这部分的内容。在原本的规划地段图中很容易找到一个"T"形的中央区域，这个区域由历史长安街和扩大的天安门广场构成，看起来显得头重脚轻，不成比例。在这个区域中，东西方向上的水平部分显得太长，而南北方向的垂直部分

1 《首都长安街改建规划说明，三稿》，1964年7月，清华大学建筑学院档案馆，档案编号64 K032 Z015, 37页。
2 关于明清时代的天安门广场的详情，见第一章。

看起来很短。旧时的天安门广场由千步廊划定出很长的南北垂直部分，而新的“T”形区域在比例上与已经消失的明清天安门广场截然不同。但是，如果将广场南面的前门大街纳入到中央的“T”形区域，那么新区域的各部分比例又与明清时代的天安门广场的比例非常相似。在平面上，如果将延长的“T”形中央区域与旧时的天安门广场进行比对，东单与西单类似于原来的长安左门与长安右门，建国门和复兴门在地位上与东三座门和西三座门相当，珠市口则相当于大清门的位置。这些部分在一起，构成了一个新的行政管理中心，恰如明清两代天安门广场周边发挥职能的三个区域。

清华方案并不是唯一提出“T”形中央行政区的方案。但是，清华的设计者们却将其阐述得最为清晰明了，也最坚定地贯彻了这一方案。实际上，只要规划的中心是天安门广场，并采用历史长安街作为它的延伸，那么就必定会形成一个“T”形的中央区域。但是，清华方案强调了区域中建筑的等级划分，并以更易识别的方式标示区域的临界点，通过这些手段来强化这个“T”形的政治空间。从这个角度看来，对采用“放”的方法发展天安门广场的坚持，以及对天安门广场纵深的莫名的偏爱，就可以被理解为这一“‘T’形情结”（T-shape complex）的一种作用效果。相比之下，在“收”与“半收”的规划方案中，四边相等的天安门广场将不会与理想的、以明清天安门广场为范本的“T”形区域中的南北纵深感协调一致（图3.11）。

如果将明清时代的“T”形天安门广场与1964年长安街规划中的“T”形中央区域进行比较，那么两者的相似之处不仅表现在形式层次方面上，而且也反映在两者的庆典功能上。在历史中形成的，左面（东方）与右面（西方）之间的象征性差异在新的长安街规划中被重提。例如，一些专家建议，西长安街应该以国家性（政治性）的建筑为主，而东长安街应该以国际性（商业性）的建筑为主。

图3.11 清华大学第三个方案中带有“T”形中心区的长安街模型，1964年6月。
清华大学建筑学院档案馆提供。

集体方法、先锋派（Avant-Garde）[1]与建筑现代化

以1964年的长安街规划为代表，在建筑设计领域中采用的集体方法是一个在与个人主义（individualism）斗争的过程中形成的创作方针。如同毛泽东在1942年延安讲话中表述的内容，艺术要服务于人民，而不应该仅仅是个人表达或是追求个人艺术理想的方式。如果集体方法适用于绘画、雕塑、文学等“纯粹的”艺术形式，那么，在建筑、城市规划这样的实用艺术中，它的推广就显得更加顺理成章。在重要且工期紧迫的国家级建筑项目中，集体方法也提供了一个快速且综合性的解决方法。

发生在审查会议之后的事件使1964年长安街规划的意义变得更加富有戏剧色彩。在会议结束三个月之后，党和国家要求建筑师与城市规划师离开他们的设计研究院所，加入到人民群众中去建设社会主义祖国。专业性的建筑与城市规划实践遭到了彻底放弃。这些革命运动使人联想起了20世纪早期西方的先锋派运动。如果说，早期的西方运动只是个人艺术理想断断续续的表达，那么，在随之而来的“文化大革命”期间，发生在中国建筑领域中的群众运动将这些艺术理想投入到了大规模的社会实践之中。

在“先锋派”与“艺屎”（Kitsch）[2]之间

在中国的建筑界，集体方法与群众运动背后所传达的意识形态与西方“先锋派”的初衷非常接近，而先锋派最早发端于19世纪的欧洲。“先锋”一词本来是西方中世纪的一个军事术语，指的是在大部队前方探路的预警小队。法国空想社会主义者圣西门（Henri de Saint-Simon）在19世纪20年代的写作中最先将“先锋”一词应用于艺术

1 英文“Avant-Garde”的另一个常见中文翻译是“前卫”。

2 Kitsch，德语词，有“艺术垃圾”的意思。《新英汉辞典》释为：（戏剧等艺术上的）矫揉造作；拙劣的文艺作品。为行文简洁，本文释为“艺屎”，读音和含义均接近德语原文。

领域。在圣西门的时代，艺术中的“先锋派”代表的是可以发挥社会解放作用的绘画和雕塑作品，主要强调艺术品中传达的信息内容，而不是形式风格。在19世纪中叶，先锋派的对立面是“为艺术而艺术”（art for art's sake），这种观念强调的是艺术自身的独立性，并将道德和政治的内容排除在外。[1]

但是，在接近19世纪末期，这两个对立的观念开始融合。先锋派运动不再关注社会问题，转而探索新的艺术形式。[2]在第一次世界大战之后，艺术与社会问题的分离遭到了众多新兴运动的批判，其中包括达达主义、包豪斯、结构主义、超现实主义、风格派（de Stijl）等运动。尽管它们在方法上存在显著差异，但是这些战后兴起的先锋派运动传达了一个普遍观点：艺术应该融入生活。艺术追求的应该不只是艺术本身，而是某些在本质上更有价值的东西。那些“为艺术而艺术”，放弃全部的社会责任并逃避现实的艺术家被批判为“伪君子”。[3]

德国评论家彼得·伯格（Peter Bürger）将这些产生于两次世界大战之间的各种艺术运动归纳为“历史先锋派”（the historical avant-garde），并将先锋派界定为对制度

---

1 关于先锋派在西方艺术中的起源，参见Wood, *The Challenge of the Avant-Garde*; Foster, *The Return of Real*; Kuspit, *The Cult of the Avant-Garde Artist*; Krauss, *The Originality of the Avant-Garde and Other Modernist Myths*; Bürger, *Theory of the Avant-Garde*。

2 先锋派运动最早是作为边缘化的实践活动而出现的，并遭到了制度化艺术（institutional art）团体的排斥，但是到了上世纪20年代，先锋派艺术运动中的印象派、后印象派、野兽派、立体派等风格流派，便开始被供奉在官方认可的艺术殿堂里。在一些德语国家，新近发现的抽象形式与色彩为艺术家的心理情感表达提供了新的模式，例如维也纳象征主义以及德国表现主义。在意大利，未来主义者对速度与机器的热衷尽管是对新工业社会的一个反映，但是他们也没有跳出形式美学的层面。详细内容见James Henry Rubin, *Impressionism* (London: Phaidon, 1999); Thomas Parsons and Iain Gale, *Post-Impressionism: The Rise of Modern Art, 1880-1920* (Toronto: NDE Pub., 1999); Sarah Whitfield, *Fauvism* (New York: Thames and Hudson, 1996); Mark Antliff and Patricia Leighten, *Cubism and Culture* (London: Thames & Hudson, 2001); Neil Cox, *Cubism* (London: Phaidon Press Limited, 2000); Colin Rhodes, *Primitivism and Modern Art* (New York: Thames and Hudson, 1994); Charles Harrison, Francis Frascina, and Gill Perry, *Primitivism, Cubism, Abstraction: The Early Twentieth Century* (New Haven: Yale University Press / London: Open University, 1993); Robert Goldwater, *Symbolism* (Boulder, CO: Westview Press, 1998); Shulamith Behr, *Expressionism* (New York: Cambridge University Press, 1999); Max Kozloff, *Cubism/Futurism* (New York: Charter House, 1973); and Richard Humphreys, *Futurism* (New York: Cambridge University Press, 1999)。

3 关于这些“一战”后先锋派运动的详细内容，参见Matthew Gale, *Dada and Surrealism* (London: Phaidon Press Limited, 1997); Frank Whitford, *Bauhaus* (London: Thames & Hudson, 2000); George Rickey, *Constructivism: Origin and Evolution*, rev. ed. (New York: George Brazziller, 1995); Richard Andrew, Milena Kalinovska, et al., *Art into Life: Russian Constructivism, 1914-1932* (New York: Rizzoli, 1990); William S. Rubin, *Dada, Surrealism, and Their Heritage* (New York: The Museum of Modern Art, 1968); and Paul Overy, *De Stijl* (London: Thames & Hudson, 1991)。

化艺术（the institutionalization of art）的反叛。他认为，自康德以来，作为唯美主义（aestheticism）两百年的发展结果，艺术已经从社会中分离出来，并发展成了一个自成体系的社会分支系统，这就是被称为“艺术”的一种制度化机构（institution）。这种美学偏向于形式探索，将社会的、政治的、经济的内容看作艺术以外的东西。20世纪20年代的历史先锋派正是对艺术的独立性发起的挑战，目的是将艺术重新复原到生活实践之中。[1]具有讽刺意味的是，这些“反艺术的艺术”最终还是被它们与之斗争的制度吸收接纳了，并被博物馆展出收藏。艺术重返生活的目标归于失败。当20世纪五六十年代的“新先锋派”（neo-avant-garde）采用相同的策略向艺术的独立性发起挑战时，这个努力显得毫无意义，因为它们的“挑战”行为本身已经被制度吸纳，成为了一种创作观念。尽管新先锋派再现了历史先锋派的行为，可是它不但未能挑战艺术的独立性，反而使之加强了。

从许多方面看，中国建筑界的集体方法都实现了历史先锋派的理想，而且没有变成制度化的艺术。无论是中国的集体方法还是西方的历史先锋派都将艺术视作建设一个新社会的手段，而不是纯艺术创作的场地。历史先锋派从来没有真正办到的事情——削弱制度化的艺术——却在60年代晚期的中国彻底实现了。政府要求艺术家与建筑师向人民群众学习，并将他们下放到农村，形成作坊式的设计单位，在这里，他们既是人民群众的老师又当人民群众的学生。60年代初期诞生于东北石油会战中的“干打垒”[2]成为一种官方提倡的建筑范本。这种方法是在建造房子时就地取材，用最原始的技术和材料进行设计和建筑。

可以说，中国建筑领域中的集体方法真正称得上是社会政治运动的一部分，作为个人的艺术家和建筑师既没有选择的权力，也无力抵抗。与此相比，西方的历史先锋派则大多是个人对艺术与社会关系反思的产物。尽管历史先锋派对制度化的艺术进行了猛烈抨击，但是它在实践上只是个人主义的一种表现形式，并充分利用了当时的

---

1 Bürger, *Theory of the Avant-Garde*, 35-54.
2 关于“干打垒”的详细内容，见第四章。

艺术制度及其游戏规则。在新中国初期的数十年间，将全部西方的先锋派艺术批判为“堕落的资产阶级形式主义”，这其实并非偶然。在中国建筑界，集体方法的立场是反对形式，强调内容。与20世纪20年代的历史先锋派相比，集体方法更加接近西方圣西门时代的先锋派理念。历史先锋派追求的是将艺术恢复到19世纪以前的浑然状态，如果在五六十年代的新先锋派是对历史先锋派革命性姿态的模仿，那么，同时代发生在中国的集体方法便是这种回归的去处和这一理想的逻辑本源。

在1964年的长安街规划中，中国建筑师的目标不是追求建筑形式上的创新，而是如何建设出一个庄严的社会主义首都，并且要通过一条现代的林荫大道展现新中国社会主义制度的优越性。但是，根据美国评论家克莱门特·格林伯格（Clement Greenberg）的观点，这样的创作方向制造出的只能是“艺屎”（kitsch），而这恰恰是先锋派反对的东西。“艺屎”一词译自德语中的“kitsch”，有“垃圾、废品”的意思。格林伯格认为，现代艺术的精髓寓于它先锋主义（avant-gardism）的观念中，而被伦理道德和政治污染了的艺术就是“艺屎”。[1]格林伯格按照这个先锋派形式主义的定义，并沿用形式的各种标准，发展出了艺术中价值判断的概念。[2]对他而言，艺术品的价值是客观的，形式是艺术质量的决定因素，与内容无关。强调内容的艺术实质上是政治宣传，换句话说，就是“艺屎”。

沉溺于对内容的表达，“艺屎”没有任何形式上的创造。对于一些学者而言，历史先锋派对艺术制度的挑战是富有原创性的，但是五六十年代新先锋派对历史先锋派革命性姿态的重复其实又成了“艺屎”。[3]在同一时期，中国建筑无论在风格还是方针政策上都沿用着苏联模式。1958—1959年的大部分国庆工程无论在平面还是立面上都采用了斯大林式的新古典主义风格。1964年的长安街规划和与之相关的单体建筑设计也大多和已建成的人民大会堂和博物馆建筑群保持着协调的关系。来自于苏联的“民族形式，社会主义内容”和社会主义现实主义的风格样式主宰了中国建筑讨论数十

1 Greenberg, “Avant-Garde and Kitsch,” *Art and Culture*, 15.

2 See Greenberg, “American-Type Painting,” in *Art and Culture*.

3 Kuspit, *The Cult of the Avant-Garde Artist*; Bürger, *Theory of the Avant-Garde*, 1–27.

载。在西方主流现代主义艺术理论中，斯大林式的艺术与建筑是典型的“艺屎”，不具有任何原创性。如果斯大林式新古典主义建筑抄袭了西方19世纪的古典复兴风格，那么上世纪五六十年代的中国建筑便是对斯大林式新古典主义的翻版，称得上是“艺屎”中的“艺屎”。

然而实际上，根据定义，集体方法本身就是反原创性的。集体创作的建筑作品往往综合了方案征集阶段许多不同的设计元素，同时平衡各方意见，最终达成一个折中的解决方案。它不但模糊了原创性，也刻意造成了作者不详（deliberately authorless）。尽管群众参与使艺术创作与大众时尚融合在一起，但是在设计过程中，政治领导人的介入又给设计涂上了浓重的意识形态色彩，从而模糊了艺术与政治宣传之间的边界。按照格林伯格的定义，集体方法称得上是双料的“艺屎”。当西方的达达主义将垃圾转变成了艺术品，而跻身于先锋派的行列时，斯大林式的新古典主义则因其将艺术变成了垃圾而被称为“艺屎”。如果按照这个逻辑理解，社会主义中国的集体方法比“艺屎”更甚。

历史观模式（Historical Models）与集体方法的再认识

既是“先锋派”革命性的本源，又是对“艺屎”的模仿，集体方法在理论定位上的两难境地源于一种线性的历史观。格林伯格提出“历史先锋派”和“新先锋派”的概念本身就是先锋派的产物，而此前，先锋派概念已经凭借它探索性和前瞻性的内涵成为现代主义运动先进性的象征。自19世纪中叶以来，“先锋派”就意味着走在时代前列，艺术活动的目的不是服务于当代，而是着眼于未来。未来会遵循当前确立的范本，正如当下沿袭着过去树立的典范；当前建立的开端未来必定会遵守，就如同过去的范本现在仍在复制一样。先锋派这一概念的基础便是线性的历史观。

线性历史观形成的基础是事件之间的连续性与事件前后的因果联系。着眼于整体性与指向性的宏观叙述（totality of a centralized narrative），这一历史观模式注重建构一种定向的、以进步性发展为假定的历史。这种历史叙述方式的特征表现为演进与革命的不断交替：从逐步积累到激烈变革，从原创性发端到无数次复制，从正统主流到演化变种。黑格尔的辩证历史观常常被认为是线性历史观的对立面。然而，除了用螺旋上升代替直线发展之外，辩证历史观也将基础建立在时间顺序的因果联系之上，并以不断进步的定向发展作为基本假定。这一点和线性历史观并没有什么不同。更有甚者，在黑格尔哲学中，以“世界精神”（world spirit）为主导的发展观使其螺旋上升的观点更加表现出指向性（teleological）和宿命论的特征。

法国哲学家米歇尔·福柯（Michel Foucault）将线性历史观和辩证历史观统称为“传统模式的历史”（history in the traditional form），其共同点是将无序性与不连贯性既视为一种现状，又视为一种历史的反常，而历史学家的任务便是恢复一种正常的、连贯的、前后一致的历史形式。但福柯认为，这样一种宏观叙述（master narrative）式的历史重构是人为的，由特定人群或组织进行编写，并代表了他们自身的利益，是这部分人行使权力意志的一种方式。作为替代，福柯提出了语境模式（discoursal model）的历史观，这种历史写作将断裂与不连贯性视作历史的常态。[1]语境模式不是在对历史材料进行人为筛选的基础上建构出来的自圆其说的通史，而是力图在看似次要并遭到忽略的材料中凸显差异；不是以连续性贯穿过去、现在、未来，而是以对话的方式揭示过去、现在、未来之间多重的相互作用关系；不是以“放之四海皆准”的方式运用术语和概念，而是在语境模式叙述之前，先选择并界定术语和概念，并且始终意识到这些术语和概念只在特定的语境中才有意义。

将社会主义中国建筑界的集体方法和群众运动单方面地看作是“先锋派”或是“艺屎”都是用一种线性的历史观对待中国与西方的历史。如同美国艺术批评与理论家罗莎琳德·克劳斯（Rosalind Krauss）指出的，艺术讨论中的类别与术语只有在具体的叙述结构（discoursal structure）中才有意义。[2]中国的“先锋派”是在特定的语境中得到界定的。而先锋派的一种“风格”或是方法在中国与西方具体的社会历史语境

1 Foucault, *The Archeology of Knowledge*, 3–17.
2 Krauss, *The Originality of the Avant-Garde*, 131–50.

中，可能意味着完全不同的事物。恰如福柯提出的观点，完全相同的陈述在不同的语境中会产生不同的含义。

20世纪20年代，当中国学子远赴重洋研学艺术时，最吸引他们的是西方新古典艺术中的写实性，少数人对印象派、后印象派和表现主义发生兴趣，他们中没有一个人对当时的达达主义以及其他的历史先锋派运动感兴趣，然而，正是他们促成了20世纪中国艺术中最深刻的变革，或可称之为中国的第一批先锋派。[1]与之相似，留学海外学习建筑的中国学生最先感兴趣的是布杂艺术富丽堂皇的形式，以及结构理性主义（structural rationalism）的科学性。[2]他们没有一个人注意到先锋派中的风格派（de Stijl）或包豪斯（Bauhaus）运动。在西方认为是保守的东西，在中国可能是具有革命性的，在西方属于先锋派的艺术，在中国传统艺术中可能倒显得平淡无奇。在20世纪二三十年代，当西方的先锋派受到中世纪欧洲社会的启发，强调生活与艺术融合的时候，中国人对待艺术的态度却与西方中世纪的情况或多或少有些相似。由于传统的中国社会长期忽略个体人格的价值，因此将二三十年代西方的先锋派引入中国就显得毫无意义。在这样的社会环境中，一种在西方更为传统同时又强调个人表达的艺术思想，反而可以在中国的社会和文化上造成更大且深刻的影响。

这样看来，与先锋派相比，集体方法与群众运动更加接近于“前现代”（premodern）的建筑实践。但是，将集体方法创作出来的作品等同于“艺屎”同样存在问题。在对待西方先锋派的问题上，美国艺术评论家与历史学家哈尔·福斯特（Hal Foster）认为，如果没有新先锋派的重复，历史先锋派的重要性便无法得到彰显，或者根本就不可能被当作是历史上的一次统一的运动。历史先锋派不是新先锋派的灵感本源，而是新先锋派构建出的一个概念。[3]在另一方面，按照历史的语境模式（the discoursal model），抛弃艺术的原创性并使之变成“艺屎”的抄袭与重复几乎是不可能的。福柯认为，“众所周知，即便两个表述（enunciations）在字面上完全

---

1 Sullivan, *Art and Artists of Twentieth-Century China*, 27–87.

2 Cody, Steinhardt, and Atkin, *Chinese Architecture and the Beaux-Arts*.

3 Foster, *Return of the Real*, ix–xix, 1–33, 127–70.

相同，它们由含义相同且字形相同的词汇构成，但是这并不代表这两个表述在含义上完全相同。”[1]不应该将艺术运动简单地理解为不是革命性变革，就是对原创多余的重复。

事实上，社会主义中国遵循的集体方法既不是历史先锋派运动的影响效果，也不是对苏联建筑方针政策的简单复制。在对中国建筑的讨论中，集体方法扮演着一个特殊的角色。如果20世纪早期中国的先锋派艺术以强调个人主义的形式创新形成了对传统的冲击，并促成了艺术在中国向制度化的方向发展，它表现为艺术成为一个独立的范畴并涵盖了之前很多不同门类的造型传统（如营造、雕塑、书画，文人的、工匠的、民间的，等等），那么新中国五六十年代的集体方法便动摇了这一源自西方的制度化倾向。恰如新先锋派在西方讨论中的重现增加了历史先锋派的“能见度”，在社会主义中国集体方法的衬托下，20世纪早期中国艺术中的个人主义、西方化的先锋派特性才变得清晰可见。但是，在另一方面，苏联的社会主义现实主义和“社会主义内容，民族形式”的方针政策为一种纪念性的风格做了意识形态上的支撑，而在中国，看似雷同的政策陈述却导致了对艺术的社会内容——而不是形式——的强调。在集体方法的极端表现中，所有艺术门类的行业组织都发生了解体并被群众运动所取代。这与苏联的结果完全不同。

在60年代，集体方法和群众运动将学者和建筑师的注意力拉向了民间的地域性建筑。在此之前，中国的建筑讨论聚焦在了“民族的”（以帝制时代的官方传统为代表）和“现代的”（以西方化为代表）二分关系中。而来自民间风格的不同声音使人们对一种单一的民族风格产生了疑问。在60年代期间，建筑师们开始对中国建筑中的地方传统展开调查。由此，一方面，集体方法通过引入外国的和民间的传统，对中国民族建筑构建中的形式化方法（formal approach）造成了挑战；另一方面，集体方法恢复了建筑在传统中国社会与政治中所扮演的约定俗成的角色。

在某种程度上，集体方法也凸显了建筑含义的产生方式。从线性的历史观出发，

1 Foucault, *The Archeology of Knowledge*, 143.

人们将原作者视为创作与独创性的源头，是建筑含义的主要创造者。然而，如同克劳斯（Krauss）所批判的，艺术史因此而变成了一张载有艺术大师姓名和家谱的列表。从语境模式的历史观出发，福柯和罗兰·巴特（Roland Barthes）都对两个问题提出了质疑：一个是保持作者原文本中固定含义的可能性，另一个是文本传递“原本”含义的可能性。实际上，读者才是含义的真正创造者，每一次阅读都会造成含义的改变并创造出新的含义。在中国建筑中，集体方法最大的特点就是作者不详，建筑含义的产生完全取决于人们在政治和日常生活中的公共经验。这也许不是集体创作倡导者们的初衷，却恰恰证明了作者在裁定文本含义上的无能。

先锋派、现代主义与现代化

在谈论西方艺术时，尽管“先锋派”的内涵一直处于变化之中，但是“现代主义”（Modernism）的概念却被人为地固定下来，并对其做出了精确界定。“现代”（Modern）曾经只表示“当下”的含义，并且，在西方艺术中，“现代主义”最初也仅仅表示时间序列上的意义，指的是“当前时代”（“modern era”）的艺术创作。然而，对“当前时代”的定义却取决于何种时代特征被认为是最典型、最现代的。当前时代便是指从时下到这一特征初次形成的那一时刻之间的时间跨度。因此对“当前时代”的界定本质上是关于某种本源（origin）的选择，而艺术中的现代主义也因此必然和某种特定的价值取向、意识形态以及形式风格相关联。例如，站在人本主义（humanism）的角度，现时代可跨越从文艺复兴到时下；从马克思主义的生产力的角度，现时代只能从19世纪中叶的工业革命基本完成后算起。

然而，如前所述，关于“起源”的问题本身在更大程度上是一种后期建构的表象，一个现代主义的神话，一种线性历史观的产物。例如，文艺复兴的出现在当时就不被看作是现代人文主义的本源，而是作为对过去古典传统的回归。因此，在西方，只有打破线性模式的历史观，“现代”一词才有可能从一个单纯的时间概念转变为一个具有多重含义与属性的价值概念。这就是“后现代”一词的真正含义。它将小写的现代时的“现代”（modern），变成大写的过去时的代表固定价值体系的“现代”（Modern）。这一与大写的“现代”相关联的价值体系便是对机械、科技、历史的进步性以及个人主义的信仰。由此，在西方艺术讨论中，首字母大写的“Modern”一词在外延上代表了终止于20世纪中叶的一个特定的历史阶段，其内涵得到了固定，并与特定的艺术价值观联系在一起，如抽象性和把媒介特性（media-specific quality）作为不同门类艺术的本质。

尽管在西方“现代主义”中的“现代”被确定为一个历史术语，但是在中国的讨论中，“现代”一词却保持着它在时间序列上的开放性与灵活度。现代汉语中的“现代”一词字面意思为“现在这个时代”，与现代英语中的“modern”一词相比，它所表示的时间跨度要近得多。出于这个原因，当指代西方意义上的“现代”时，中文会采用另外一个词汇——“近代”，字面含义为“近期的过去”。而中文中描述当前这个时代的词是“当代”，字面上的意思同样是“现今的时代”。但是，因为人们已经采用“近代”来表示总体上的“现代”概念，有些学者也采用“现代”来指代当前的这个时代。

然而，在中国与西方的讨论中，“现代”一词表现出的术语差异却超出了历史断代的范畴；这种差异深深地植入共产主义的意识形态之中，并且表现在对中国历史重建的方式中。根据新中国早期官方采用的政治历史划分方式，“古代”指的是1840年鸦片战争以前的时期；“近代”指的是1840—1919年5月4日新文化运动之间的时期；“现代”指的是1919年之后的时期。[1]近些年，由于新中国早期的几十年已经退入到历史之中，“现代”于是多用于指代1949年之后的时期，而“近代”的含义发展为覆盖1840—1949年的历史时期。但是，在现代汉语中通常将英语中的“modern”一词译为“现代”，而这个词实际上意为“当代”。“现代”一词的概念在中文与英文之间的差异既不是翻译错误的结果，也不是马虎的学术研究造成的意外，

1　在一些情况下，“现代”指的是1919—1949年之间的历史时期，“当代”指的是中华人民共和国成立之后的时期（1949年至今）。对于官方界定的“近代”、“现代”、“当代”，参见《现代汉语词典》（北京：商务印书馆，1986年），592页、1251页、213页。

而是中国在艺术讨论中保持的线性历史观的结果，同时也是中国艺术讨论为了形成历史连贯性而做出的有意选择。

中国已经系统地记录下了近三千年的历史。每一个朝代都设有专职机构为前代编辑历史。在这个保持历史记录的传统中，存在着一条清晰的历史脉络，即便在中国历史最动荡混乱的时期依然如此。实际上，现代汉语“现代”与“近代”中的“代”字也包含“朝代”的含义。在与西方接触之前，中国就已经确立了完善的线性历史观，当西方的史学理论传入中国时，中国的知识分子便毫不费力地接收了这种线性模式以及黑格尔提出的模式。

从历史角度上看，先锋派同样是线性历史观的产物。如果将“先锋派”的含义理解为走在一个时代的前列，那么这个带有先锋主义性质的含义仍然占据着中国现代化大工程的核心地位。在西方，“先锋派”和“现代主义”之间存在着重要的历史重叠，但又是两个截然不同的术语。对于早期的现代主义艺术评论家而言，诸如克莱门特·格林伯格，先锋派特性，或称“前卫性”，是现代艺术的象征，承载了现代艺术最本质的特征：原创性，挑战传统，反对意识形态，并且具有自我批评和自我定义的特质，为的是在方法上向各艺术媒介的最纯粹的形式不断接近。对于美国艺术史家唐纳德·库斯比（Donald Kuspit）而言，历史先锋派是现代主义的同义词，新先锋派则是后现代主义的同义词。而彼得·伯格（Peter Bürger）和哈尔·福斯特（Hal Foster）两人都对现代主义和先锋派做出了清楚的区分。伯格采用马克思主义的方法，将先锋派界定为对运行其中的制度化艺术的批判性反思；而福斯特提出了弗洛伊德的压抑与反复模式，用以理解先锋派与新先锋派之间的关系。对于美国艺术史家保罗·伍德（Paul Wood）而言，现代主义与先锋派两者都是在历史中变化的概念，伯格界定的先锋派和格林伯格界定的“媒介特质形式主义”（medium-specific formalism）只是现代主义众多表现中的两个而已。在80年代，罗莎琳德·克劳斯已经宣布：“先锋派与现代主义相重叠的历史阶段已经终结。”[1]但是，这个历史阶段在

1 Krauss, *The Originality of the Avant-Garde*, 170.

中国还没有终结，前卫性与现代主义尚未分离。

在中国的建筑讨论中，先锋派式的现代主义以“现代化”的方式得以持续。当1956年一篇题为“我们要现代建筑”的文章遭到官方批判后，“现代建筑”一词便从中国的建筑讨论中彻底消失了。在1964年的长安街规划中，“现代建筑”被另一个词汇——“现代化”所取代。在当时，“现代建筑”一词和西方有着千丝万缕的联系，相比之下，“现代化”看上去是个相对中性的词汇。它的含义与“现代”的原义非常接近，是一个表示时间概念的词汇，意为“到现在为止”（up-to-date）。在1964年规划中的常用说法“表现我们伟大的时代”是对“现代化”的另一种表达方式。但是，对于不同的社会政治议题而言，时代精神可能意味着非常不同的事物，因此“现代化”这个中文词汇要比它在西方的“现代的”一词含义复杂模糊得多。

在1991年，吕澎和易丹合著了一本具有影响力的专著，内容是关于1979—1989年十年间的现代中国艺术。在书中，作者不仅将“先锋派”（作者在书中采用的原词为“前卫”）界定为不但是形式创新，而且代表了革命性和批判精神。他们进一步扩展了先锋派的这些性质，用以界定现代主义，并声称，只要一件作品能够起到打破观众长期以来形成的审美惯性的作用，哪怕在风格上为人们所熟悉，也可以成为“现代”。由此，在中文“现代”一词中所强调的就是线性进步的形态、反传统思潮与先锋主义。但是，对于吕澎和易丹而言，现代主义与先锋派并不是传统的对立面，而是创造传统的方法。他们认为先锋派（原文采用“前卫”一词）“既然是人为寻求生存、反抗命运的一种美学态度，那么还有什么精神能比这种态度更接近真正的传统呢？”[1] 由此，先锋主义（或说“前卫性”）披上中国现代化的外衣，为创建一个连续性的大历史叙述（continuous historical narrative）提供了前提与驱动力。

通过用“现代化”取代“现代”，以长安街为代表的中国建筑现代化进程注定是一个无法彻底实现的目标。“现代化”意味着总是符合最新的发展，因此是一个不间断的动态过程。长安街总是“要被完成”，但是却从来没有真正得到完成。这与西方

1　吕澎、易丹，《中国现代艺术史1979—1989》，4—6页。

艺术中的历史先锋派面对着相同的窘境，它与“未来”发展出了一种既爱又憎的关系。一方面，在一种文化中的先锋派需要通过声称在未来什么将是主流来获得正当的地位。然而，一旦这个“未来”近在眼前，并且这个先锋派演变成了主流，它就丧失了时代先锋的地位。中国的现代化项目，如同先锋派一样，蓄意地站在了现在与未来的边缘上，然而又不断地将自己边缘化，以连绵不断的“基本完成”对全面实现做出了永远的拒绝。

第四章 在后现代世界中的现代化：70年代与80年代

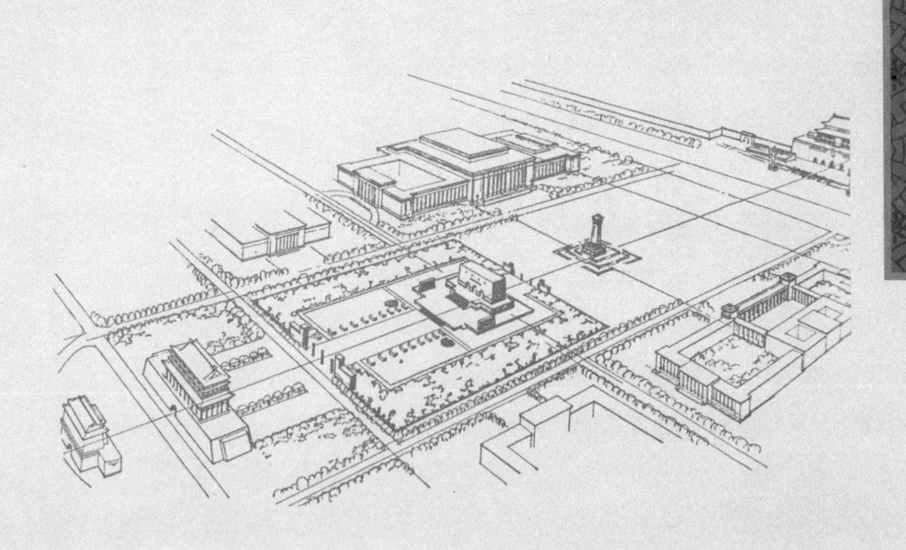

1964年的长安街规划是中国建筑界在“文化大革命”以前最后一次全国性的集体创作项目。此后，政局的变化和极端强调集体主义精神的大环境，最终导致国家彻底放弃了专业化的建筑与规划设计。在1964年的规划中，北京六家主要的研究院所辛勤工作了数月之久；在五天的研讨会上，来自全国的知名专家进行了如火如荼的讨论。而所有工作留下来的只有一些巨大模型的照片、成堆的图纸和数百页的会议记录。这个总体规划从来都没有被付诸实施。在这次规划中，最具争议的问题是如何完成长安街的中心部分——天安门广场的建设。事实上，这个问题一直推迟到1976年毛泽东去世之后才得以解决。但是，问题的解决方式却出乎所有当年规划参与者的预料。

毛主席纪念堂与天安门广场的建设完成

毛主席纪念堂建于1976—1977年，这座建筑占据了天安门广场最显著的位置。在它的北面是人民英雄纪念碑，这是新中国成立后广场上建造的第一座建筑物；在它的南面是正阳门，这是明清时期北京内城最重要的入口。人民英雄纪念碑高大而雄伟，在形式上，它是一座没有任何内部空间的石碑。由此，毛主席纪念堂就成为广场上唯一一座真正的建筑物，它与天安门城楼隔街相望。

毛主席纪念堂同时也是一座重新划定天安门广场范围的建筑物。纪念堂于1977年建成，在此之前，天安门广场仅限于今天的北区，由人民大会堂与博物馆建筑群围合起来，而今天的广场南区中央被当初中华门的基址位置占据着，周围环绕着树林。1959年，为筹备新中国成立十周年大庆，在扩建天安门广场时，中华门被拆除了，留下了一块空地；在毛泽东过世后的一年中，纪念堂便建在了这个位置上，并随之移除了这个区域的树木。由此，纪念堂及其周边的区域成为天安门广场真正的扩展部分。

作为重要的国家纪念性建筑，毛主席纪念堂的朝向非比寻常。在中国传统建筑中，建筑物及其主入口通常都面向南方，这是由于中国古人相信南方可以带给人祥和之气。《易经》里面也说“圣人南面而听天下”。无论是从使用舒适还是堂皇威严的角度，南向都应该是重要建筑的首选。但是，纪念堂的主立面却是面向北方的。毛主席纪念堂与北面的天安门城楼、西面的人民大会堂、东面的博物馆建筑群一同将天安门广场北半部围合起来，这些巨大的建筑立面围绕着空旷的广场，形成了公共庆典的宏伟背景。天安门城楼是毛泽东在开国大典上宣布新中国成立的地方，而纪念堂是他的陵墓，由此，这两座建筑物标示出了天安门主广场的南北边界，同时也象征着毛泽东时代的起点与终点。

选址

毛泽东于1976年9月9日去世。在10月8日，华国锋宣布，将为这位“伟大的领袖和导师”建造一座纪念堂。尽管毛泽东生前多次提到，在他死后遗体应该火化，但是在10月9日《人民日报》发布的官方声明中不仅发布了将毛主席纪念堂建在北京的决定，而且将在纪念堂内用水晶棺装殓毛主席的遗体，供公众瞻仰。然而，在这个声明中并没有透露纪念堂的确切位置。

早在1976年9月中旬，按照党中央的指示，来自北京、天津、广东、江苏、陕西、辽宁、黑龙江等省市的建筑师、美术工作者和工人代表就会集到了北京，共同商议毛主席纪念堂的选址和建筑设计方案。[1]根据《建筑学报》上一篇文章的记载，代表们瞻仰了毛主席的遗容，并参加了追悼会，大家为失去这位伟大的领袖和导师而悲痛万分，哀思如潮。同志们眼含热泪，夜以继日地紧张工作。在北京的现场调查期间，人们对数个备选地点进行了研究。其中包括：北京西郊的香山、故宫以北的煤山（景山）、天安门广场以及天安门与午门之间的区域，而最终选定了天安门广场作为建造纪念堂的地点。

官方在解释这个选址时突出强调了天安门广场的政治意义，并声称这一决定代表了人民的意愿。[2]但是仔细观察可以发现，被淘汰的其他地点与传统帝王陵墓的选址非常相似。中国的帝王陵墓通常按照南北轴线依山而建，在任何可能的情况下，陵墓的北面要有山脉，而南面是开阔平坦的地带。帝王陵墓的这种规制不仅被明清两代皇帝沿用，就连民国期间建于南京的中山陵也采纳了相同的规制。[3]香山与煤山这两个地点因遵循了帝王陵墓的模式，在第一轮选址过程中就遭到了淘汰。把纪念堂的选址放在天安门与午门之间的地点更加具有革命姿态，因为这样便会打破明清皇家建筑的秩序。将纪念堂直接建在紫禁城的南大门“午门”前，需要拆除“端门”，而它正是进入紫禁城的仪式性入口。然而，由于这个地点挤在天安门城楼之后，而午门前的空间相对狭小，因此无法使人们从各个角度充分观看到纪念堂（图4.1）。相比之下，如果选择建在天安门广场上，公众可以从任何方向观看到纪念堂，甚至在长安街上也清晰可见。

---

1 《毛主席纪念堂建筑设计方案的发展过程》，《建筑学报》（1977年4月），31页。
2 详细内容见《毛主席纪念堂总体规划》，《建筑学报》（1977年4月），4页。
3 赖德霖，“Searching for a Modern Chinese Monument”，22—55页。

a.

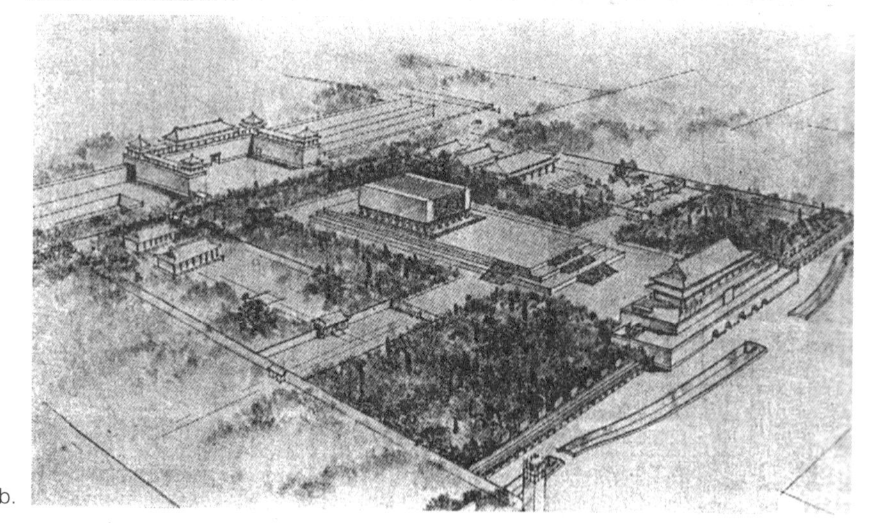
b.

图4.1 毛主席纪念堂选址提案：a.香山地点；b.午门与天安门之间的地点，1976年。引自《建筑学报》(1977年4月)，34页、31页。《建筑学报》提供。

对于纪念堂在天安门广场上的位置，也存在着两种主要意见。一种意见认为，应该沿用1964年的长安街规划，将纪念堂建在广场的东侧或西侧；[1]而另一种意见提出应该将纪念堂建在广场的中央。但是没用多久，人们就普遍决定支持后一种意见，将毛主席纪念堂建在北京的南北轴线上，与天安门城楼和人民英雄纪念碑形成一条直线。从意识形态层面上看，选择在广场中心的位置建造纪念堂，将会突出毛主席伟大的领袖形象，并充分传达纪念堂的重大政治意义。从形式层面上看，这个位置可以使体量相对较小的纪念堂在人民大会堂和革命历史博物馆两个庞然大物之间仍显得端庄雄伟，构成广场建筑群的主体和中心。[2]

人们虽就天安门广场选址的大范围达成了共识，但纪念堂的具体位置仍需进一步确定。由于人民英雄纪念碑北面的区域要留给面向天安门城楼的公众集会，于是全体一致同意将纪念堂建在纪念碑的南面。但是，即便选在纪念碑与正阳门之间的南北轴线上，纪念堂的位置仍然有四个不同的解决方案。第一个方案是将纪念堂靠近纪念碑，使两个建筑物形成一组纪念性建筑。这个构思遭到了淘汰，原因在于这样的组合会使纪念堂和纪念碑两者失去各自独立的政治意义，并且体量较大的纪念堂会压过纪念碑。第二个方案是拆除正阳门和箭楼，将纪念堂建在正阳门的位置上，但是这样会将纪念堂暴露在前门大街拥挤繁忙的交通环境和喧闹的商业氛围中，破坏了纪念堂庄严肃穆的氛围，因此这个方案也被放弃了。第三个方案是将纪念堂建在靠近正阳门的位置，但是由于正阳门和箭楼的高度会使纪念堂看上去十分矮小，因此这个方案也没有得到采纳。第四个方案是沿南北轴线，将纪念堂建在人民英雄纪念碑与正阳门之间的中点上，纪念堂距离两座建筑物各200米，而这里最终成为了埋下纪念堂奠基石的位置。政府决定在广场南部的剩余区域上铺设地砖，与广场的北区连接起来，作为集会场地使用，由此广场的容纳量从四十万人扩大到了六十万人。对于这样的场地规

1　根据1964年的长安街规划，天安门广场的内部只有人民英雄纪念碑。广场南侧临近正阳门的区域被设计成了一个“绿色广场”，由树木和草地覆盖，与广场北侧用于群众集会的巨大空间形成了鲜明对比。在大会堂和博物馆建筑群以南规划了两座纪念性建筑，这两座建筑的具体位置将划定开放型的（放）、闭合型的（收）或是半闭合型（半收）的天安门广场。详细内容见第三章。

2 《毛主席纪念堂总体规划》，《建筑学报》（1977年4月），4—12页。

划，官方的解释是：当举行重大政治集会时，广大群众会簇拥着纪念堂，这样可以体现出“毛主席在人民群众之中，毛主席永远活在我们心中”的主题思想。[1]无论是在物理空间上，还是在意识形态上，纪念堂的位置最终被确定了下来。

同时，中央政府的另一个决定是将纪念堂的主立面和入口朝向北方。天安门城楼和毛主席纪念堂这两个相对的主立面将长安街围合了起来，由此构成了古与今、封建制度与社会主义制度、历史与现代的边界和连接点。

方案遴选

尽管毛主席纪念堂的选址没有遵循1964年的长安街规划对天安门广场的设计，但是在设计程序中采用的集体方法却沿用了以前的惯例。在70年代的建筑领域，人们将集体创作的新形式称作“三结合”，即“领导、群众和专业技术人员”相结合。[2]华国锋与中共中央委员会最终敲定了纪念堂的地点，同时审查并逐步缩小备选方案的范围，直至确定最终设计。在来自八个省份的“老、中、青”三代建筑师的共同参与下形成了纪念堂的设计方案。最终的设计团队由来自北京不同设计单位的“工人、干部和技术人员”组成。在纪念堂的设计过程中，更多的群众和设计单位献计献策，并提出了大量意见和建议。每个部位的施工图、每种材料的选用等细节性问题，都是在工人、干部、设计人员三结合的形式下，广泛听取意见，反复试验研究后才最终定案的。[3]

毛主席纪念堂的建设再现了新中国早期引以为豪的“奇迹”，在当时，这个项目将整个国家都动员了起来。在短短半年的时间里，这座建筑物就屹立在了天安门广场上。工人、干部、工程技术人员和解放军指战员在工地上日夜奋战。纪念堂工程选用了全国三十个省、市、自治区的材料与设备。有些地方在将材料与设备运往北京之

1 《毛主席纪念堂总体规划》，《建筑学报》（1977年4月），4—12页。
2 关于“三结合”原则的详情，见后文，“长安街上的饭店”。
3 《毛主席纪念堂总体规划》，《建筑学报》（1977年4月），4—12页。

前，还举行了启动仪式，以此表达人民群众对毛主席的无限爱戴与敬仰。[1]以华国锋为首的政治领袖做出了总体性的指示，一方面要求纪念堂要设计得坚固适用，庄严肃穆，美观大方，有中国自己的民族风格；[2]另一方面号召人民群众为纪念堂提供材料并为建设付出劳动；而专业技术人员要将这前两点结合起来，成为领袖指示和群众参与两者间的纽带，他们一方面要为满足前者（领袖）的要求而拿出设计方案，同时要为后者（群众）的加入提供可供实施的技术手段。

体量规模

在设计毛主席纪念堂的体量规模时，设计人员将领导人站在天安门城楼上所见的景观作为优先考虑的问题。[3]当人站在天安门观礼台上时，要避免在纪念堂上方重叠着正阳门屋顶的剪影，因此，从视觉因素上考虑，纪念堂的高度需要在视线上遮挡住正阳门的屋顶。同时，纪念堂的高度应该低于人民英雄纪念碑。因为纪念碑是细长而垂直的，并且在尺度上要小得多，因此纪念堂的高度又不能过高，避免造成压倒纪念碑的情况。最终，纪念堂的理想高度定为33.6米。纪念堂的宽度同样要在视线上遮挡住正阳门，同时又要恰到好处，能够保持天安门广场的开放性。最终，理想的宽度定为75米。站在天安门广场或是长安街的任何角度看上去，纪念堂的这个高度与宽度都可以保证它看上去比正阳门和箭楼高大，但是又低于人民英雄纪念碑（图4.2）。

风格选择

在1976年9月提交的全部方案中，所有的纪念堂设计都带有厚重的实墙、狭小的窗户和一个很长的通往主入口的甬道，它们看上去大多都类似于传统的陵墓。一部分方案与中国墓地中的石碑非常相似（图4.3a）。在当时，由于中国建筑师们都非常熟悉

---

1 《毛主席纪念堂总体规划》，《建筑学报》（1977年4月），4—12页。

2 例如，"纪念堂要设计得坚固适用，庄严肃穆，美观大方，有中国自己的民族风格，方便群众瞻仰，利于遗体的安全保护；要精心组织，精心施工。"参见《毛主席纪念堂规划设计》，载《建筑学报》（1977年4月），3页。

3 为了获得一个毛主席纪念堂的理想形象，人们付出了巨大的努力，为此将天安门城楼、天安门广场、长安街的景观都考虑在内。参见《毛主席纪念堂总体规划》，载《建筑学报》（1977年4月），5—9页。

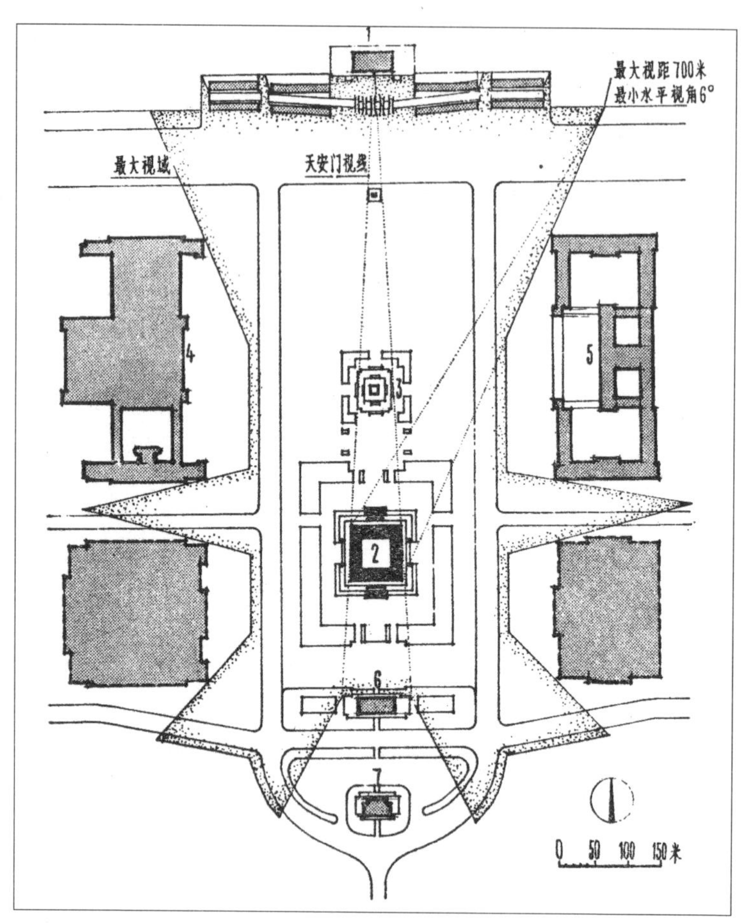

a.

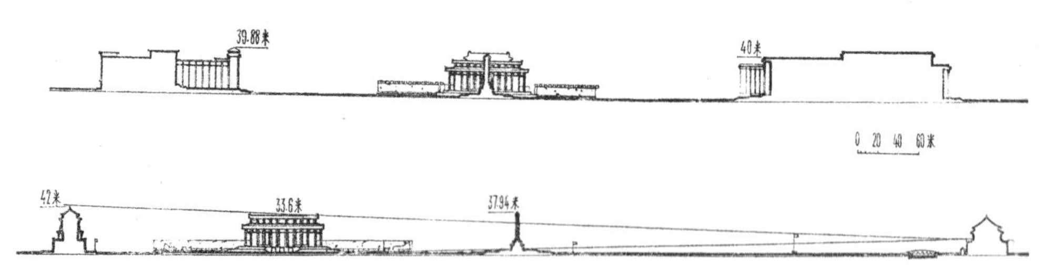

b.

图4.2 从天安门广场望毛主席纪念堂视野视线分析图：a. 平面图；b. 剖面图，1976年。
引自《建筑学报》(1977年4月)，7—8页。《建筑学报》提供。

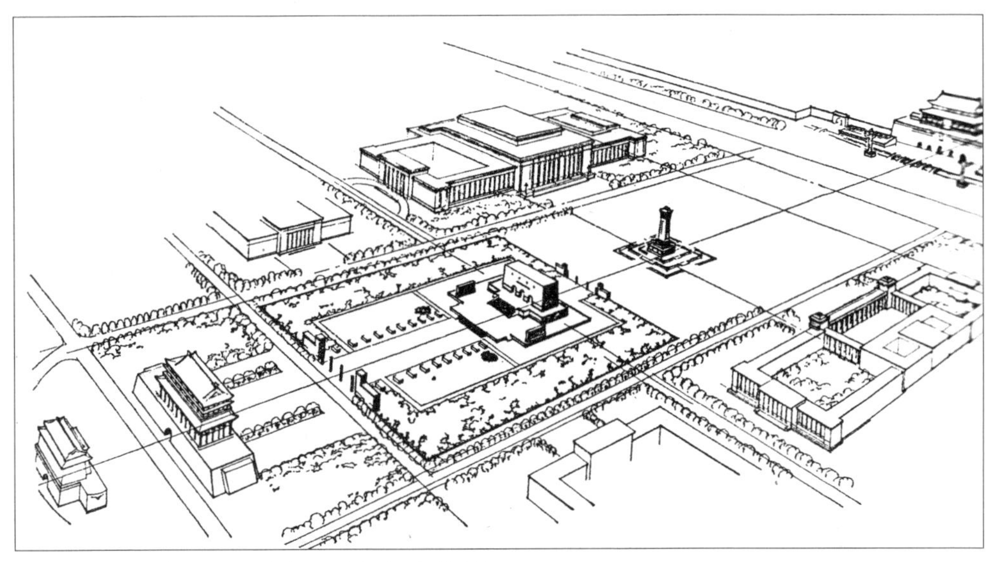

图4.3 毛主席纪念堂的不同方案：a.石碑形式的设计方案。
引自《建筑学报》(1977年4月)，31页、34页、36页。《建筑学报》提供。

建于半个世纪前莫斯科红场上的列宁墓，因此这座建筑成为他们可借鉴的最重要的样板。对于许多过于沉重、肃穆的设计方案，官方的解释是：失去领袖的巨大悲痛使中国的建筑师们不能自已。但是，来自党的指示表明，华国锋想要的不是一个陵墓，而是一座展望未来的建筑。这时，有关领导将建筑师们组织在一起，号召大家共同研究毛主席的著作，并从他的革命浪漫主义和无产阶级的生死观中寻找创作灵感。在毛泽东的著作中，人们读到：无产阶级的革命战士为人民而死，但是永远受到尊敬。他们虽死犹生，永远活在人们的心中，鼓舞着人们继续前进。[1]总之，纪念堂所要传达的内涵不应该是一座陵墓，象征着毛泽东时代的终结，而应该着重表现出毛泽东事业的延续，并且平稳地过渡到一个新时代，而这个新时代是以华国锋为领导核心的。

在1976年10月初，纪念堂设计的方向发生了关键性的转变。当时，华国锋协同

---

1 《毛主席纪念堂建筑设计方案的发展过程》,《建筑学报》(1977年4月)，32—33页。

其他第一代中共领导人逮捕了“四人帮”。此后，在设计者中间很快就达成了一个共识，纪念堂的设计既要庄严肃穆又应该具有开放性。在第二轮设计中，大部分的方案都采取了通体环绕的柱廊，使建筑物显得更加轻松、开放。某些方案采用了柱廊与实墙相间的方式处理立面。其他的一部分方案在设计中突出了传统风格的庭院（图4.3b）。在所有设计中，有一个方案提出，在环绕着柱廊的大厅顶部设计一个穹顶，象征红日，并在穹顶的底部装饰了一圈向日葵。而另一个方案在水平的台基上竖起了一根指向天空的巨大柱子，在柱子的顶部与台基上同样装饰了红日和向日葵（图4.3c）。尽管以上两个方案属于个例，但是在所有的方案中都普遍采用了红日与向日葵的装饰元素，用红日象征伟大领袖毛主席，而向日葵代表着人民群众。[1]最终，柱廊式的方案被选为下一步发展的设计方向。

对于选择柱廊式的方案，官方的解释是：这种形式与中国传统的建筑形式以及天安门广场上已有的两座建筑——人民大会堂和博物馆建筑群——可以取得和谐的效果。因为在中国传统建筑中，这个立面可以被分为台基、带有柱廊的主体和屋檐三个部分。设计师们一致同意，纪念堂底部应该采用两层红色的花岗岩台基，以此象征毛泽东建立的社会主义中国坚如磐石、永不变色。[2]在选择了柱廊式的主体之后，方案的变化再一次聚焦到了屋顶的设计上。

许多带柱廊的方案仅仅在屋顶的设计细节上带有些许的变化。由于政府已经将纪念堂的地点定在了天安门广场南侧的中心位置上，尺度体量也根据各种视角大体确定，并且采用四面完全相同的柱廊式立面，因此，对于建筑形式而言，这些限定条件基本上没有给设计师留下多少可做的设计工作了。[3]至少在口头上，方案的最终决定和顺利实施都被归功于在当时时髦的政治口号式的因素，其中包括“群众、领导、专

1 在这个阶段，地点仍然没有确定，西山和景山仍然是选项。因此，许多设计者仍然憧憬着将纪念堂建造成占地很广的一组建筑群，要么围绕着一个庭院进行组织，要么沿一个通道线性地展开。《毛主席纪念堂建筑设计方案的发展过程》，《建筑学报》（1977年4月），32—36页。

2 《毛主席纪念堂建筑设计方案的发展过程》，《建筑学报》（1977年4月），35—37页。

3 方案征集的组织者总共划分了七种不同的屋顶类型。每一种类型都由各设计单位在多个方案中尝试。《毛主席纪念堂建筑设计方案的发展过程》，《建筑学报》（1977年4月），39—42页。

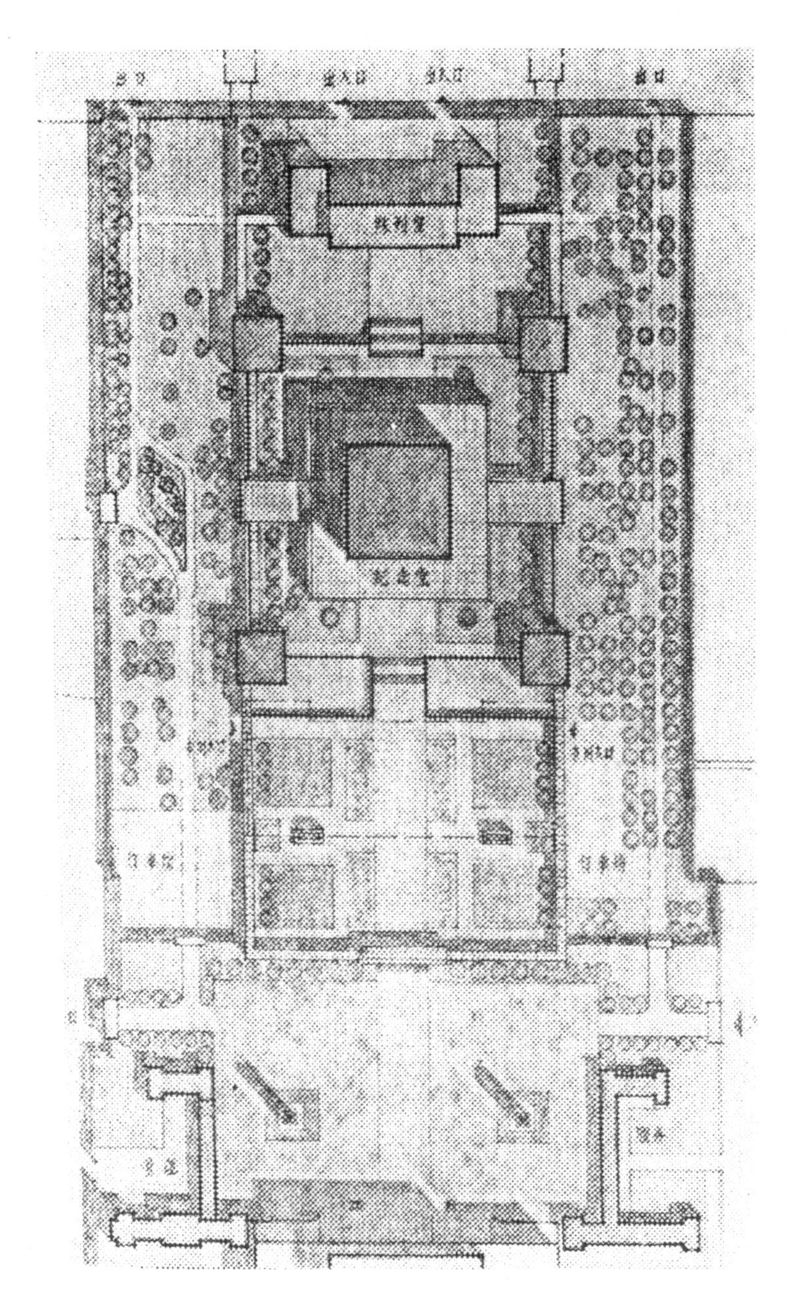

图4.3b（1）庭院形式的设计方案，平面图。

图4.3b（2）庭院形式的设计方案，透视图。

图4.3c 立柱、太阳、向日葵等革命符号形式的设计方案，1976年。

业技术人员三结合”、民族形式、社会主义内容以及现代化等等。当华主席和党中央从最后一轮的几个备选设计中最终选定了一个实施方案的时候，他们大概拿不出太多淘汰其他方案的理由。备选方案之间是如此相似，领导们一定会感到有些糊涂了（图4.4）。

纪念堂的内部设计

毛主席纪念堂的内部主要是按照一个礼拜场所设计的。纪念堂的最核心是瞻仰厅。在大厅正中的水晶棺内安放着毛主席的遗体。位于瞻仰厅北面的大厅放置着一个汉白玉雕刻的毛主席坐像；瞻仰厅的南侧是另一个较小的大厅，设计将人们的视线集中在墙壁上，上面镌刻着毛主席手书自己的一首词。由此，沿着北京的南北轴线，人们通过纪念堂中的三个礼拜厅、通过三种不同的纪念方式，向毛主席致以无限的敬意：以雕像为代表的伟大领袖的光辉形象、以他的遗体为象征的革命圣骨（a revolutionary holy relic）和以他的文字为写照的革命精神。纪念堂内部的其他空间还包括入口大厅、休息厅以及各种用于服务、设备、工作的附属房间。

从材料到装饰元素，纪念堂内部方方面面的细节都被赋予了象征意义。用于建筑与装饰的材料取自全国三十个省市，其中也包括台湾在内。在北大厅毛主席雕像背后的墙壁上，悬挂着一幅大型绒绣——《祖国大地》，它为纯洁的汉白玉坐像提供了一个24米长7米高的色彩斑斓的巨大背景。这幅作品象征着毛主席为开创一个团结统一的新中国做出的伟大贡献。天花板上的电灯设计成了向日葵的样式，象征中国人民世世代代受益于毛主席的革命思想，就如同追随阳光的向日葵。放置水晶棺的瞻仰厅设计得如同一个卧室。水晶棺的底部采用黑色的泰山花岗岩，以此暗示出毛主席的名言“为人民利益而死，就比泰山还重”。南大厅的地面上铺装着东北的红色大理石，象征着毛主席留下的遗产红色中国千秋万代永远长存。

根据设计师的说明，纪念堂的内部装饰结合了中国传统建筑风格、现代科学原则以及革命装饰元素。天花板的装饰受到了传统藻井的启发。在整个建筑的很多部分都铺装了传统的琉璃瓦。

图4.4 毛主席纪念堂顶部调整的不同方案，1976年。引自《建筑学报》(1977年4月)，32页。《建筑学报》提供。

形式上的两难

设计师们为了使毛主席纪念堂具有鲜明的中国特色而付出了巨大的努力。然而具有讽刺意味的是，这座纪念性建筑在风格上与美国华盛顿特区的林肯纪念堂非常相似。两座纪念堂同是方形建筑，并在四面都采用了柱廊。甚至连每一面的开间数目都是相同的：两座建筑都采用了十一开间，它们的“明间”都比其他的部分略宽一些（图4.5）。在两座纪念性建筑中都采用了雕像和文字以突显所反映的价值观。两座建筑的周边环境也非常相似：毛主席纪念堂面对着远处的天安门城楼，两座建筑中间矗立着细高的人民英雄纪念碑；林肯纪念堂面对着国会山，而位于两座建筑中间位置的是竖直的华盛顿纪念方尖碑。

图4.5 毛主席纪念堂，1976—1977年。建筑师：徐萌培等。作者自摄。

在1976年，中国的设计师明确地意识到他们的方案与林肯纪念堂的相似之处，并对此感到不安。为了将这种相似程度降到最低限度，他们在毛主席纪念堂上竭力添加中国传统的装饰元素和新的革命符号。然而，他们的努力并不十分成功。对于中国以及其他亚洲和非洲国家而言，西方的强权一方面表现在它们是“现代性”的界定者，是代表着进步的标杆，另一方面又是这些发展中国家为在世界上占有一席之地而与之斗争的对象。这恰恰是中国建筑现代化的窘境，而毛主席纪念堂的设计便是这一两难境地的真实写照。

尽管，在1976年9月毛泽东逝世之前，华国锋就已经开始以主席接班人的身份公开亮相，但是他的地位还远没有稳固下来。在毛泽东去世时，有两股相对立的力量对华国锋的权威构成了挑战：一股是年轻一代的政治激进派，其中包括江青，他们是追随毛主席推动“文化大革命”的主要力量；另一股是和毛泽东一起建立新中国的老一辈革命家们，他们经历了无数次的政治运动，并且对刘少奇、邓小平和其他在“文革”中受到迫害的人们抱有同情态度。与他们相比，华国锋在北京的政治舞台上只不过是个后来者。在9月18日毛主席的葬礼上，激进派的领导人（之后被定为“四人帮”）与华国锋一起引人注目地出现在天安门广场上。但是，在10月6日，“四人帮”就全部被逮捕。两天后，华国锋正式宣布建造毛主席纪念堂的决定。实际上，与激进派相比，华国锋缺少的是革命性，而与邓小平相比，华国锋又明显缺乏实践性，华国锋想要达到最高位置的最重要的理由就是他是毛泽东亲自指定的接班人，[1]而他想通过建造纪念堂来努力证明并巩固这个地位便显得顺理成章。

当邓小平在1978年掌权之后，毛主席纪念堂的内部被重新设计，以此来证明邓小平作为中国共产党第二代领导核心的合法性。纪念堂内的休息室得到开放，并且题献给了毛泽东以前的三位革命战友：刘少奇、朱德、周恩来。由此，原来只为毛

---

1 在中国，人们普遍相信，毛泽东潦草地写下了一张纸条，上面写着“你办事，我放心”，并在临终前交给了华国锋。字条上的内容在华国锋短暂的任期内得到了广泛宣传，成为他作为毛泽东接班人的主要证据。但是在西方的学术研究中，这一宫廷密诏式授权的真实性受到了普遍质疑。参见Maurice Meisner，*Mao's China and After*，427。

泽东一人而建的纪念堂变成了中国共产党第一代领导人的集体纪念堂。如今，邓小平被称为“中国改革开放的总设计师”，在现代中国的历史中，邓小平是一个划时代的转折点，他划定了“文化大革命”的结束与市场经济的开端。从这个历史角度审视，在毛主席纪念堂设计中反映的中西风格矛盾也显得并非是中国建筑现代化窘境的缩影，而是华国锋短暂执政期的完美象征，一座连接毛泽东革命岁月与邓小平改革时代的桥梁。

长安街上的饭店

在1976年毛泽东逝世之后，中国的政治与社会生活经历了翻天覆地的变化，而毛主席纪念堂就矗立在了这一历史转型的界线上。在1976年以前，社会主义的建筑方法一直强调集体精神，而此后，经济改革开始将当代的西方实践与个人主义引进到了中国建筑领域中。从1958—1959年国庆工程的建设到1972年，在经历了十多年的休眠期后，长安街上的建设又开始复苏了。这次建设是以饭店以及其他为外宾提供住处的形式为主。整个80年代，外国通过设计与投资的方式，越来越多地介入到长安街的建设中。在这个时期，许许多多的饭店出现在长安街上。

从“干打垒”到“三结合”

在1964年长安街规划之后，中国紧接着就发起了激进的设计革命。国家要求设计师离开他们的设计院所，与群众一同工作在建设现场，并且推广实施一种称为“干打垒”的新方法。这种方法最先由毛泽东时代的模范工业城市——黑龙江大庆油田的工人们发展出来。“干打垒”是在房屋的设计与建造中就地取材，并结合民间建筑传统做法的一种建筑方法。它强调在短时间内建造出单体、小型的房屋，[1]即使没受过建筑知识培训的工人和农民也可以看得懂设计图，并快速大量复制。

在60年代晚期，这种新方法是当时特定政治局势的产物。当时中国与美苏两国都处于敌对状态。1960年7月，赫鲁晓夫撤回了所有工作在中国的苏联专家。中苏两国之前是“同志加兄弟”的紧密关系，而之后却变成了短兵相接的状态。针对有关斯大林的历史评价问题和社会主义阵营里出现的种种矛盾，中国批判苏联是“修正主义”

---

1 阎子祥,《中国建筑学会第四届代表大会及学术会议总结发言》,《建筑学报》(1966年4月至5月), 21—23页。

和“社会帝国主义”。在1969年，当中苏两国的部队为争夺乌苏里江珍宝岛的主权局部开战时，两国关系一度恶化到大规模武装敌对的状态。全面战争随时可能爆发，整个中国弥漫着强烈的火药味。作为一种预防措施，大城市中的建设都停止了，主要的工业厂房遍布中国内地的穷乡僻壤，这一总体的历史现象被称为“三线建设”。在当时，“干打垒”的影响力集中在乡间，主要用于住宅与工厂的建设。在这一时期，长安街上没有建造一座纪念性建筑。

无论是设计革命还是干打垒都没持续太久。当中苏关系恶化到了难以修补的地步时，中国开始产生了与西方建立发展新关系的兴趣。在1971年7月，美国国务卿亨利·基辛格（Henry Kissinger）到中国做了一次秘密访问，随后美国总统理查德·尼克松（Richard Nixon）于1972年2月访华，中美两国的外交关系开始正常化。在1971年10月，中华人民共和国取代台湾的“中华民国”成为联合国安理会常任理事国。伴随着国际关系的转变，越来越多的外事人员出现在中国，由此，大城市的建设又复苏了。

此时，设计方针又摇摆回了较为温和的集体方法，人们将其称为“三结合”，指的是领导、群众和专业技术人员结合在一起工作，或是更加明确地表述为：干部、工人、设计人员相结合的工作方式。[1]整个70年代，在建筑和城市规划领域取得的全部成就都要归功于“三结合”这一新版的集体创作奇迹般的力量。在不同的媒体中，“三结合”的口号是如此流行，以至于用它表述一个设计的合理性时，人们几乎用不着指明它的确切含义。慢慢地，人们遗忘了它原来的定义，或者说具体是哪三结合根本不重要，“三结合”一词本身便获得了足够的意识形态上的重要意义。在当时众多的文献中或明或暗地记录下了大量的“三结合”版本，其中包括老、中、青三代相结合；建设、设计、理论相结合；产、学、研相结合；工人、技术人员、教师相结合；等等。[2]

1　根据清华大学建筑史教授陈志华的观点，“三结合”主要指的是领导、专业技术人员和群众的结合。但是，陈志华也讲到，这个词会根据具体的情况和时代而发生变化，特别是在70年代末期，此时，“三结合”主要变成了表达正确政治方向的手段，而它的确切含义变得不重要了。例如，它可以指代老中青三代的结合。但是，在1974年之前，这个词通常指代的是领导、专业技术人员和群众的结合。陈志华，与作者的电话交谈，2006年3月6日。

2　见《建筑学报》1975年发行的全部期刊。

尽管“三结合”的确切含义并没有得到明确，并且在某种角度上，似乎与本讨论的关系不大，但是，在新的方针政策中，它的着重点却是显而易见的。虽然“三结合”摒弃了60年代末期设计革命中完全依靠群众的激进方法，但是它仍然继续贬低专业人员在设计过程中的作用。实际上，“三结合”将建筑师的作用拉低到了只剩下技术支撑的地位。

外事工程

在七八十年代，中国将西方发达国家作为效仿的典范，在这二十年间，受到来自西方的各方面启发，在新中国的建筑、艺术领域发生的运动以前所未有的数量涌现出来。在70年代，虽然中国人用“毛主席革命外交路线的伟大胜利”来颂扬早期中美关系的发展，而这也不可避免地造成了外事人员与来自西方资本主义国家访客数量的激增。为了接纳与日俱增的外宾，政府在东长安街靠近原来租界区的位置规划了满足西方标准的生活设施。[1]

早在1971年，政府就已经启动了新设施的设计工作。[2]在1972年，位于东长安街延长线上的三个主要工程——9号公寓楼、国际俱乐部和北京友谊商店完成了建设，这些建筑都是专为在北京的“外宾”建造的。[3]1973年，紧邻北京友谊商店的外事公寓也完成了建设，建筑面积为34000平方米，它将当时的外事工程区域沿长安街进一步向东扩展。[4]在1974年新中国成立二十五周年前夕，久负盛名的北京饭店添建了东楼，位置在中楼（1917—1919）东侧。[5]以上提及的所有建筑都是在两年时间内完成的。

国际俱乐部为外国人和外事人员提供了娱乐与社交的活动场所（图4.6）。它的建

---

1 关于北京租界区的详细内容，见第一章。
2 《建筑学报》（1974年1月），32页。
3 同上。
4 同上。
5 《建筑学报》（1974年5月），18页。

图4.6 国际俱乐部，1971—1974年。建筑师：马国馨等。作者自摄。

筑面积为13831平方米，配有一个户外游泳池、一个电影院、一个保龄球馆、一个发廊、一个宴会厅、一个酒会厅，以及各式各样的餐厅。在70年代，大多数中国人还没有听说过其中大部分的娱乐项目。国际俱乐部的所有房间都配有空调和暖气。它的户外游泳池带有过滤循环系统，并可以用于跳水和游泳比赛。国际俱乐部的东侧是北京友谊商店，尽管这座建筑只有五层高，但是却配有两部电梯：一部是客梯，另一部是货梯。在70年代的中国，这是一个非常规的安排，因为按照当时的规范，只有超过六层的楼房才能装配电梯。

这些设施与当时北京普通市民的生活标准形成了鲜明反差。在70年代的中国，空调和家用卫生间仍然属于奢侈品。城市中大部分的居民还在狭窄的巷子中使用着公共厕所，这些公共设施都不能洗澡，并且要与所有的街坊共用。在80年代早期，当中国著名作家萧军在美国旧金山接受记者采访时，他被问道："您对美国印象最深的是什么呢？”萧军回答道：“这儿的厕所真好！”[1]即便在80年代末期，另一位著名的北京作家刘心武还一直在抱怨中国首都的公厕简陋的条件和难以忍受的异味。他说道：

> 在卫生间问题上，我承认自己是“全盘西化”的主张者。……我们中国人既要进入现代文明，就没有理由不接受这一文化财富。现在的问题是我们尽管已为“外宾”和“首长”及少数其他人准备了西式卫生间以供使用，却还没有或很少为公众谋卫生间之利益的意识，臭烘烘的茅坑还布满于中国各地而无大改进的前景。所以，闲话一番总不至于被认为多余乃至判定为忤逆吧！[2]

刘心武的一番“闲话”展现了七八十年代中国社会的矛盾状况。一方面，西方的生活方式仍然被视作是资本主义腐朽的糟粕，社会主义中国应该避而远之；另一方面，这些东西又是现代化的象征，是中国实现现代化的过程中应该追求的东西。

从风格角度上看，这些新的外事建筑是有意按照现代主义的形式标准设计的，它们遵循了亨利卢梭·希区柯克（Henry-Russell Hitchcock）和菲利浦·约翰逊（Philip Johnson）在1932年归纳总结的国际风格（international style）的原则。[3]这些外事建筑采用了“L”形的非对称体量来划分庭院，相互转换、彼此渗透的内部与外部空间构成了这些建筑的特征。国际俱乐部的主立面面向长安街，立面的中间是开敞的门廊，配以拐角处没有实墙的圆弧形阳台，使得整座建筑物看起来“空间体积多于块状实体”（volume than mass），这与希区柯克和约翰逊确立的第一点原则相吻合。门廊纤细的矩形柱子与遮阳墙板搭配所形成的强烈生动的韵律感满足了第二条原则，即：“为设计赋予秩序的主要手段是规律性（regularity）而不是轴对称。”最后，也是最重要的，国际俱乐部没有采用大屋顶和突兀的中央塔楼，也不见琉璃瓦和雕塑的点

---

1 刘心武，《我眼中的建筑与环境》，84页。

2 同上书，87页。

3 Hitchcock and Johnson, *The International Style*, 20.

缀，总而言之，这座建筑没有“人为牵强、肆无忌惮地采用装饰”（arbitrary applied decoration）。以前建在长安街上的纪念性建筑大部分是对称的，并且都采用了高大的柱廊和实墙，相比较而言，这些新的外事建筑在整体外观上少了庄严肃穆，多了些轻松明快。

不对称的平面与立面是精心考量选择的结果。在外事公寓最初的设计中，曾经有三个不同的方案：一个是在平面上采用明确轴线的对称体块；一个是“Y”形的平面布局；一个是由两个部分重叠的矩形构成的平面布局。[1]第一个方案因为缺乏“较活泼的布局”（基本可以理解为“不对称”），而被放弃。第二个方案因为与周边建筑环境不够和谐统一，也被淘汰。并且在建造时，这个方案复杂的形状对于预制的组装方法也构成了挑战，而这种方法在当时是建筑工业化的关键，也是建筑现代化的代名词。第三个方案由于“布局比较灵活”（相对于被视为常规的对称形式）而需要更多类型的预制单元。虽然这个方案因此而遭到了批评，但它还是因为“体型与立面丰富、活泼，可满足规划要求”，最终受到了人们的青睐。[2]选择重叠的双矩形平面布局是因为它没有庄严沉重之感。由于人们经常将庄严肃穆的建筑赋予政治意义，因此外事公寓采用了非对称的平面，这实际上是在有意规避政治性（图4.7）。

北京饭店东楼

在东长安街上，北京饭店是闻名遐迩的老字号，对于这座老店的建设几乎跨越了整个20世纪。在1900年，它只是一家小餐厅，到了1907年，它发展成了一家由中法工商银行经营的宾馆。北京饭店现存最早的建筑是现在的中楼，由法国永和营造公司（Brossard，Mopin，and Cie）设计，并于1917年建造完成。[3]到了1953年，在建筑师戴

1 《建筑学报》（1974年1月），33页。
2 同上。
3 张复合，《北京近代建筑史》，344—345页。

图4.7 外事公寓，1971—1975年。作者自摄。

念慈的领导下，建筑工程部设计院[1]设计了北京饭店的西楼，这座建筑物沿长安街建在了中楼的西侧。建于1973—1974年的东楼是北京饭店在新中国时期的第二次扩建项目。在1989—1990年，北京饭店经历了整体改扩建，[2]在这次改造中，东楼、中楼、西楼三座建筑物被连接在了一起，并沿长安街在西楼的西侧添建了第四座新建筑——贵宾楼。[3]四座不同时期的建筑立面在长安街北侧一字排开，如同一道屏风，展现出了20世纪中国建筑的风格变化（见图2.4）。

北京饭店四座建筑的风格带有它们各自时代的清晰印记。1917年的中楼是殖民地式的新文艺复兴风格（a colonial-style Renaissance Revival）的建筑，它的特征表现在立面上的水平分割，并带有拱门和檐口托饰（cornice brackets）等西方的建筑元素。1953年的西楼对民族形式和社会主义内容进行了探索，并与简化的中国传统元素相结合，例如在纯砖石立面上搭配重檐的亭子和牌坊。1990年的贵宾楼将原汁原味翻版的传统牌坊、皇城的红墙和现代建筑三种元素直接拼合在了一起。而1974年的东楼与北京饭店之前和之后的所有建筑都形成了鲜明反差，由于它没有参照任何历史风格，而在所有的立面中显得独树一帜。与北京饭店建筑群的其他建筑相比，东楼同样少了几分坚实厚重感，而带有更多的开放性格。在立面上，垂直的柱子与阳台形成的水平条带相互交织在一起，构成了网格状的图案，这种效果使整座建筑看起来显得十分轻快。

与北京饭店其他建筑相比，东楼同样因为其独有的高度，而在建筑群中十分引人注目。这座建筑有十八层，80米高。其他的三座建筑都只有七层，并通过类似檐口的水平装饰元素统一了起来，但是，东楼的主楼却从长安街上向后退移，而其高度是建筑群中其他建筑的两倍。北京饭店在长安街的北面，是由紫禁城向东的第一座现代建筑，它离紫禁城只有大约500米的距离。无论在体量还是高度上，北京饭店东楼都使

1　以下的名称基本上指的是同一个设计机构，这个单位在不同的时期有不同的名称：在五六十年代的名称是建筑工程部设计院；在八九十年代，称为建设部建筑设计研究院；在2000年之后，又改称中国建筑设计研究院（集团）。

2　根据北京市规划委员会在2004年编辑的《长安街》一书中的内容，装修设计由北京建筑设计研究院实施，由张镈、成德兰、田万新主持。而在一次谈话期间，研究中国建筑的加拿大学者Lenore Hietkamp告诉作者，美国NBBJ建筑设计公司也负责了部分改造设计工作。

3　《长安街》，43页、87页、114—115页。

紫禁城周边所有的明清建筑相形见绌，而之后新出台的高度控制法规确保了没有其他建筑会对东楼产生同样的威胁。在80年代颁布的北京城市规划条文中明确规定，为了保护紫禁城传统的空间特征，这一区域的建筑高度不得超过45米。而北京饭店东楼建于70年代早期，80米的高度使它成为了一个特例。在传统长安街上，只有在70年代才能成就这样的建筑高度，在这个时期，中国人的心头始终萦绕着实现现代化的梦想，同时带有反传统立场的革命精神还没有完全泯灭，而北京饭店东楼抓住了这个过渡时期的机遇。

建筑现代化：从工业化到形式风格

无论是外事公寓还是北京饭店东楼都是由预制部件组装的方法建成的。建筑的主要部分，例如钢筋混凝土的横梁以及地板，都是先在工厂里预制好，然后再到建筑现场进行组装。在70年代建筑的设计与建造中，这种组装方法被看作是建筑工业化的关键步骤，相当于建筑现代化的同义词。

在70年代末期，中国的现代化这一历史大工程发展到了新的起点。在1976年毛泽东逝世以前，人们关注的焦点集中在政治与社会革命上，其中也包括建筑设计领域中的革命。群众运动被视为推动各行各业发展的主要动力。在建筑领域，群众运动经历了三个主要发展阶段：50年代制度化的集体创作、60年代的“设计革命”和70年代的“三结合”。在1976年之后，中国的现代化逐渐向着改善社会经济状况的方向转变。1978年12月中国共产党在北京举行了十一届三中全会，在会上，官方清楚地给出了实现现代化的明确框架，人们称之为“四个现代化”。这“四个现代化”指的是工业、农业、科学技术、国防四个领域的现代化，会上还提出，要在20世纪末全面实现这四个领域的现代化。[1]

在当时，人们将建筑主要看成是一种工业类型。为了实现现代化，建筑首先需要

1 Spence, *The Search for Modern China*, 653–659.

的是工业化。在1978年的《建筑学报》上，建筑工业化取代了“三结合”，成为讨论的核心问题。尽管人们在“建筑工业化”的确切含义上存在着分歧与争论，但是达成的总体共识是：要实现建筑的工业化，设计就必须首先做到标准化，这样是为了便于在工厂中系统化地生产制造建筑的不同部件。[1]一些文章也号召大家要在施工的组织方面进行变革，以满足工业化建设的工作流程。[2]尽管不断有人向设计师们保证，建筑的工业化不会以牺牲建筑的艺术性为代价，并且建筑师仍然有充足的空间去施展他们的才华，[3]但是在许多建筑师之间存在一个共同关注的问题，这就是建筑的工业化与标准化将会导致中国的城市变得千篇一律，没有差异与特色。[4]

关于“建筑工业化”的讨论是新中国建筑领域第一个有组织的全行业大讨论，并发表在中文核心期刊上。在1978年第一期《建筑学报》的编者按中写道：

> 为了在本世纪内实现四个现代化的宏伟目标，各行各业都在热烈讨论和切实制订自己的发展规划。建筑业究竟如何实现技术革命？这是与建筑规划设计、科研、施工、生产等方面以及有关主管部门都有密切关系的重大课题。我们希望建筑界的同志们都来关心这个问题，并就如何实现建筑业的技术革命，建筑工业化的内容、途径和方法以及有关的技术政策，特别是建筑规划设计工作如何适应建筑工业化的要求等问题，展开热烈的讨论。希望大家认真研究国内外正、反两方面的经验，结合我国的实际情况，遵照“百花齐放，百家争鸣”的方针，畅所欲言，各抒己见。[5]

在官方的专业期刊上发出了如此的呼吁，为建筑领域自上而下的实践指导转向发出了信号，即从以革命为导向的集体方法转向以技术为导向的专业研究。

1 参见《建筑学报》1978年1—4月的全部期刊。
2《建筑学报》（1978年1月），1—3页。
3《建筑学报》（1978年2月），10—12页。
4《建筑学报》（1978年2月），13—14页；《建筑学报》（1978年4月），33—35页。
5《建筑学报》（1978年1月），1页。

在70年代人们将工业化视为建筑现代化的关键步骤，但是发展到了70年代末期，人们对此的热情却渐渐地消失了。先前，人们担心设计标准化会造成千篇一律的城市面貌，而当越来越多一模一样的混凝土预制板建筑遍布全国的城市中时，这种担心变成了现实。在当时，建筑的设计过程其实还远没有达到标准化的程度，并且施工中的预制件装配方法也没有达到普及的程度，代表先进的工业化建筑方法的现场组装实际上只会用在那些有象征意义的重要工程项目中，例如长安街上的外事工程。推动工业化与标准化的结果事实上只是纵容了直接抄袭现成的设计。许多施工图，特别是那些住宅建筑的图纸，在不同的城市中被不断重复使用。

作为对这种千篇一律的风格的回应，更多的声音要求对建筑形式进行探索。在1978年10月，中国建筑学会在北京组织了一个名为“建筑现代化与建筑风格”的座谈会。在会上，发言者对建筑形式上缺乏变化的情况表达了不满，并且再一次提出了“民族形式”的问题。一篇名为“重视建筑形式的探索”的文章刊登在了1979年第一期的《建筑学报》上。[1]如果在70年代早期，这些呼声可能被扣上“形式主义”的帽子。与此同时，人们也对当时滥用象征社会主义与革命性符号的情况进行了批评，这些符号包括：火炬、红旗、灯塔、红日、向日葵、五星等形象。一个作者认为，在建筑设计中采用如此露骨的政治概念，这与建筑艺术的本质背道而驰。建筑艺术基于建筑功能，它可以唤起人们对某些大致品质的联想，诸如：或庄重或明朗，或雄伟或轻快，或富丽或简洁，或挺拔或粗犷，而不是具体的政治思想。[2]

从60年代初期到1979年，中国有将近二十年的时间都在强调建筑的社会革命功能；在这之后，对于形式与风格的讨论复苏了。这个讨论始于1979年，并贯穿了整个80年代，而讨论的基本立场却与发生在50年代的论战截然不同。此时人们普遍认为，要求建筑传达意识形态的内容超出了建筑设计自身的能力范围，并且，与建筑的形式和创新相比，政治思想内容显得相对次要。50年代对民族形式的探索更加富有哲学性，

1 《建筑学报》(1979年1月)，26—30页、56页、59页。
2 胡敦常，《车站与火炬——漫谈建筑艺术的思想性》，《建筑学报》(1979年3月)，21—22页、48页。

侧重于分析中国与社会主义在内容与形式之间的关系问题，而贯穿整个80年代的建筑形式讨论则更偏向于方法论，着重分析获得“民族的”与“现代的”形式、风格的具体方法。在前一个时期，人们提出了“是什么”（what）的问题，而在后来的时期，人们则更多针对“如何做”（how）发问。

这个转变一部分可归因于当时中国又可重获西方新的理论研究。自“文化大革命”以来，直到1979年初，中国才首次出现了介绍西方当代建筑的文章。[1]在一篇将视觉分析应用于建筑创作的文章中，作者白佐民在分析天安门广场的建筑时，引用了两本外国著作的内容，一本是汉斯·布鲁门菲尔德（Hans Blumenfeld）的《城市设计中的尺度》（*Scale in Civic Design*），另一本是保罗·左克尔（Paul Zucker）的《城镇与广场》（*Town and Square*），并且他还在文章中借用了埃尔德金（G. W. Elderkin）对雅典卫城的视觉分析模式。[2]作为建筑分析中的要素，齐格弗里德·吉迪翁（Sigfried Giedion）的空间概念，同样激发了中国建筑师以不同的方式看待建筑形式。如同吉迪翁的名著《空间、时间、建筑：一个新传统的成长》（*Space, Time, and Architecture: The Growth of a New Tradition*）中对建筑的分析方法，一些建筑师采用空间与实体、室内与室外的概念重新评价中国传统建筑。[3]动态性的空间受到了人们的关注与研究。[4]一些作者将以前建筑中形式与内容的二分关系转换成空间对功能的新关系。[5]其结果，在民族形式的探索中，中国传统园林以它复杂的空间、非对称的布局、相互渗透的内外关系、丰富的景观，成为获取新中国现代建筑的主要灵感来源。[6]在人们的眼中，此时中国建筑的精神寓于它的空间之中；昔日体现民族形式的大屋顶、牌坊、琉璃瓦变得过时了。

在70年代末期，社会对建筑设计中体现正确政治方向的要求忽然在一夜间消失了。到了80年代，人们对于创造性的渴望逐步表现了出来。“新创作”成为时髦的字

---

1 《建筑学报》（1978年2月），38页。
2 白佐民，《视觉分析在建筑创作中的应用》，《建筑学报》（1979年8月），9—15页、52页。
3 侯幼彬，《建筑——空间与实体的对立统一——建筑矛盾初探》，《建筑学报》（1979年3月），16—20页。
4 《建筑学报》（1983年10月），70—74页。
5 《建筑学报》（1982年6月），62—67页。
6 冯钟平，《环境、空间与建筑风格的新探求》，《建筑学报》（1979年4月），8—16页。

眼，它清楚地呈现于《建筑学报》的一篇篇文章中。建筑形式被看作是功能与结构不可分割的一部分。在建筑创作中，建筑形式受到如此的尊崇，以至于有些作者喊出了“形式万岁！”的口号。[1]为了给追求形式找到合理的理由，形式的拥护者们指出：建筑形式是不容回避的客观存在；它并不能直接与美观问题画等号，更不用说装饰了；建筑形式不应该被看作是功能的对立面；它和经济性之间并没有不可调和的矛盾。[2]为了激发新的创作，方方面面的素材都被调动了起来，从传统园林到现代雕塑，[3]从美学观念到信息理论、系统理论以及控制论。[4]“个性解放”与“自我表现”得到了社会的支持与鼓励。如同80年代早期其他文化领域中的情况，不计其数的文章呼吁“打破精神枷锁”，并在建筑领域培养个性。批判的矛头不仅指向了50—70年代建筑创作中的集体方法，而且还针对当时的“标准化与工业化”。[5]

呼吁建筑创作的文章广泛引用了当代西方和日本建筑中的著名实例作为自己的论据。在80年代，中国的建筑师突然接触到了外部世界，他们如饥似渴地倾听来自西方的任何声音。

从“建国”饭店到“国际”饭店

在80年代，中国建筑师不仅从书籍和杂志中学习外国建筑，而且实地观察了由西方建筑师在中国本土设计的房子。在1980—1982年，新中国首个由海外建筑师设计并按照西方模式运作的建筑出现在了长安街上。这就是建国饭店，它位于东长安街，临近建国门，这里是传统长安街的东端。

建国饭店由一家香港公司设计，领头的建筑师是华裔美国人陈宣远。饭店的建设始于1980年7月，于1982年4月完成。占地面积10970平方米。建国饭店拥有528间

1 郑光复，《要追求形式而反对形式主义》，《建筑学报》（1982年7月），38—41页。
2 王天锡，《建筑形式及其在建筑创作中的地位》，《建筑学报》（1983年5月），50—57页。
3 《建筑学报》（1984年5月），45—49页、50—56页。
4 《建筑学报》（1985年4月），2—21页、22—26页。
5 布正伟，《大家都要有自己的！——建筑个性解放的大趋势》，《建筑学报》（1985年4月），27—31页。

客房，总建筑面积29506平方米。建国饭店的初期投资为两千万美元，当时，政府的计划是将其建成一个中档的宾馆而不是一个奢华的酒店，档次相当于美国的假日酒店（Holiday Inn）。

长安街上大部分同时期的建筑都具有大规模的建筑立面，它们通常体量庞大，布局对称，面向着长安街。但是，建国饭店将它的体积分解成了数个较小规模的建筑，并围绕着一个带水池的庭院，采用了非对称的布局（图4.8）。在长安街上，建国饭店的立面由五个独立的建筑构成，它们在高度和宽度上各不相同，这些建筑形成了一个连续又富于变化的主立面。建国饭店中最高的建筑是一座十层的客房大楼，位于饭店的西端。它的中庭（大堂）是一座独立的建筑，并通过走廊连接着建筑群的其他部分。长安街上的纪念性建筑通常都有巨大的中央入口，人们要经由宽阔、威严、令人肃然起敬的台阶才能达到建在高耸平台上的入口。然而，建国饭店的主入口却显得朴实亲切。它隐藏在一个凹形的半圆形墙壁中，与喧闹繁忙的长安街相对隔离，创造了一个隐秘并符合人体尺度的街边环境。建国饭店在长安街上形成了长而分散的建筑立面，在立面背后是一座“之”字形的五层客房大楼。在街面上望去，这座建筑显出了温和谦逊的性格。总体而言，长安街上较早的建筑通常建得高大雄伟，这些建筑将所有的东西都罩在一个屋顶之下，以追求宏大的建筑立面。相比之下，建国饭店并没有这种宏伟壮丽的外观。在那时，中国城市中频繁采用的建筑构成是将一个高大的主体建筑与低矮的裙楼组合在一起，而建国饭店打破了这个惯例。

在当时的西方，建国饭店的设计没有什么与众不同，在80年代的中国，它却吸引了许多建筑师的目光。在某种程度上，邀请一家外国公司在长安街上设计一座饭店，这意味着中国建筑师可以在家门口向外部世界学习。1982年6月15日，仅仅在建国饭店建成两个月之后，由《建筑学报》编委会和北京建筑设计研究院共同组织了一个研讨会，对北京近期完成的两座饭店的设计进行了讨论，一座是建国饭店，另一座是华都饭店。华都饭店在规模和等级上与建国饭店相似，但它是由中国本土建筑师设计的。尽管与会者针对两座饭店的不同方面做出了各有褒贬的评价，但是主要的话题却是：与外国建筑师的作品相比，中国建筑设计中缺少的是什么。与会者批评华都饭

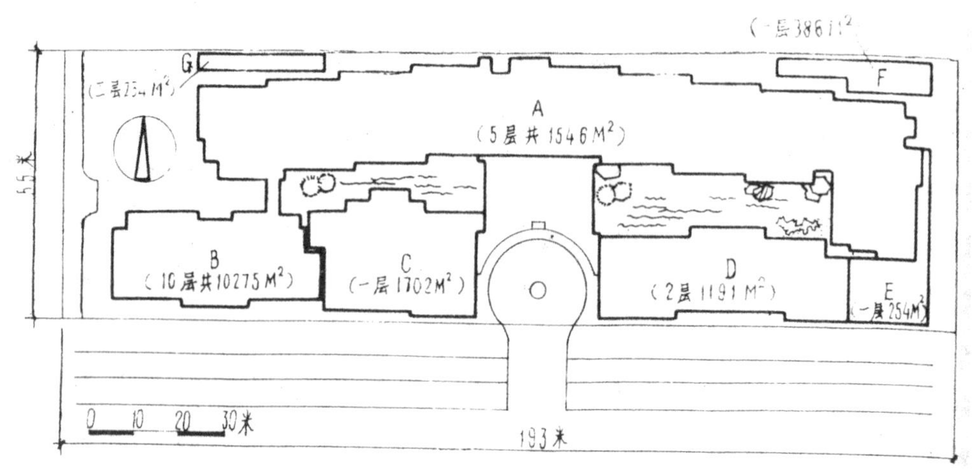

a.

b.

图4.8 建国饭店，1980—1982年。建筑师：陈宣远等。

a. 总图平面。引自《建筑学报》(1982年9月)，38页，《建筑学报》提供。

b. 建国饭店正对长安街的入口。作者自摄。

店设计中存在的问题之一，便是认为中国的设计缺少空间变化，把太多的注意力放在装饰上，缺乏“设计思想”的解放（在设计思考中缺乏自由度），在设计方法与装饰元素的使用上也显得保守。[1]相比之下，建国饭店的设计重点并不在装饰上，它因其富有变化的空间、自然亲切的环境、客房的便利性等方面的优点受到了大家的赞扬。并且，与会者们认为它的空间组织具有中国古代建筑的诸多特征。[2]外国建筑师将精力花在了客房设计上，特别是在卫生间的设计上下功夫，这给中国的同行们留下了深刻印象；与之形成对比的是，中国的建筑师总是习惯于在中庭和宴会厅的设计上花心思。和这些内容具体的赞美相比，对于建国饭店设计的批评则有些泛泛而谈，主要是说海外建筑师既不熟悉中国的生活方式，也不了解一个发展中国家的特殊情况。[3]

当世界知名建筑师贝聿铭在新中国设计的第一座建筑物——香山饭店——于北京西郊完成时，业内也组织了类似的研讨会，以使中国建筑师彼此交流心得和意见。在中国现代建筑未来方向的问题上，香山饭店曾引起了大规模的讨论。推崇这座建筑的人认为，香山饭店的中国精神寓于现代材料与形式的物质结构中；而其他人则抱怨道，这座建筑太昂贵，饭店建筑群的规模破坏了香山的优美景观。[4]尽管存在意见上的分歧，但是在80年代末期，这个项目的确在中国建筑界极具影响力。实际上，香山饭店首次采用的一些装饰元素得到了大范围的复制，并且成为后来建筑物中既不使用大屋顶、又能体现中国性的符号之一。

在1987年，位于传统东长安街上、由中国建筑师设计的国际饭店，为这一向海外学习的过程画了一个总结性的句号。在某种程度上，这个项目意图展现出当时的中国建筑师在追求中国现代建筑的过程中可以取得的成绩。设计者在一篇介绍性文章的第一句话中就自豪地宣布：北京国际饭店是“由我国自己投资、自己设计、自己施工、主要设备材料也选自国内的一幢现代化兼具中国特色的大型旅游饭店”。[5]如同建国饭

1 《北京华都、建国两饭店设计座谈》，《建筑学报》（1982年9月），21—23页。
2 刘力，《印象与启示》，《建筑学报》（1982年9月），35—37页。
3 《建筑学报》（1982年9月），21—23页。
4 《建筑学报》（1983年3月），57—79页；《建筑学报》（1983年4月），59—71页。
5 《建筑学报》（1988年7月），2—9页。

店一样，国际饭店也坐落在东长安街的北侧，但是它的规模比建国饭店要大得多，并且位置更加靠近天安门广场。这座饭店拥有1049间客房和套间，建筑面积达105000平方米。建国饭店没有明确的主建筑与裙楼的划分，并且沿长安街水平展开；相比之下，国际饭店垂直高耸的塔楼有29层，并配有一个两层的裙楼，里边包括中庭、宴会厅和其他商务设施（图4.9）。建国饭店分散成了许多小型建筑，自由地布置在中央水池庭院的周围；而国际饭店是一个集中式的独立建筑，由明确的南北轴线将内部的不同部分连接起来。按照设计师的解释，这样可以体现出中国传统的空间布局方法。[1]

国际饭店设计的指导思想与目标是追求"中而新"。较早以前的纪念性建筑主要通过具有民族形式的外部装饰来传达出中国性，手段通常包括传统屋顶、斗栱、牌楼等形式；国际饭店中体现的民族风格则主要表现在它的内部设计上，这是在空间上追求民族形式的结果。国际饭店的主楼是一个简洁、白色的钢筋混凝土塔楼，并配有均匀布置的矩形窗户。但是，它的入口与中庭吸收了中国建筑的装饰元素（例如天安门城楼前的华表、藻井、红与金为主调的色彩设计）以及传统的内部装饰（画屏、落地罩、木雕、竹编等等）。根据设计师的介绍，圆形和八边形是中国民间工艺中最常采用的图案，而在国际饭店中，为了使设计形成和谐、统一的风格，到处都采用了这两种单元母题。[2]采用某种单元母题的重复来赋予一幢建筑个性特征的做法，可能是受到了贝聿铭香山饭店的启发。在香山饭店中普遍采用的菱形装饰元素受到了许多中国建筑师的推崇，认为它既是中国的，又是现代的。

---

1 《建筑学报》（1988年7月），9页。
2 同上。

图4.9 北京国际饭店，1984—1987年。建筑师：林乐义、蒋仲均等。作者自摄。

现代主义、后现代主义与民族形式

在80年代，中国建筑师打破了禁锢在建筑设计上的政治枷锁，正当他们鼓足干劲追求中国建筑现代化的时候，却突然发现他们所面对的已经不再是一个“现代的”世界了，这个世界已经进入到“后现代的”时代。以功能主义、工业化、国际风格为代表的现代主义在西方已经受到了批判。在“四个现代化”口号的指导下，中国的建筑师们正雄心勃勃地开展着对建筑现代化的思考，而他们对于后现代主义的第一反应便是，这是现代主义的一种新发展。在《建筑学报》上发表的第一篇介绍后现代主义的文章中，作者将其称为“新现代主义”（neo-modernism）。[1]从50年代到70年代，由于新中国政治上的孤立与封闭，造成了大部分中国人都不太熟悉西方的建筑理论。随着80年代早期的中国建筑师对西方建筑在过去的三十年间新发展的逐渐了解，他们对后现代主义也开始形成了各自不同的态度。

作为新理论框架的后现代主义

在80年代的中国建筑师之中，针对后现代建筑存在着三种不同的反应。第一种态度来自于十足的现代主义者，他们对后现代主义持全盘否定的态度；而第二种态度认为，后现代主义适合于西方发达国家，对中国这样的发展中国家没有一点好处；第三种态度欢迎后现代主义建筑，认为它可以作为打破现代主义垄断地位的一条出路，并且有助于发展建筑创作中区域的多样性。

第一种态度的理由是：现代主义并没有“死去”，它仍然是当代建筑的主要驱动力。这种观点的支持者认为，现代建筑从来不像后现代主义者说的那样死板、缺乏人情味。对于现代主义者而言，建筑中的现代运动如同共产主义革命一样，旨在为普通

---

1 杨芸，《由西方现代建筑新思潮引起的联想》，《建筑学报》（1980年1月），26—34页。

人争取更美好的生活。“单调的方盒子”并不是现代主义不可避免的结果，“国际风格”也不是唯一的现代建筑。没有后现代主义，现代主义一样可以获得多样性。[1]但是，在这个群体中也存在支持现代主义的极端主义者，他们认为，国际风格是历史发展的必然结果。在世界不同民族间的文化交流越来越多，民族间的差异正在缩小，因此会削弱不同区域与国家间的建筑差异。他们认为：“现在几乎世界各国的人都穿西服”，因此，“问题不在于赞成或反对‘国际式（风格）’，重要的是应该研究一下，为什么世界各国会不约而同地出现国际式（风格）建筑”。[2]其他人则认为，区域与民族特征不应该是建筑关心的问题。只要建筑师解决具体的功能问题，并富有创造性，那么区域与民族特征会自然显露出来。[3]

第二种态度的支持者发现了中国与西方在当代建筑发展中的差异。他们认为，美国的当代建筑被称为“后现代”，而中国的当代建筑应该被看作是“迟现代”的。在70年代，当美国已经厌倦了50年代千篇一律的现代主义，并开始着手准备以新的折中主义态度从历史风格中汲取营养时，中国却刚刚摆脱了50年代的折中主义，以工业化和标准化为特征，大踏步地迈向现代主义。当代美国的折中主义起步于现代主义之后，但是中国50年代的折中主义却是“前现代的”。[4]这样一种说法，其基本假定是：建筑只能遵循西方模式这样一条路径发展。尽管这样的判定有着明显的逻辑漏洞，但是它却表达了今天依然流行的观点。中国已经错过了现代建筑的一课，并且需要补上这一课。

第三种态度，如同它所支持的后现代主义，对千篇一律的现代主义建筑形式持批判观点。西方关于符号学的理论著作以及查尔斯·詹克斯（Charles Jencks）关于后现代主义的专著被翻译成中文，引进到中国。与此同时，来到中国的也包括介绍后现代主义建筑师们的设计作品的出版物，例如罗伯特·文丘里（Robert Venturi）、菲利

1　梅尘（陈志华），《读书笔记——进步与后退》，《建筑学报》（1984年9月），58—62页。另见《建筑学报》（1989年2月），33—38页；《建筑学报》（1989年11月），47—50页。
2　渠箴亮，《再论现代建筑与民族形式》，《建筑学报》（1987年3月），22—25页。
3　张明宇，《从对代代木体育馆的评价谈“民族形式”等问题》，《建筑学报》（1982年1月），13—15页。
4　《建筑学报》（1987年10月），17—23页。

浦·约翰逊（Philip Johnson）以及迈克尔·格雷夫斯（Michael Graves）等。在创作新中国建筑的过程中，许多人都采用后现代的理论来证明对传统建筑探索的合理性。他们认为：

> 可能有人认为西方的正统现代派建筑反映了新材料、新技术的特点，所谓体现了70年代的面貌。殊不知这些建筑的美学观点来源于立体派绘画艺术，建筑形式总是反映一定的美学观点的。这些“国际式”方盒子建筑形式，可能已经不能反映70年代的面貌了。那么目前全国修建的旅馆建筑，除少数例外，不分南北，不分地区，不管风景区还是城市中心，不论高层还是多层建筑，在风格上大同小异，即“方盒子”形式颇为盛行。而对研究继承我国民族和文化传统的探索（当然我们在这方面的探索还受到很多的束缚），一概斥为缺乏“时代面貌”或“复古”，全盘否定。在了解了西方现代建筑发展的动向之后，难道不值得我们深思吗？[1]

对后现代主义的不同态度不仅反映出来自西方新的理论影响，也折射出了中国建筑延续自身讨论的一种方式。从始至终，后现代主义论战的焦点总是围绕着民族形式和现代化的问题。在某种程度上，后现代主义为80年代的中国建筑提供了一个延续现有讨论的新框架。在这个过程中，诸如“传统”、“现代”、“民族形式”、“社会主义内容”这样的概念全部都获得了新的含义。

后现代主义强调具体的文化含义和象征内容，这一点吸引了大部分中国建筑师的注意力。他们发现，尽管不同后现代建筑师的风格和相关理论存在着多样性、非连贯性和彼此混淆的状况，但是它们都在建筑设计中强调民族的和地域的文化特征。[2]与这些比较容易直接和设计实践挂钩的观点相比，后现代理论的其他方面在中国的普及程

1 杨芸，《建筑学报》（1980年1月），26—34页。
2 徐尚志，《我国建筑现代化与建筑创作问题》，《建筑学报》（1984年9月），10—12页、19页。

度要低得多。大多数中国建筑师采用了新的后现代术语，并在中国建筑的讨论中给这些术语注入了新的含义。

在80年代初期，中国人最初把后现代主义理解成是对现代主义千篇一律样式做出的回应与反抗。但是，几乎没有建筑师将注意力花在它的理论来源和西方背景上。一方面，他们在后现代主义中发现了对付雷同的建筑形式问题的新方法，而这一问题在70年代晚期就开始出现在了当代的中国建筑中。另一方面，后现代主义对含义表达的强调和对具体场所精神的发掘，又为中国建筑师在处理民族形式问题的时候，配备了新的术语与方法论。

在西方符号学（semiotics）理论中，“符号”（sign）在意义获取的过程中所具有的任意性和人为特征，以及在符号体系里关于标志（index）、图像（icon）、象征物（symbol）的能指（signifier）所指（signified）差异，在中国的语境中都消失了。“符号”在80年代中国建筑讨论的理论框架里，被等同于某种文化母题，或是任何可能与建筑有关的传统观念。人们将符号学中的“阅读”（semiotic reading）理解为探索意义而不是研究形式。后现代理论中关于阅读是生成意义的方式，不是寻找意义的手段之观点，对他们来说是陌生的。而对于中国的建筑师而言，符号的意义深深地植根于历史与功能之中。[1]

在80年代，“文本”（context）一词是中国建筑师新采用的另一个后现代主义术语。对于中国建筑师而言，“文本”是由文化环境与物质环境所构成的背景，后来的新形式应该适应这个环境，它并不是一个自身就能主导含义产生的结构主义框架（structuralist framework）。“文本”在语言学上的这一转换使得中国建筑师可以随意采用西方后现代的“文脉主义”（contextualism）学说作为工具，按照自己的立足点，要么支持现代主义，要么为民族形式辩护。前者相信，后现代主义并没有将现代主义全盘否定，而是它的一种延续与新的形式。[2]而后者认为，“文本”既包括物质的环境，

1　罗小未，《运用符号分析学，“阅读”非洲当代的城市》，《建筑学报》（1983年3月），44—49页。

2　周卜颐，《中国建筑界出现了“文脉”热——对Contextualism一词译为“文脉主义”提出质疑兼论最近建筑的新动向》，《建筑学报》（1989年2月），33—38页。

也涵盖抽象的环境，并且，在众多的创作场地中，建立在恰当建筑语境中的复古主义至少有自己的一席之地。[1]

长安街上民族形式的符号学维度

尽管这种理论和术语移植产生了某种曲解，但是后现代的新框架却使80年代的中国建筑师在民族形式的探索中可以超越形式与空间的层面，并且可以在建筑实践中对某些文化象征物做出符号性的转换（semiotic transformation）。人们可以从一个更广阔的文化范围中获取建筑词汇，而不是仅仅局限在传统的建筑装饰元素中。与先前民族、政治、文化的装饰元素有所不同，新的象征手法不仅仅局限在装饰等物质层面，而且贯穿在整个设计概念中。

门就是这样的一个建筑符号。在长安街上，许多建于80年代末和90年代初的建筑物都采用了“大门”的形象。此时，传统的大门不仅仅作为装饰元素用于建筑中，而且它还作为一个符号成为设计的核心概念。位于东长安街上的海关总署大楼建于1987—1990年，这个建筑综合体就采用了大门的形象，象征着进出中国的货物要通过的大门。这个建筑物由两个塔楼组成，一个是国家海关总署，另一个是北京海关，两个塔楼在顶部连接了起来，使这座建筑物的中央成为一个空的门道。北京西站完成于1996年，位于西长安街延长线上，这座建筑也是由两个对称的混凝土墙面围合起来的大门，它象征着进出首都的大门。建于90年代，北京西站整个建筑群的顶部立着数个重檐的亭阁，而墙面装饰也采用了中国古代的其他建筑装饰元素（见图1.19）。

当经历了后现代的符号转变之后，在新的建筑创作中，源自皇家和民间传统的建筑与文化符号都变成了常用的创作语汇。中国人民银行总行建于1987—1990年，位于传统西长安街的西端，它从中国民间传统中吸取了不同的符号。这座建筑物在平面和整体形象上模仿了“元宝”和“聚宝盆”。在毛泽东的时代，人们将这些东西批判为

1 张钦楠，《为“文脉热”一辩》，《建筑学报》（1989年6月），28—29页。

封建迷信的东西，如今又将它们看作是中国传统文化中兴旺繁荣的符号。在新的国家认同下，作为中国中央银行的办公大楼，这座建筑寄意于中国传统文化意识的符号，借以象征中国金融事业的兴旺发达，成为新时期国家认同的理想象征。[1]在风格上，这座建筑浑厚的形体以素混凝土实墙搭配了闪亮、连贯的玻璃幕墙，与任何中国传统符号相比，这样的搭配放在流行于西方60年代的新粗野主义（New Brutalism）建筑上要舒服得多（见图1.17）。

在长安街上，建于七八十年代的建筑物折射出中国这二十年来文化政治的变迁以及理论与意识形态的转变。大的趋势是不断开拓建筑创作的自由度，同时，在精神上对直接采用民族形式的做法产生了深深的怀疑。然而，对历史与传统深厚的感知始终萦绕在中国建筑师们的心头，只要新的理论框架能够认可，他们马上就会展开新一轮对民族形式的探索。然而，要获得既属于"民族的"又是"现代的"新建筑，无论是国际风格还是中国传统的建筑元素，在面对这个问题时都显得捉襟见肘。在长安街上，人们很少在那些建于七八十年代的房子中见到屋角高挑、出檐深远这样历史悠久的中式坡屋顶。在一个后现代世界中的现代化为中国建筑未来的发展准备了一个新的起点。

1　这个符号被认为是"表现国家银行的性格特点和时代精神"。参见邹德侬，《中国现代建筑史》，569页。

第五章

无计划的拼贴：迈向新千年

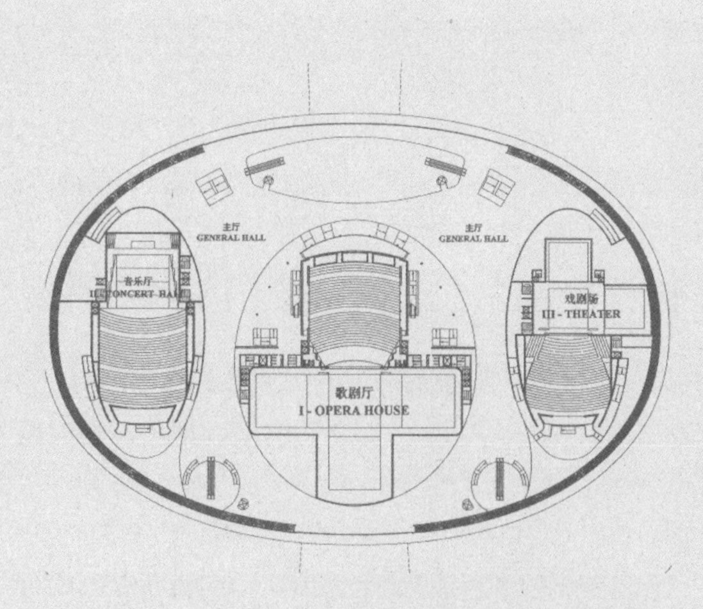

在20世纪90年代之前，尽管针对长安街所做的规划具体而详尽，在上面实际建成的建筑物却屈指可数；但是在20世纪的最后十年里，长安街两侧却在没有任何总体规划的情况下铺满了各式各样的宏伟立面。不同历史风格的房子与迎接千禧年的新建筑实验肩并肩地摆放在一起，一同将长安街变成了一幅眼花缭乱的拼贴画。

在这幅不同立面凑成的拼贴画背后，隐藏着中国当代社会各种力量之间的博弈，这些势力既有代表商业、社会、政治的，也有来自知识阶层和普通民众的。长期以来，政治对长安街的形象发挥着支配作用，而商业发展和社会主义市场经济的崛起对这种垄断构成了有力的挑战。而90年代之后，知识分子的社会地位得到了全面恢复，他们为长安街的建筑讨论增添了新的声音。在“神州第一街”的形象讨论中，不光作家、艺术家，就连普通的老百姓也开始积极地表达他们的个人观点。

商业补丁和政治补丁

到了90年代，邓小平推行的社会主义市场经济已经发展了超过十年的时间，此时的中国逐渐成为全球市场不可分割的一部分。在“建设有中国特色的社会主义”的号召下，人人争取经济成功的风气重又在中国社会焕发了勃勃的生机。中国共产党也从一个与资本主义和帝国主义斗争的革命型政党转型为努力发展经济民生的建设型政党，放弃了它赖以统治的经典意识形态理论。尽管，党的官方文献中继续在沿用马列主义和毛泽东思想的某些纲领性陈述，而在现实中，很少还有人赞同以革命精神和阶级斗争为核心的意识形态。相对宽松的知性环境（intellectual environment）以及旧政治体系和新经济现实之间的矛盾导致了80年代末的政治风波。

1989年之后，长安街上的建筑项目可以归纳为两类：一类表现为歌颂祖国的主旋律，其中包括：中华世纪坛、八一大楼（中央军委大楼）、各政府部委大楼，并重新布置了博物馆的陈列；而另一类主要是追求经济效益的产物，例如：东方广场、光华长安大厦、恒基中心等项目。前一类明确地指向了政治目标；而后一类是商业市场的产物。前者被党和政府牢牢地控制着，而后者大部分都操控在海外资本的手中，特别是来自中国香港的投资者。[1]

政治意识形态与商业利润的博弈发生在了长安街上，在长安街百“里”沿街立面形成的整幅拼贴画上，这些不同的建筑分别给这条“神州第一街”打上了“政治补丁”和“商业补丁”。渐渐地，它们将早期纪念性建筑物之间留下的“缺口”一一地填补了起来。总体而言，政治补丁集中在长安街的西侧，而商业补丁更多地聚集在长安街的东侧。老北京的传统留下的象征性联系在东西长安街上依然延续着。

---

1 尽管香港于1997年回归中国，但是大部分中国人仍然视它为“海外”地区，因为它的社会制度与大陆不同。

商业补丁

在90年代，自由市场在长安街上取得的最大胜利果实就是“东方广场”项目。这是一片巨大的建筑群，坐落在东长安街上，距离天安门广场大约一公里。它占据着中国最著名的商业街王府井的南端。当这个建筑群在1999年落成的时候，它是当时亚洲最大的单项民用建筑项目。这个造价二十亿美元的工程由香港资本投资经营。东方广场建筑群由十一座建筑组成，其中包括一个号称“超五星级”的酒店和十个商业写字楼，它的地下层和底层全部连接在了一起，覆满整个地段。作为这个项目的一部分，在建筑群的后面还包括两个独立的住宅楼，用于安置回迁住户（图5.1）。

在当时，东方广场的建筑违反了北京城市规划中的各项规定，在对都市空间的控制中，它成为商业战胜政治的一个鲜明写照。以天安门广场为中心，人民大会堂的高度约为40米，博物馆建筑群的高度约为30米。根据1987年官方颁布的规定，东方广场位置的建筑高度不得高于45米。[1]然而，在1994年的原设计中，东方广场最高的建筑物达到了85米，相当于城市规划限高的两倍。由于中国建筑师的反对和中央政府的介入，最终以天安门广场为参照，东方广场建筑群的竖向总高度从西向东分别为49米（西区）、59米（中区）和68米（东区），在接近中轴线的方向上逐步递减。[2]

东方广场位于北京的老城区，即过去被内城与外城城墙所包围的区域，然而它的建筑体量完全无视北京旧城内城市规划原则的各项规定。在所有首都总体规划的版本中都强调，要保持北京历史上的城市布局，这表现为通过胡同将小体量的独立庭院式建筑连接起来。无论是建筑专业人员还是政府官员都同意：建在北京旧城内的新建筑物应该融入老的棋盘式街道系统中，而不是一片横跨数个街区的巨大建筑。[3]然而，东方广场在长安街沿线上的跨度有500米长，而且原计划是建造一个独立的完整建筑，

---

1 北京建设史书编辑委员会编辑部，《城市规划》，第313页；另见吴良镛，*Rehabilitating the Old City of Beijing*，36页。

2 Broudehoux, *The Making and Selling of Post-Mao Beijing*, 118–121.

3 《北京城市建设总体规划方案（1982年12月）》和1992年12月的《北京城市总体规划（1991—2010年）》，参见北京建设史书编辑委员会编辑部，《城市规划》，270—274页、312—314页。

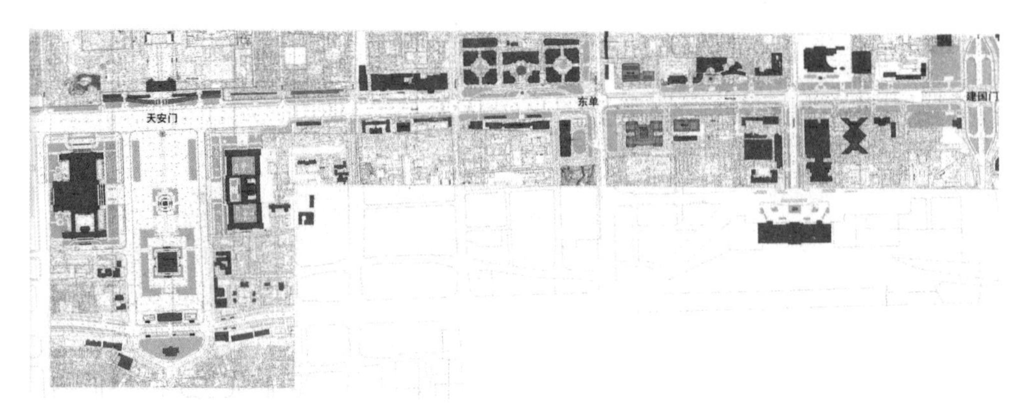

图5.1 天安门广场、东长安街和东方广场，90年代长安街现状图局部，2002年。
引自《长安街：过去、现在、未来》，108—109页。郑光中提供。

图5.2 东方广场，1997—1999年。香港巴马丹拿集团与北京市建筑设计研究院。作者自摄。

不留一点空隙。尽管最终完成的建筑群被拆分成了三个部分，但是这些建筑的立面形成的视觉连贯性还是使周边所有的房子都显得十分矮小（图5.2）。

假如没有政府官员的支持与配合，想要在北京旧城的中心位置挤进这么大的一座建筑是根本不可能办到的事情。周凯旋是东方广场项目的创始人和经理，并且她也是该项目的出资人——香港亿万富豪李嘉诚——的密友。根据她的介绍，在1992年，她的原计划仅仅是在长安街上购买“儿童电影院”这个六层的小型建筑，并打算把它改建成一家商店。但是，在与北京东城区的政府官员谈判时，她被告知，根据东长安街以及王府井地区的整体规划，儿童电影院坐落的地点有1万平方米的区域都要得到综合开发。他们或者选择重建这1万平方米的整个区域，或者选择退出。一方面是来自北京市官员的鼓励，另一方面是香港经济巨头的庞大资金支持，周凯旋毫不犹豫地接受了这个提议，并且制定了比政府预想的规模更加宏大的计划。她提出，拿下整个临近街区，并重新开发王府井大街与东单十字路口之间的整个区域。重新开发的地段面积达到了10万平方米，是北京市官员提议面积的十倍。北京有句老话：“王府井上寸土寸金。”鉴于这片地皮独一无二的高昂地价，投资10万平方米面积的资金将是一个天文数字。这个区域的大小相当于整个紫禁城七分之一的面积。而北京市的官员接受了她的计划。[1]

在东方广场的建设地点上，以前建的房子最高只有六层，而直接露在长安街上的房子大部分只有两层高。这些房子全都建于1979年中国对外开放之后，时间不超过二十年，起初的目的是填补单层四合院这些在沿街立面上留下的多层建筑间的“缺口”。到了90年代，这些多层建筑本身又变成了“缺口”。在这些房子的背后，是单层的院落房屋，在更早的北京城市规划中，这些院子是被圈定出来要进行保护的对象，而东方广场项目将以上提到的所有这些房屋全部都抹掉了。为了加速这些房屋的拆迁，香港的投资者付给了搬迁速度更快的住户更多的钱。那些在十天内腾空房屋的住户可以拿到最高的A级拆迁费，在二十天离开的住户拿B级拆迁费，30天再降一等为C级。这个策略非常奏效。

---

1 方向明，《告诉你一个真实的东方广场》，《中国妇女》（2003年6月）；见http://www.rwabc.com/diqurenwu/rw_detail.asp?people_id=468&id=3570；2012年1月9日查阅。

在不到一个月的时间里，这个场地背后的所有房屋就为拆除工作准备就绪了。根据周凯旋的介绍，当地四合院里的居民顺利、快速地搬迁加速了位于长安街面上多层建筑的腾空工作。[1]其实，场地的准备工作并没有周凯旋口头介绍的那么简单，其中就包括世界上最大的麦当劳餐厅旷日持久的搬迁谈判工作。这个麦当劳餐厅建于80年代，位于长安街上王府井大街的入口处。谈判工作历时两年之久，从1994年持续到了1996年。[2]直到1996年末，这片场地才彻底腾空，开始了建造工作。

商业扩张的势力同样压倒了文化保护者的声音。针对东方广场的规模问题，来自知名学者和科学家尖锐的批评也只不过使这座建筑在高度和体量上做出了细微的调整。1996年12月，在施工现场发现了一个约两万年前的旧石器时代考古遗址。然而，即便是如此重要的文化发现也丝毫没有影响到这个商业建筑群的规划。这个古遗址在88万平方米的总建筑面积中只争取到了400平方米的面积份额，而这个遗址的博物馆也被“珍藏”在了建筑群的地下三层，紧挨着一个地铁入口。[3]

甚至连首都的政治形象也可以为商业发展做出牺牲。在1995年8月的政协会议上，与会代表们发表了一个很长的声明，谴责东方广场的设计。声明中指出：这个建筑违背了城市的限高规定，除此之外，这个巨大的建筑综合体会转移人们对天安门广场——这个新中国象征的注意力。尽管，修改后的设计将原来的体量分解成了三个部分，但是建筑立面的视觉连贯性依然使这个建筑群看上去是一个巨大而完整的建筑。人民大会堂是共产主义中国的政权象征，博物馆建筑群是用于展示共产党版本的正史并证明当前政权合法性的中心地点，而东方广场这个庞然大物使这两座建筑物在体量上都相形见绌。[4]声明还指出，东方广场的设计源自明目张胆的赢利目的，而这种贪欲将以牺牲人民首都的政治形象为代价。即便是来自共产主义政权内部尖锐的申诉也无法阻止国际市场在长安街前进的步伐，这就是加拿大学者安妮-玛丽·布鲁德乌

1 方向明，《告诉你一个真实的东方广场》。
2 Broudehoux, *Making and Selling of Post-Mao Beijing*, 118.
3 Ibid., 123.
4 《中国人民政治协商会议第八次全国会议关于城乡建设的报告》，报告编号101, 1995年8月17日。

（Anne-Marie Broudehoux）所称的1997年“香港接管中国”。[1]

东方广场代表了经济势力在中国首都政治心脏的位置所取得的胜利，项目的背后，当然也有政治与市场之间的博弈。根据周凯旋的说法，她的工作主要是与东城区政府打交道，而在这个项目发展的初期阶段，李嘉诚也几乎没有介入。她告诉一位记者：“所有的项目审批手续，只是按照既定房地产审批程序一级一级上报。事情就是这样简单。”[2]考虑到80年代以来，中国社会主义市场经济中存在的行贿的潜规则，周凯旋的解释显得太过简单。

虽然投资方将这个建筑综合体命名为“东方广场”，但是它却根本没有什么像样的广场。巨大的玻璃幕墙与块状实体相互结合在一起，占满了整个场地。建筑物从街面的退后也就是刚刚满足城市规划法规中的要求，正好压在了“红线”[3]上，而地下层将整个10万平方米的场地全部填满。东方广场主导的设计思路是将建筑面积扩到最大限度。在弯曲的玻璃幕墙之间散布着平直的实墙。实墙面上除了由大大小小的窗户构成的方形规则图案以外没有任何装饰，而在玻璃幕墙上，金属窗框所形成的网格线条构成了唯一的图案。主入口位于建筑综合体中区面向长安街的最中央。在一个巨大的凹形玻璃幕墙前，一段长而宽阔的台阶将行人从长安街上的步道直接引向了酒店的中庭。在整个建筑群中，这里是最大的勉强称得上广场的地方，也是原设计中唯一的露天区域。其他的室外空地是在中国学者们强烈抗议，迫使原设计中巨大的完整建筑体块遭到了分解后才得以实现的。即便是这个在初始设计中就有的中央开放区域，与其说是出于美学、文化、社会性的考虑，倒不如说是为了满足在风水上祈求赢利的愿望。“风水”理论在香港的房地产界非常盛行，它要求在建筑物的主入口处形成一个大而半封闭式区域，用以聚“气”，并相信这样的设计可以给内部的生意带来财富和好运。

然而在中国大陆，对东方广场设计的标准解释[4]却着重强调了这个建筑的文化特

---

1 Broudehoux, *Making and Selling of Post-Mao Beijing*, 118.

2 方向明，《告诉你一个真实的东方广场》。

3 “红线”是一个城市规划中建设控制线的术语，地面构筑物按规定必须后退在红线以内的范围。

4 在本书中，“标准的”与“官方的”解释一般指的是对建筑物面向大众的泛泛的介绍，而不是批判性或是学术性的讨论。它不仅包括了商业与观光用途的广告性文字，而且也包括设计师与出资人准备的自我推销的材料。

征。把它与中国传统建筑联系起来显得有些牵强附会。尽管围绕三组大楼布置的三个露天开放区域被说成是依据传统庭院形式做出的设计，但是建筑实际的空间特征却与传统的院落空间没有多少相似之处。北京传统的四合院是矩形的，而东方广场的三个庭院却全部是圆形的；在传统庭院中，由于围绕院子的房屋都是单层建筑，因此院子水平跨度的距离实际上大于垂直高度的距离，而东方广场的庭院更像是一个天井，围合它的墙的高度要比开放空间的直径大得多。通常，围绕传统庭院的主建筑会布置在建筑群南北和东西的主要轴线上，而划定东方广场庭院的高楼全部被布置在了犄角处，使建筑群的轴线处于开口的缝隙处。最后还有一点，尽管从塔楼顶部凸出且远挑的装饰性构件在有意模仿传统屋顶外展的屋檐，但是从街上望去，这些部件只是形成了一道浮在混凝土实体板块的闪亮表面上的狭长投影。

在90年代，商业扩张建造的房子取代的不仅仅是东长安街上的四合院，连历史上的地标长安大戏院也被搬迁到了一个17层的商业办公楼之内，这个新建筑名为“光华长安大厦”。以前上演京剧的著名剧场只在这个建筑的第一层占据了一小部分，在它的上面覆盖了一层层面积更大也更赚钱的楼层。在面向长安街的外部立面上，一个简化了的牌坊装饰着主入口，整个建筑物表面都铺装了平滑闪亮的蓝色玻璃幕墙，建筑顶部圆形的柱子托着仿黄色琉璃瓦的坡屋顶（图5.3）。

政治补丁

在东长安街上，经济势力通过海外的投资方式用巨大商业建筑群取代了小规模的居民社区，但是在90年代，由政府出资，代表政治发展的崭新纪念性建筑同时也出现在了西长安街上。50年代的国家工程旨在赞美共产主义革命，并将新中国以前的历史描述成压抑的黑夜，劳苦大众翘首期待着社会主义曙光的到来。与之形成反差的是，90年代新的纪念性建筑歌颂的是中国悠久而辉煌的过去，并呼唤着中华民族一个新黄金时代的到来。

最具民族主义色彩的例子就是中华世纪坛，这座建筑于1999年落成，位于西长

图5.3 光华长安大厦，1994—1996年。建筑师：魏大中等。作者自摄。

安街延长线上，它是专为迎接新世纪与新千年而建的一座纪念性建筑。人们既可以将“中华世纪坛”理解为中国敬献给新世纪的一个祭坛，也可以将它理解成一个敬献给属于中国的崭新世纪的祭坛。后者暗示出，在即将到来的新世纪，中国将再一次崛起于世界，或者，用官方的措辞，将会迎来“中华民族的伟大复兴”。

中华世纪坛的主体建筑可以容纳不同的会议场所与陈列空间。但是，这个纪念性建筑的主旨并不是主体建筑的具体功能，而是建筑形象的象征含义。整个纪念性建筑由三个部分组成：圣火广场，这个部分位于建设地段的南端；设计成巨大日晷形式的圆形建筑，这个部分位于建设地段的北端，并坐落在一个公园中；一条青铜的甬道，它将南北两部分连接在一起（图5.4）。

圣火广场可以被看作是祖国母亲的一个缩影。在现场的说明牌上介绍道：低于地面一米的下沉式圆形广场用九百六十块花岗岩铺砌而成，象征九百六十万平方公里幅员辽阔的中华大地。广场南端地面的花岗岩镶嵌着三百多颗光导纤维灯饰，象征着波

图5.4 中华世纪坛的圣火广场、青铜甬道以及“中央坛体”，1999年。作者自摄。

光粼粼的祖国海域。在广场的东西两侧，沿台阶不停流动的水阶梯象征着黄河与长江这两条孕育中华文明的“母亲河”。广场由四周向中心微微隆起，寓示着中华民族的伟大崛起。广场的中央置一方形圣火台，圣火台上燃烧的是“中华圣火”，火种取自北京周口店[1]的猿人遗址。圣火终久不灭，象征着“中华民族生生不息的文明创造”。[2]在广场的北端有一个圆盘，上面是一幅中国地图，圆盘的边框采用金龙图案作为装饰。位于广场的南端入口处，在一片灯光的海洋中，横放着一块汉白玉字碑，上面镌刻着汉赋风格的碑文，内容是歌颂中华民族悠久的历史和近期的崛起与复兴。在石碑面向长安街的另一面上雕刻着国家主席江泽民题写的“中华世纪坛”。

圣火广场的正北面是一条青铜甬道。甬道中央的青铜部分有3米宽，270米长；在

1 周口店是北京周边发现的重要的古人类考古遗址，在20世纪初期，这里发现了距今约二十五万至四十万年的“北京人”头骨化石，以及距今约一万一千年至一万八千年的“山顶洞人”头骨化石。

2 引自现场标盘上的文字解说。

它的两侧铭刻着人类历史的整个年表，从距今三百万年前人类出现到公元2000年，在它的中央部分，铭刻的是中国的主要文化历史事件（图5.5）。在接近2000年尽头的部分，历史信息变得越来越详细，特别是上个世纪，不仅标示了传统历法的“天干”、“地支”，而且还配以相应的生肖图案。如同中国革命历史博物馆和军事博物馆中展览的内容，在青铜甬道上记录的历史事件也将社会主义革命描述成中国发展的一条必由之路。然而，官方在对这个纪念性建筑进行解释时，有意弱化了它的政治属性，在现场的解说牌中只是提到了青铜甬道“用凝练的文字记述中华民族科技、文化、教育等方面的重大事件”。[1]

图5.5 青铜甬道和“中央坛体”的“乾”、“坤”两部分，中华世纪坛，1999年。作者自摄。

1　文字引自现场的解说牌。

在原来的设计中，所谓的青铜甬道实际上并没打算供观者行走。在它的表面有水沿甬道流淌着，这个“覆盖着薄薄的涓涓清流”的“水面与地面一动一静，两相呼应，寓意中华民族的历史绵延不断、历久常新”。[1]但是事实上，青铜甬道上的流水与这个建筑其他部分的喷泉只有在庆典的特殊日子才会运行。大多数的时候，青铜甬道都是干涸的，实际上只是一条通途，它将人们从南端的圣火广场引向了北端的中央坛体。在没用水的情况下，铜板上的铭文不易看清，经常可以发现“朝圣者”们蹲在中央的通道上，边读着甬道上的文字，边缓慢地通过这段精心设计的历史长廊，到达前方的巨大坛体。

在这个纪念性建筑的三个部分中，青铜甬道北端的主体建筑称得上是一个中国文化符号最大的储存库。它由上下两部分组成：上部是一个也可以转动的圆柱体大厅，形式仿照一个巨大的日晷，象征着“乾”（包含上天、雄性、阳等含义）；下部是一个静止的阶梯形式的外部底座，象征着“坤”（包含大地、雌性、阴等含义）。“乾”体的直径有47米，高28米，顶部坛面的坡度为19.4度。根据转速的控制，中央圆柱体大厅旋转一周的用时从2.6小时到55小时不等。一个27.6米的青铜指针从“乾”体的顶部伸向天空，象征着无限的时空。“坤”体的直径有85米，带有十七层圆形的台阶，并铺装了浅黄色的花岗岩板材。“乾”体的外墙带有五十六块浮雕装饰嵌板，象征中国五十六个民族的团结统一。“坤”体的顶部是连接“乾”体并使之旋转的部分，这个部分有两条半圆形的走廊，走廊有6米宽、4米高、70米长（总长度为140米），在其中准备陈列四十个中国文化历史中杰出人物的铜像。[2]穿过走廊，观者可以向“坤”体内的这些文化英雄们致敬，同时也可以在“乾”体的外墙上观看五十六个民族的浮雕设计。民族的多样性统一在了一条中华民族文化历史的主线中，它就如同乾、坤的统一，阴、阳的协调（图5.6）。

在中国，“乾”、“坤”是两个关于哲学、宇宙、意识形态历史最悠久的符号。“乾”、

1 文字引自现场的解说牌。
2 文字引自现场的标牌解释，作者在2005年参观时，雕塑尚未竖立在那里。

图5.6"乾"体与"坤"体的结合处，中华世纪坛，1999年。作者自摄。

"坤"的历史可以追溯到中国五千年前传说中的帝王时代，最早出现在《易经》之中。尽管这两个字的字面含义是"天"与"地"，但是它们也代表着自然与社会中一些最基本的具有相对性质的两种"力"，例如：阴与阳、雄与雌、夫与妻、父与子、君与臣等等。在辛亥革命时代到来之前，"乾"与"坤"同样承载着中国传统知识分子的儒家道德观。如同《易经》中所记载的，"天行健，君子以自强不息；地势坤，君子以厚德载物。"[1]在世纪坛现场的文中也做出了这样的解释："'乾'，指天体永恒运动，从不停息，寓努力向上、自强不息、不断进取之意；'坤'为大地，能包容万物，兼容博大，寓意以和为贵的精神。整个主体建筑动静呼应、气势雄浑，既彰显了中华民族自强不息的伟大精神，又体现了中华民族厚德载物的博大襟怀。"在此，中华世纪坛背后的主导意识

1　见孙星衍，《周易集解》（上海：上海书店出版社，1988年），11页、46页。

形态却反映出了植根于中国漫长帝制历史中的民族主义观念。

从圣火广场通往中央坛体之间的甬道被赋予了强烈的民族主义意识形态，而中央坛体所承载的功能又以另外一种形式将这一主题进行了强化。在有庆典的日子里，“乾”体顶部可旋转的巨大日晷可以作为一个升高的圆形露天剧场的阶座。日晷的内部是“世纪大厅”（图5.7），大厅内部的弧形墙面有5米高，117米长的浮雕占据了588平方米的区域，这个中国最大的石刻浮雕名为“中华千秋颂”。整个浮雕分为四个部分：第一个部分展示的是“先秦时期的理性精神”，凸显中华民族思想的源泉；第二部分表现的是“自汉代到唐代的包容气概”，凸显中华民族的恢宏气度；第三部分体现的是“宋元明清的公忠气节”，凸显中华民族的人格力量；第四部分反映的是“近现代启蒙与救亡的历史变奏”，凸显中华民族独立自强的精神面貌。根据官方的解释，这组浮雕作品浓缩了中华文明五千年的精神与发展框架。[1]

图5.7 中华世纪坛世纪大厅内部，1999年。作者自摄。

1 文字引自世纪大厅内部的解说牌上的介绍。

浮雕中的形象由各种历史人物和文化符号构成。历史人物包括了传说中的人文始祖黄帝、统一中国的千古一帝秦始皇、现代的邓小平等，而文化象征物则包含了商代的青铜鼎、唐代的皇宫、现代的人民英雄纪念碑等等。在浮雕的结尾处有江泽民主席题写的贺词："中华民族将在完成祖国统一和建立富强民主文明的社会主义现代化国家的基础上实现伟大的复兴！"现场的文字解说介绍道：这幅浮雕由最好的雕刻家完成，并采用了来自全国颜色各异的十五种不同种类的石料。室外的青铜甬道提供了一个关于中华民族崛起的历时性的文本叙述，而建筑内部的浮雕则将这个叙述以共时性的、更为直接的视觉形式呈现了出来，成为对青铜甬道内容的简明图解。

世纪大厅在"乾"体内的二层，在相同楼层的"坤"体内部有两个艺术馆。它的西侧是一个西方艺术馆，而东侧是一个东方艺术馆，旋转的"乾"体部分将这两个展览馆在空间上一分为二。在"坤"体第一层的北部，是一个当代艺术展览馆，而在一层的南部，是一个主要的交互空间，将观者引向不同的楼梯、电梯和自动扶梯。在"乾"体旋转部分的正下方一层的位置是一个旅游纪念品商店。另外，中央坛体的地下层包括了一个多媒体艺术展厅和一个宽银幕电影院——"千年剧院"。

在90年代的西长安街上，由政府兴建的其他纪念性建筑还包括八一大楼（中央军委大楼）和首都博物馆。八一大楼的设计采用了比唐代更为古远的屋顶样式，配以带有长城形象图案的直线条的屋檐，象征着人民解放军如同新中国的"钢铁长城"（见图1.20）。首都博物馆采用了高度抽象化的出檐深远的大屋顶和青铜鼎的形象，将玻璃幕墙和钢板、墙面互相穿插着搭配在一起（图5.8）。与中华世纪坛一样，民族符号在这两座建筑中都发挥着核心作用。

反差与互补

以东方广场为代表的商业性建筑和以中华世纪坛为代表的富有政治含义的纪念性建筑之间所形成的对比强烈、鲜明。东方广场的目标是追求最大化的商业利润，它不仅充分利用了场地上的每一寸土地，并且在高度上大大超出了城市规划规定中的高度

图5.8 首都博物馆（展现青铜“鼎”和抽象化的“大屋顶”等传统元素的建筑细部），2005年。法国AREP公司和中国建筑设计研究集团。作者自摄。

限制。相比之下，中华世纪坛的大部分场地是一个沿水平方向伸展的开放性通道。东方广场的建筑上基本没有装饰，而中华世纪坛上却充满了各种象征符号。前者将多种复杂的功能塞进了由玻璃、混凝土构成的造型简单的巨型方盒子中，而后者虽然只带有相对简单的内部功能，但是却在外部设计上大做文章，强调观者在整个建筑空间行走时的室外环境体验。

在90年代，虽然长安街的沿街立面上被打入的商业补丁和政治补丁之间存在着如此大的反差，但是它们也有很多的相似之处，并形成了某种互补的关系。商业性的东方广场在建设过程中牵扯到了各种政治事件，而且如果没有最高领导人作为强大的后盾，这个项目也不大可能得以实现。相比之下，政治性的中华世纪坛在建成后也得到了商业上的利用，它的大部分陈列空间都出租给了临时展览。世纪坛内部的“千年剧院”除了播放爱国主义历史纪录片以外，也放映进口的好莱坞商业大片。进入世纪坛参观的门票价格为人民币30元。[1]如果游客想要敲响世纪坛公园内的“中华世纪钟”，每敲三下的收费是5元。尽管题写在钟上的文字与人民英雄纪念碑上的文字一样庄严，并且表面的鎏金铭文与周代青铜器上的铭文一样庄重美丽，但是它们充其量也只不过是思古幽情的展示。在90年代的长安街上，带有政治意义的纪念性建筑多是为了拉动旅游消费而添加的公共景观（public spectacles）。在某种程度上，这些建筑与西方迪斯尼乐园的公共空间没有太大的区别。[2]

1　给出的价格以2005年为准。
2　Diane Ghirardo, *Architecture after Modernism* (New York: Thames & Hudson, 1996), 43–62.

中国补丁与外国补丁

90年代期间，在长安街上出现了越来越多海外投资并由外国人设计的房子。当中国的建筑师们继续在“民族的”与“现代的”矛盾中保持着平衡的时候，海外的建筑师却在非西方的文化语境中发现了延续后现代主义探索的机遇。这两种方法交会在长安街上，在互有误解的对话与交流中努力增进着对彼此的理解。此时的长安街变成了一幅用多种语言同时展现着姿彩的拼贴画（a collage of multilingual communication），而这些言说（statements）也被以和言说者本意相合或相违的方式解读着。

中国补丁

80年代引进到中国的后现代主义建筑理论为中国建筑师提供了一个新的框架，它使关于“民族的”对“国际的”以及“传统的”对“现代的”讨论得以在民族主义的时代延续下去。阿尔多·罗西（Aldo Rossi）的类型学（typology）激发了一部分中国建筑师，使他们重新对中国建筑的传统做出评价；与此同时，罗伯特·文丘里（Robert Venturi）在复杂性（hybridity）与纯粹性之间对前者的鼓吹，以及迈克尔·格雷夫斯（Michael Graves）对于西方传统元素的变形处理，为中国建筑师在新的设计中结合历史悠久的建筑细节提供了具体的策略。

在某种程度上，后现代主义在理论上证明了一件事，这就是以传统建筑元素为基础，存在着发展出新民族形式的可能性。然而，在具体的设计实践中，这些传统元素经常被肤浅（此处“肤浅”按字面理解，不含贬义）地摆放在主体建筑上，与玻璃和混凝土墙面并置在一起，而没有与整个建筑形成浑然一体的效果。传统的元素退化成了文化符号，并且被有意以支离破碎的状态融化在建筑装饰之中。

最常采用的传统建筑元素依然是亭子、大屋顶、牌坊、须弥座形式的砖石台基等。长安俱乐部建成于1993年，它位于东长安街的南侧。这座建筑在面向长安街的主立面上建有两个凸出的亭子，水平布置在建筑立面上部的两角上。红色的柱子托起亭子的顶部，在坡顶上铺有黄色的瓦。一条相同样式与色彩搭配的廊子将两个亭子连接了起来，在亭子与廊子之上是一面平直的山墙，模仿传统北京住宅中的“卷棚”顶。主入口位于底层须弥座式的汉白玉台基上，用与顶部相似的亭子界定出来，差别是亭子被放大拉长了（图5.9）。但是与早期民族形式的建筑物相比（例如建于1959年的民族文化宫，以及1962年落成的中国美术馆），长安俱乐部采用的传统元素只表现为穿过建筑立面上下部分的两个窄条，而其他的区域没有再采用历史参照。相比之下，在民族文化宫的设计中，建筑的每一层都采用了须弥座式的平台和铺有绿色琉璃瓦的坡屋顶，而在中国美术馆的设计中，黄色的琉璃瓦成为建筑立面上的主要元素。在这两座建筑里，传统元素还以简化了的“彩画”装饰的方式延续到室内。总而言之，在五六十年代，建筑中的民族形式表现出了和谐统一的传统韵味，但是，在长安俱乐部中展现的历史母题却如同挂在玻璃、混凝土中性背景上的记忆片段。假如没有这些碎片，这些带有民族形式的新建筑将和长安街上其他玻璃混凝土的商业建筑没有什么区别。

在90年代的长安街上，人们可以见到许多将历史母题碎片化后与现代玻璃、混凝土结构并置在一起的房子，它们大都是出自中国的建筑师之手。这些建筑中包括1991年翻新的纺织部办公楼、1990年增添的北京饭店新楼、1995年的全国妇联大厦、1992—1994年的交通部办公楼、1994—1996年的光华长安大厦、1991年的华南大厦、1997年的华诚大厦。与这些建筑相比，1992—1993年建成的中宣部办公楼是一个例外，它的建筑大部分被外展的屋顶和大号的亭子遮盖着。这个建筑的设计表现出了与中国古代建筑风格更近的联系，原因在于它位于明清皇城西苑中南海的西侧，与这个新中国中央领导人办公生活的大院仅有一街之隔。

在90年代，将“民族的”与“现代的”形式进行结合的另一个策略是遵循中国“传统”建筑的比例与构成，并将其表现在建筑的平面与立面中，但是采用的却是现代建筑材料，例如混凝土、钢材与玻璃。按照这种方法，中国建筑在平面中反映的特

图5.9 长安俱乐部，1991—1993年。建筑师：王惠德、赵淑英等。作者自摄。

征是庭院的空间组织，而中式建筑的立面特征则表现为三个垂直的部分：上部外展的屋檐、中间柱子与梁枋构成的框架以及底部坚实的台基。梁思成在30—50年代期间曾经将中国建筑的这些特征进行了总结性的研究和归纳。国家电力调度中心位于西长安街上，建于1998年。这个建筑在钢与玻璃构成的方盒子上，用两个巨大的支柱部分支撑起一个倒金字塔式的庞大钢结构屋顶。外展的屋檐与它下方钢结构的比例使人想起了中国木构建筑中的檐椽飞子与斗栱的关系。屋檐下部的建筑主体可以分为两个部分：主体上部采用的透明玻璃区域多于实墙部分，模仿了传统的柱子与梁枋形成的框架；主体下部包含的实墙部分多于开放空间，如同传统殿堂中的砖石台基。但是，这座建筑的细节还是暴露出它在设计上受到了海外建筑公司钢结构建筑设计的显著影响。在立面上方扶壁的顶部，有哥特遗风的尖顶是从美国KPF公司设计的建筑中直接拿来的，而倒金字塔形式的巨大屋顶使人想起了台湾建筑师李祖原的某些作品（图5.10）。前者在新建筑实体中插入了传统建筑的局部，而后者则是在保持传统的整体比例构成的基础上有意舍弃具体的细节。类似于国家电力调度中心处理方法的其他建筑还包括位于东长安街上的中粮广场（1992—1996）和西长安街上的武警回迁商业楼（1999—2003）。

在90年代，中国建筑师处理民族形式的第三种方法是将中国建筑中的传统元素（主要是屋顶部分）进行分解，并将这些分散的局部进行重组，形成一个不完整的形象，通过这些类似结构主义的手法去唤起对中国建筑历史的回忆。采用这种方法的一个案例是建于1994—1998年的北京图书大厦。这座建筑突出的实墙将顶部的四个斜面分开，从而避免形成一个完整的屋顶。根据设计说明，四面突出的实墙如同传统牌坊中指向天空的石柱。而它们之间东西两侧的斜面角度比南北两侧的更加陡直。观者可以想象，东西斜面的延长线相交于主立面中部上方的屋脊线上，由此形成了一面无形的山墙，并与南北斜面的延长线相交。复杂而碎片化的屋顶斜面可以看成是一个传统"歇山"顶的局部。在设计说明中还可以看到，北京图书大厦同样采用了类似中国民居大门的传统装饰元素，以达到"'现代生活、文化传统和地方特色'三者的有机结合"[1]（图5.11）。

外国补丁

在90年代的传统长安街上，有三座建筑物是由外国建筑师设计的，但是按照相关法规的要求，他们要与当地的建筑设计院所合作完成这些建筑的扩充与施工图设计。这三座建筑分别是：中国工商银行（1994—1998），由SOM公司与北京市建筑设计研究院合作完成；中国银行（1996—1999），由贝聿铭事务所（Pei Cobb Freed & Partners）与中国建筑科学研究院合作完成；远洋大厦（1996—1999），由APEC/NBBJ设计公司

1 北京市规划委员会，《长安街》，128页。

图5.10 世纪之交的长安街上以现代材料建造的抽象的“大屋顶”
（右起第二个建筑为1998年建造的国家电力调度中心）。作者自摄。

图5.11 北京图书大厦，1994—1998年。建筑师：刘力、周文瑶、邵韦平等。作者自摄。

和机械工程设计研究院合作完成。这三家外国设计公司全部来自美国。

SOM公司和NBBJ公司因采用钢结构结合大量玻璃的商业建筑设计而成为业内的知名设计公司。这两家公司的主要目标定位在成功的企业业绩上，而不是实验性的设计创新。自“二战”以来，他们在全球商业化地设计了大量典雅别致且个性并不张扬的建筑物。在50年代，SOM公司为密斯式的（Miesian-style）玻璃盒子在西方大行其道助了一臂之力。在八九十年代，这家公司的作品深受70年代高技派（high-tech）潮流的影响，追求开放、通透的框架结构，集简洁的体量与精美的细部于一体。

位于西长安街上的中国工商银行与SOM公司在世界其他地区设计的建筑并没什么不同。但是，这座建筑面向长安街的主立面却采用了中国传统建筑的三部划分：台基、主体框架与外展的屋檐（图5.12）。在SOM公司设计的房子中，采用大跨度的屋檐并不稀奇。例如建于1987年美国伊利诺伊州的阿灵顿国际赛马场（the Arlington International Racecourse）以及2002年的达拉斯会议中心（the Dallas Convention Center）。与工商银行的屋檐相比，在这些项目中凸出的屋檐甚至更加引人注目。然而，它们要么是出于功能性的要求，例如阿灵顿国际赛马场的屋檐是为了遮挡下方的一排排座椅，要么是与建筑主体的框架结构相融合，例如达拉斯会议中心。但是，中国工商银行的屋檐却是强加上去的，漂浮于立面之上，既无功能需要，也不是框架结构的有机组成部分。立在石基上的钢结构圆柱得到了一些中国建筑师的称赞，认为它既体现了90年代的高科技精神，又蕴含了中国传统建筑的韵味。[1]在平面上，方中带圆的整体构成体现了中国“天圆地方”的传统观念；主立面采用了中国传统建筑的比例；台基也包含了长城的形象；钢结构模仿了中国传统的木构建筑；等等。[2]尽管明显多余的屋檐可能是SOM公司有意的设计部分，为的是使建筑与场地的具体环境相融合，但是来自中国同行这样的阐释却多少有些误读的成分。

中国银行总部位于西长安街上，尽管官方声称这座建筑是贝聿铭（I. M. Pei）的作

1 《长安街》，126页。
2 北京市规划委员会等，《北京十大建筑设计》，116页。

图5.12 中国工商银行，1994—1998年。美国SOM公司与北京市建筑设计研究院，建筑师：李朝晖、张秀国等。作者自摄。

品，但实际的设计大部分是出自贝聿铭之子贝建中（C. C. Pei）之手。这座建筑在大面积玻璃与大体块混凝土的结合使用方面体现出贝聿铭建筑风格的一些主要特征。[1]在中国银行总部的设计中，高挑的中庭玻璃罩嵌入大块实体墙面之间，两侧是规整的模块化窗户（图5.13）。玻璃体部分是1989年贝聿铭设计的香港中国银行大厦的缩小版，使用了典型的对角线钢架，并且向上逐渐收分。在中庭内的花园被认为设计得极富中国韵味。贝聿铭生于广东，在苏州长大，而苏州是中国东南地区著名的园林城市。实际上，由贝聿铭设计的很多建筑物都带有室内花园，或是在内部中央的公共空间加入

1 贝聿铭建筑中大面积玻璃与大体块混凝土结合的实例有：1979年建于波士顿的肯尼迪图书馆（The John Fitzgerald Kennedy Library in Boston, Massachusetts）；1989年建于达拉斯的莫顿·梅尔森交响乐中心（the Morton H. Meyerson Symphony Center in Dallas, Texas）；1993年建于华盛顿的华纳大厦（The Warner Building in Washington, DC）；1995年建于克利夫兰的摇滚名人堂与博物馆（the Rock-and-Roll Hall of Fame and Museum, Cleveland, Ohio）；等等。

图5.13 中国银行总部，1996—1999年。建筑师：贝聿铭、贝建中等。作者自摄。

人造林地，例如完成于1992年位于纽约的古根海姆艺术馆（the Guggenheim Pavilion）以及位于华盛顿特区1993年完成的华纳大厦（the Warner Building）。

贝建中设计的中国银行大厦是长安街上屈指可数的非对称建筑物之一。在长安街的中心区域，所有的建筑物都在极力地以不同方式展现着民族特征，形式上也罢，口头上也罢，而中国银行大厦对此却显得有些不屑一顾，依然故我。在那时，贝聿铭因他设计的香港中国银行大厦而家喻户晓，与执著追求形式上的中国性相比，一座由世界著名建筑师设计的标志性建筑似乎更为重要，可以是个例外。在新千年到来之际，在中国重要城市的重要地段收藏国际著名建筑师设计的签名式标志建筑，逐渐变成了一种司空见惯的潮流，而这种现象也使得先前关于民族形式与现代风格之间的争论显得有些过时。长安街上中国国家大剧院的设计竞赛就讲述了这样一个故事。

国家大剧院

在现代汉语中，尽管“剧院”一词可以指代许多种不同类型的表演场所，但是，在人们原先的印象中，国家大剧院中的“剧院”二字主要是指表演西式歌剧的场所。在当时，歌剧被认为是所有表演艺术中的最高形式，集音乐、舞蹈、美术、戏剧、文学于一身。尽管西方歌剧大部分源于欧洲，而且，歌剧在中国也不是人们日常生活中的一部分，但是它却曾一度被认为是可以代表社会主义中国新文化的最佳形式。因此，在世纪之交，存在着大量关于是否有必要建设国家大剧院的争论。它同样也反映出中国在追求现代化的过程中存在的各种矛盾与悖论。尽管中国共产党的文艺方针要求将“古、今、中、外”的精华吸收到社会主义新文化的创作中，但是西方的模式却在不觉中成为中国现代化工程占主导地位的样板。

在近现代的历史上，围绕着中国传统文化与现代文化之间的关系问题，存在着三种不同的看法。第一种看法是“五四”一代的知识分子提出的，他们以陈独秀、胡适等学者为代表。这部分学者认为，中国传统文化与现代文化之间无法兼容，应该彻底抛弃中国传统，全盘西化。[1]第二种看法是以毛泽东、鲁迅为代表的政治家和知识分子提出的，他们认为，只有将民族传统与西方现代文化相结合才能实现中国的现代化。在“文化大革命”期间的样板戏中，中国传统戏曲就是通过采用西式的交响乐团和三维舞台布景实现了所谓的现代化。与此同时，西方芭蕾舞又是通过结合中国民间舞蹈讲述革命故事的形式实现了民族化。第三种看法认为，中国传统文化已经非常现代了，因此中国现代化所需要的仅仅是自觉地发展中国传统中的优势。尽管第三种看法看似是反西方化的，而实际上并非如此。这部分人经常按照西方的标准选择中国传统中的“优势”，出于这个原因，在第三种看法中，由于西方化本身变成了一个无形的先决条件，因而变得更加强势。

---

1 参见林毓生（Lin Yü-sheng），*The Crisis of Chinese Consciousness*。

作为国庆工程的国家剧院及其选址问题

当中国国家大剧院在2007年落成时，关于这座建筑的规划已经持续了近半个世纪之久。在1959年，作为新中国建立十周年国庆工程中的一个项目，那时的它仅仅被称作“国家剧院”。[1]在当时，这个建筑的规划场地就位于长安街的南侧，紧挨着人民大会堂（图5.14）。

国家剧院的方案征集工作始于1958年。由清华大学营建系（清华大学建筑学院的前身）设计的方案被选定为实施方案。清华大学教授李道增在他二十多岁时就是这个获胜方案的主要设计者，而在国家大剧院未来的设计发展中，他也发挥了重要的作用。在“文革”期间，设计于50年代末期的所有国家剧院的模型与图纸几乎都被销毁了。一幅由李道增用水彩绘制的效果图保存在了清华大学建筑学院档案馆中。在这幅效果图中，人们可以发现，1958年清华设计的大剧院与旁边的大会堂在风格上十分相似（图5.15a）。这座建筑坐落在一个平台上，宽阔的台阶将人们引向剧院的入口。对称的立面被垂直划分为上下两个部分。两个部分的屋檐装饰有黄绿色的琉璃瓦，这与大会堂和博物馆建筑群的屋檐采用了相同的处理方法。据说，从十大建筑开始，在平顶屋檐上采用琉璃瓦装饰的传统就是源自清华在国家剧院中的设计。[2]在这个设计中，铺有琉璃瓦的屋檐在转角处微微翘起，以模仿传统屋顶外展的屋檐。如同大会堂的处理方式，在外部宽阔台阶踏步的尽头，设计者采用柱廊作为建筑主入口的先导加以强调。

在1959年初，政府放弃了国家剧院项目，据说是由于资金短缺和时间不足。[3]在十周年国庆工程中，它并不是唯一一个没有实现的项目。例如，国家科技会堂也遭到了

1　“大”字是在80年代加进去的。

2　牛方礼、侯季光，《人民大会堂侧大坑有望填平，国家大剧院工程筹措建设》，《建筑报》总第635期，1998年2月17日。

3　2003年作者在北京的一次采访中，清华大学土木工程系教授石青（李道增教授的夫人）说：“这［国家剧院的流产］完全是一个政治问题。李先生的设计通过了各级领导的审查，包括毛主席和周总理，而且吸收了周总理的很多建议。它的放弃主要是一个政治形势的问题，或者更具体地说，是经济状况的问题，和艺术问题无关。”

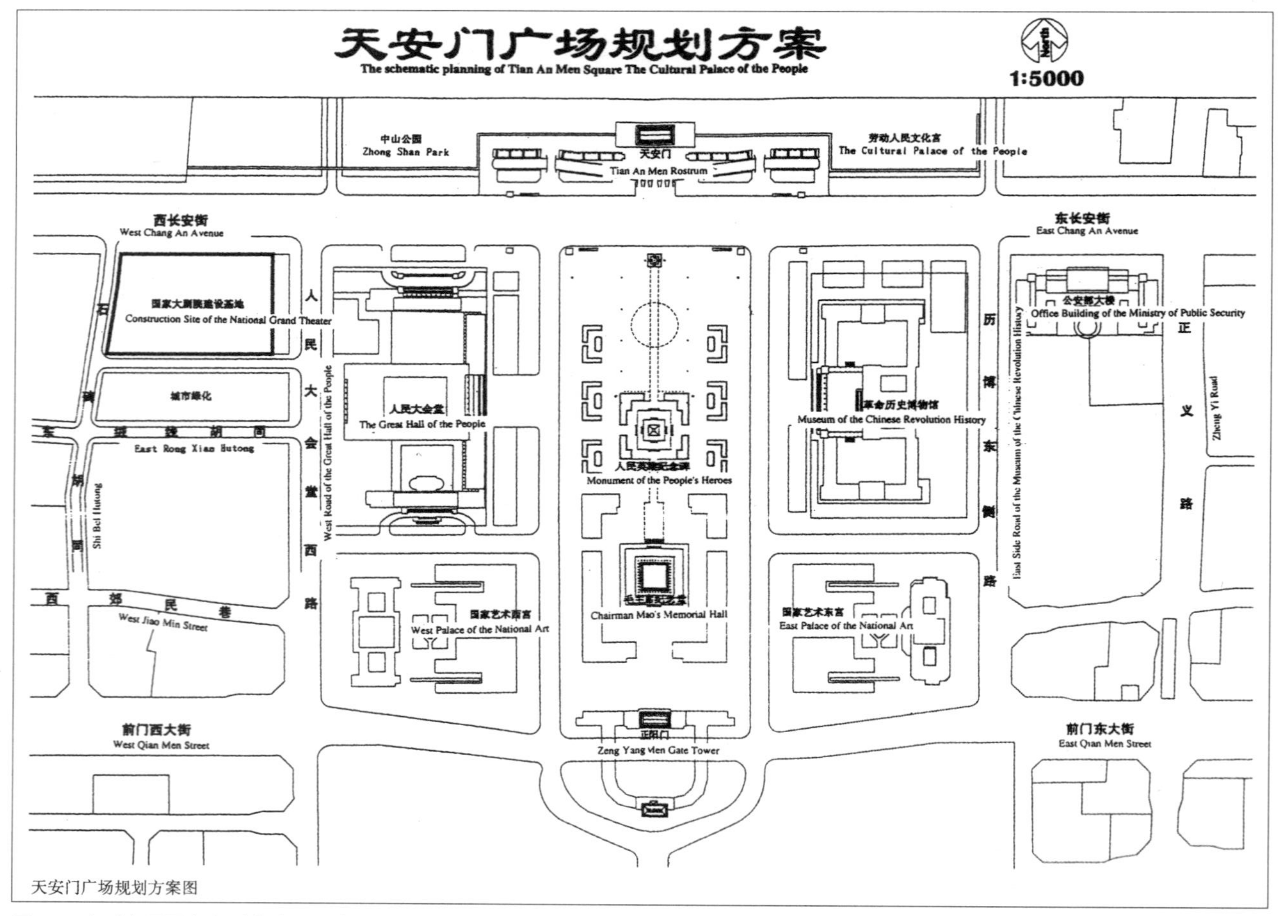

图5.14 在《中国国家大剧院建筑设计方案竞赛文件》中附带的图纸，展现了国家大剧院在长安街与天安门广场大的都市环境中的场地位置。引自《中国国家大剧院建筑设计国际竞赛方案集》，20页。周庆琳提供。

图5.15a 1958年清华大学设计的国家大剧院方案，李道增提供。

放弃，而中国美术馆拖到了1962年才建成。但是，国家剧院却是唯一在长安街边留下了一片巨大空地的项目。从周恩来总理开始，新中国的历任领导人都相信，在他们的任期之内，国家剧院在不久的将来就会落成。到了90年代，政府恢复了对国家剧院的设计工作，但是在此之前，围绕着这片巨大的空地，一直存在着各式各样的讨论。

在1964年的长安街规划中，一些方案就将国家剧院直接放置在了天安门广场上，位置在人民大会堂的南侧而非先前的西侧。占据了如此重要的地点，国家剧院成为划定天安门广场“收放”程度的关键因素。[1]作为广场的一部分，有人认为国家剧院象征着社会主义的新文化，而演出场所已经降为了它的次要功能。然而，在当年4月的长安街规划审查会议期间，国家剧院的这个选址却遭到了许多专家的反对，具体原因是剧院作为一个表演场所的非政治功能。[2]

1 详细内容见第三章。
2《长安街规划审查会议，第1、2、3、4、5次各组讨论纪要》，1964年4月，清华大学建筑学院档案馆，档案编号64 K032 Z016-020。

经过1964年的规划之后，国家剧院的建造地点一度变得不确定了。直到70年代末期，文化部再次提出了建造国家剧院的提议，但是却遭到了驳回。有些文献将这次重建失败的原因归咎为“文革”之后的经济紧缩。[1]然而，相同的经济状况却没有影响到毛主席纪念堂在毛泽东去世后一年内完工。伴随着纪念堂的建设，天安门广场“收放”程度的问题不存在了，而国家剧院的选址问题也变得简单了。到了90年代初期，位于大会堂和博物馆建筑群南侧位置的建筑物被申报为历史遗产，这些房子都是带有西式古典穹顶的殖民风格建筑。[2]在这一期间，这些建筑的穹顶也得到了修复（在1964年的长安街规划中，人们一致认为这些建筑应该被拆除），对于富有政治意义的国家剧院而言，唯一可能的建造地点又回到了在1958年就确定的大会堂西侧的原址上。

不过，在过去的好几十年间，对于国家剧院工程来说，它的原址也处于危险之中。当国庆工程放弃了国家剧院的建设之后，将原址改作他用的提议就接踵而至。在1959年9月，有人提议在大会堂以西的位置上建造人大常委会住宅楼。这个提议与其说是出于对住房的实际需求，不如说是担心长安街的立面上留有缺口。它是“根据彭真同志关于迅速改造长安街两侧面貌的意图”[3]而做出的决定。长安街不得不完成建设，必须要把街上的空地填上。

但是，这片场地并没有用于建造住宅楼。人大常委会以前设置在人民大会堂的南院，在80年代早期，常委会决定在这片场地上盖一座新的办公楼。在1983年，政府将大会堂西侧的老房子都拆除了，并且挖掘了基坑。但是，由于全国人大代表们全体强烈反对，政府不得不放弃新办公楼的建设。代表们认为，由于当前的经济状况，如此昂贵的项目在中国是不合时宜的。在当时，已经花在新办公楼项目上的9000万元留下的只是一个大坑，这个大坑在中国首都心脏的位置又静静地躺了二十年。[4]

从1959年至90年代末期，尽管国家剧院的建设没有任何实际动作，但是大量小

---

1 见牛方礼、侯季光在《建筑报》总第635期的报道。

2 这些建筑都是建于20世纪20年代，见张复合，《北京近代建筑史》，253—257页。

3 《北京城市规划管理局，关于在长安街两侧建房问题的请示报告》，1959年9月28日，北京市档案馆，档案编号131-1-党10-29（79）。

4 见牛方礼、侯季光在《建筑报》总第635期的报道。

规模的剧院却在全国遍地开花。这些剧院在比例和立面划分上与1958年清华设计的国家剧院方案十分相似，只是缩小了规模，并简化了装饰。在设计当地剧院的时候，设计者们大多未必见过清华当年的设计图纸，但是他们都遵循了大会堂和博物馆建筑群的立面模式，因此相似也就在所难免。李道增因1958年的成功作品成为中国剧院设计的知名专家，而他对国家剧院的研究一直没有间断，期盼着有一天能将它建造完成。

90年代的可行性研究与方案征集

关于国家剧院选址的争论一直持续到了1997年。这一年，国家高层做出了最终决定，在人民大会堂边上建造国家大剧院，而不是人大常委会办公楼。在一些文献中显示，争论主要发生在文化部和人大常委会之间。[1]然而，当争论还在持续时，剧院的设计工作就已经展开了。在1990年，文化部为国家剧院的项目设立了筹备办公室，负责的工作就是组织关于剧院的可行性研究，并在来年征集新的设计方案。正是在这一年，官方将这个新工程命名为“国家大剧院”，与1958年的项目相比，这个新项目在规模上要大得多，造价上也贵得多。建筑面积从原来的38098平方米扩大至10万平方米，[2]预计耗资10亿元人民币。在1958年的项目中，国家剧院只包含一个西式的歌剧院，与之不同的是，新一轮的方案征集要求在一个建筑中包含一个歌剧院、一个音乐厅和一个中国戏剧厅。

在90年代初期的筹备方案称为可行性研究方案。当时，已经在其他地方建造了数个剧院的李道增是主要的方案提交者。如同他在1958年的方案，李道增在1991年的设计中依然采用了对称的平面布局，他的设计将歌剧院放置在了中央，音乐厅和中

1　郑平，《跨世纪的工程：中国国家大剧院工程落槌的前后》，《中华锦绣》总第47期（1998年12月），28—35页。

2　1958年国家剧院工程的规模是根据关于1959年国庆工程项目的数个报告。参见《关于国庆工程的汇报提纲》，1959年2月23日，北京市档案馆，档案编号47-1-70-1。

国戏剧厅分别放置在两边。三个剧院由两个庭院分开，并通过办公室和服务性房间连接在一起。他将古典的装饰元素通过当时新引进到中国的后现代主义设计手法运用到了剧院的立面设计中。立面的上部没有采用1958年项目中设计的琉璃瓦，而是换成了拱门与拱梁。漂浮的碎片化的拱券装饰直接附在了主立面两侧入口处的玻璃上。贝聿铭在香山饭店中采用的装饰元素，例如白墙上的深色菱形窗户，也出现在了李道增的设计中。但是，在他的方案中，图像与背景的色彩关系颠倒了过来：小块的菱形白色墙面跳跃在入口上部深色的玻璃背景上。在歌剧厅中央舞台的上方，凸出的墙壁由一个柱廊环绕起来，柱廊上采用的尖拱使人想起了哥特式的建筑，其形式如同山崎实（Minoru Yamasaki）在西雅图太平洋科学中心（the Pacific Science Center）中设计的柱廊。在李道增1991年设计的国家大剧院方案中，建筑的立面上以拼贴的方式布置满了西方古典建筑中的各种符号（图5.15b）。

正是在这个时候，人大常委会又来索要这块地皮，用以建设新的办公楼。支持这个项目的人认为：就建筑环境而言，人大办公楼项目可以对天安门广场的两侧起到更好的平衡作用，有助于确立广场整体的政治氛围。然而，另外一派的人认为：剧院可以活跃天安门广场的气氛，使之成为一个真正的人民广场。并且，这个场地是当年人民尊敬爱戴的周恩来总理指定用于建造国家剧院的地点。于是，围绕着这片场地的争

图5.15b 1991年清华大学设计的国家大剧院方案。建筑师：李道增等。李道增提供。

论致使这两个项目都继续拖延了下去。[1]

在1997年，中共十四届六中全会最终打破了僵局。在这个最高级别的会议上，党中央做出了决定，要在2010年以前完成两个重要的国家级文化项目：一个是国家大剧院，另一个是国家艺术博物馆。这两个项目都被列在了会议报告中。在1997年10月，中共中央委员会宣布，将在人民大会堂以西的大坑上尽快建造国家大剧院。在国家大剧院建设领导小组的领导下分别成立了业主委员会和技术委员会。[2]领导小组由北京市委书记贾庆林为组长，成员包括北京市长刘淇，还包括中央委员会和人大常委会的数名高官和国务院相关部门的领导。业主委员会的人员同样大部分由来自党、国家以及政协的官员构成。但是，这个委员会中却包含了两名来自政府部门的专家，一位是建设部总工程师姚兵，另一位是建设部建筑设计院总建筑师周庆琳。技术委员会只由建筑与工程领域的专家学者构成，专门处理征集方案中艺术与技术方面的问题。[3]

此后，国家大剧院的预算再次涨到了30亿元人民币。最初留给方案设计的时间仅仅有两个月，预计第二年春天破土动工。工程进度要求在2001年基本完成大剧院的建设，并且要在2002年中共第十六次全国代表大会之前投入使用。[4]显然，在1997年，党中央预计的情况是设计工作会顺利且快速地完成，而建设周期相比之下会更加漫长些。

如果参与投标这个项目的人员只有中国建筑师，那么国家大剧院的设计过程可能会非常简单。在不到一个月的时间里，组织者们就征集到了八个设计方案，并选出了三家设计单位参与最后的角逐。这三家单位是清华大学、北京市建筑设计研究院和建设部建筑设计院。

此时，李道增提交的清华方案与他在六年前的设计没有什么太大变化。建筑的平面基本保持一致，后现代的装饰元素得到了简化，并在中央歌剧院四角的顶部添加

1 见牛方礼、侯季光在《建筑报》总第635期的报道。
2 这些委员会的名称引自中国国家大剧院建筑设计国际竞赛方案集编委会，《中国国家大剧院建筑设计国际竞赛方案集》，3页。
3 中国国家大剧院建筑设计国际竞赛方案集编委会，《中国国家大剧院建筑设计国际竞赛方案集》，4页、9页。
4 参见牛方礼、侯季光在《建筑报》总第635期的报道。

了四个骑士的金色雕像。色彩设计方案由原来的白色与棕色变成了浅黄色、金色和蓝色，与一旁的人民大会堂的色调更加协调。但是，柱子没有采用1991年的圆柱，而是添加了更多装饰，与大会堂柱子的风格保持统一。从风格上看，李道增在1997年设计的大剧院在某些方面介于他1958年和1991年设计方案之间的风格（图5.15c）。

在李道增的方案中没有表现出对中国传统建筑母题的兴趣，相比之下，北京市建筑设计研究院和建设部建筑设计院两家单位的方案却都带有外展的坡屋顶。但是，所有大屋顶都得到了简化，并采用了金属和玻璃这样的现代材料来抽象表现。建设部建筑设计院设计的屋顶突出了中国传统建筑中坡面的连贯性，而北京市建筑设计研究院方案中的屋顶以夸张的形式模仿了高挑的屋檐。北京市建筑设计研究院的方案也采用了人民大会堂的柱廊设计，柱廊明间的间距比次间的大，遵循了人们一贯认为的中国传统建筑的开间特征。在这三家单位中，建设部建筑设计院的方案是唯一没有柱廊的设计。但是，它在整体上却最接近中国传统木构建筑的比例。

然而，进入决赛的三家中国单位的设计没有一个能让中央领导感到满意。此后，为了能够使国家大剧院成为世界上一流的“艺术殿堂”，中国政府决定，通过主办国际建筑设计竞赛的方式选出一个理想的大剧院方案。

左：1997年国家大剧院初选方案之一模型南向（李道增设计）

右：1997年国家大剧院初选方案之一局部（李道增设计）

图5.15c 1997年清华大学设计的国家大剧院方案。建筑师：李道增等。李道增提供。

国际竞赛过程

为国家大剧院而组织的国际建筑设计竞赛持续了将近十六个月之久，从1998年4月13日发出竞赛邀请到1999年7月22日，法国巴黎机场公司（Aeroports de Paris，ADP）与中方协助单位清华大学合作完成的设计最终被选定为实施方案。官方在事后将这个竞赛的过程划分为两轮竞赛和三次方案修改。

任何人都可以报名参赛。但是，为了保证世界上最优秀的建筑师能够参与竞争，在1998年4月13日，业主委员会邀请了十七家建筑设计单位提供方案，其中包括十一家中国单位和六家外国公司。这一组是付设计费的。此外，还有十九家单位提交了方案，其中包括五家中国单位和十四家海外的事务所，这一组是自愿参与设计的。在1998年7月13日，三十六家参与单位总共提交了四十四个方案，其中包括二十四个中国方案和二十个海外方案。技术委员会在7月14—23日对参赛作品进行初步筛选，之后的7月27—31日，再由评委会进行正式评选。[1]

有两个顾问团分别处理建筑设计和剧院设计这两个主要问题。中国的顶尖建筑师组成了第一个顾问团（专家一组），由吴良镛领导，他是清华大学城市规划专业的教授，也是中国科学院与中国工程院的双院士。同时，戏剧和剧场专家构成了第二个顾问团（专家二组）。在两轮设计竞赛中，吴良镛同时兼任评委会的主席，这个评委会由十一名评委组成，包括八名中国建筑师学者和三名外国建筑师。这三名外国评委分别是来自加拿大的阿瑟·埃里克森（Arthur Erickson）、来自英格兰的里卡多·波菲尔（Ricardo Bofill）和来自日本的芦原义信（Yoshinobu Ashihara）。[2]

在1998年的国家大剧院设计竞赛中，专家组的作用显得非常模棱两可，因为已经有了一个技术委员会负责向业主，即中国政府，提供专业咨询服务，外加一个独立的评委会。另外工程业主委员会里面也有建筑方面的专家。按照西方建

1　中国国家大剧院建筑设计国际竞赛方案集编委会，《中国国家大剧院建筑设计国际竞赛方案集》，4页。
2　同上书，10—11页。

筑设计竞赛的惯例，通常由评委会负责方案的最终评审，向业主提供推荐方案的名次；但是中国人在毛泽东时代就已经发展出了集体方法这种根深蒂固的方案评选程序，在某种程度上，专家组的存在就是先前集体创作留下的后遗症。顾问团作为政府与评委会之间的纽带，实际上模糊了建筑设计竞赛与方案征集之间的界线。在国家大剧院设计竞赛的过程中，大部分的争执其实都发生在顾问团与评委会之间。

起初，根据竞赛规定，评委会要评出三个方案上报领导小组，作为备选的实施方案。但是，在不记名投票之后，评委会认为在全部参赛方案中，还没有一个作品能够较综合地、圆满地、高标准地达到设计任务书提出的要求，于是提交了全部五个获得超过半数投票的参赛作品选为推荐方案。这五个推荐方案的作者与单位将继续参加第二轮的竞赛。它们分别是：

101号作品，法国巴黎机场公司（ADP）提供；

106号作品，英国塔瑞·法诺建设师事务所（Terry Farrell and Partners）提供；

201号作品，日本矶崎新建筑师株式会社提供；

205号作品，中国建设部建筑设计院提供；

507号作品，德国国际建筑设计公司（HPP International Planungsgesellschaft mbH）提供（图5.16）。

领导小组同意了评委会的建议，于是业主委员会于8月24日—11月10日，组织进行了第二轮设计竞赛。

然而，这五个推荐作品的作者们应该没有太多获胜的喜悦感，不仅由于评委会只是认为他们的方案比其他作品相对好一些，而且主办方马上就扩大了第二轮竞赛参赛者的范围，允许原来受邀的所有参赛单位再次提交新作品。除了五家“获胜的”单位外，参加第一轮竞赛的另外四家中国单位和五家外国公司也获准提交新一轮的作品。

a. 101号作品，法国巴黎机场公司提供

b. 106号作品，英国塔瑞·法诺建设师事务所提供

c. 201号作品，日本矶崎新建筑师株式会社提供

d. 205号作品，中国建设部建筑设计院提供

e. 507号作品，德国国际建筑设计公司提供

图5.16 国家大剧院第一轮竞赛选出的五个方案，1998年4—7月。
引自《中国国家大剧院建筑设计国际竞赛方案集》，98页、110页、216页、126页、78页。周庆琳提供。

最终，第二轮竞赛总共收到的作品达到了十四件。[1]

扩大参赛范围的背后必然隐藏着大量的游说工作和幕后活动。对照西方标准的设计竞赛做法，这样的结果显得非比寻常。由于在评委会中有来自中国参赛单位的评委，这样做或许是为了解决部分单位在不记名投票阶段落选的问题。为了给这些评委自己的单位第二次机会，他们操控竞赛的程序，直到自己的单位入选为止。一直以来，清华大学可能是一个最重要的说客。在第一轮评委会投票选出的参加决赛的五个方案中，清华提交的三个设计一个都没有入选，然而清华却拥有参与国家大剧院项目最长的历史。李道增年轻时设计的清华方案曾经被周恩来总理选定为1958年的实施方案。并且，在1997年的方案初选过程中，清华也获胜了。在1998年的国际竞赛之前，无论是媒体还是公众都认为清华大学是最强、最有希望获胜的参赛者之一；李道增对这项工程长期的介入和不懈的努力致使某些媒体称他有“国家剧院情结”。[2]最后并且也是最重要的一点是，清华大学的教授吴良镛既担任评委会的主席，又是专家一组的组长。

问题的根源在于第一轮胜出的设计中缺少中国的代表，支持这一猜测的事实根据是，在第二轮竞赛中添加的九个参赛单位中，只有四家中国研究单位受到了业主委员会的邀请，而另外的五家外国公司是自愿参赛的。唯一合理的解释是，为了在这个项目中增加中国单位参与的比重，有更多的中国研究院所受邀参加了第二轮竞赛；但是如果接受了中国的参赛单位，就没有理由拒绝自愿参赛的外国公司。除此之外，在第一轮竞赛之后，著名日本建筑师芦原义信辞去了评委的职务，在第二轮竞赛中，由中国建筑师填补了他的空位。芦原义信辞职的原因是他对一些中国评委操纵竞赛过程的行为深感气愤，因为这样对于日本建筑师矶崎新来说相当不公平。实际上，在第一轮竞赛中，许多中外专家都认为矶崎新的参赛作品是最好的。[3]

在11月14—17日的第二轮竞赛中，业主委员会提出了一个新的方案评选方法。

1　中国国家大剧院建筑设计国际竞赛方案集编委会，《中国国家大剧院建筑设计国际竞赛方案集》，4页。

2　郑平，载《中华锦绣》总第47期（1998年12月），28—35页。

3　阿瑟·埃里克森（Arthur Erickson），“我的建筑生涯、作品与哲学”（在美国华盛顿州西雅图华盛顿大学建筑与城市规划学院的讲座，2003年4月12日）。埃里克森是评委会中的一名外国评委，在2003年华盛顿大学的一次讲座中，他表达了对矶崎新参赛作品的赞赏和对评选过程的意见。

评委会得到指示，不是采用简单的投票方式选出一个或是更多的获胜方案，而是从第一轮竞赛（第一组）中的五个胜出单位的修改方案中选出两个作品，从四家受邀的中国研究院所（第二组）中选出一个作品，再从五家自愿报名的外国公司中选出一个作品。由此，提交到领导小组的方案数量就变成了四个。[1]无论第一轮竞赛的结果如何，这个新的评选方法可以保证在第二轮竞赛后至少有一个中国方案可以保留下来。

然而，第二轮投票的结果再次出乎人们的意料。评委会选出了五家参赛单位继续进行竞赛，而不是四家单位。第一组的两个获胜者是法国巴黎机场公司（图5.17a）和日本矶崎新建筑师株式会社；第三组的唯一获胜者是奥地利的汉斯·霍莱茵与海因兹·纽曼设计集团（Hans Hollein and Heinz Neumann Design Group）（见5.17b）。但是第二组，或者称之为“中国组”，产生了两家获胜单位：北京市建筑设计研究院和清华大学（图5.17c），而不是按照原计划的一家单位。根据官方的解释，这是因为他们获得了相同数量的投票。选择了两个中国方案而不是一个的真实原因并不清楚。但有意思的是，第一轮中唯一胜出的中国设计单位，建设部建筑设计院，经过一番周折反而被淘汰出局。而且可以肯定的是，评委会在哪个方案最好的问题上没有达成一致意见。一部分评委青睐的方案会遭到其他评委的强烈反对，而几乎每一个方案都遇到了这样的情况，这使得最终决定变得十分困难。所有评委可以接受的唯一结论就是没有一个方案是足够理想的。评委会甚至提醒领导小组和最高决策者认真考虑这种情况，并避免做出最终选择。

面对这种情况，领导小组能做的事就是将竞赛继续下去，而此后的竞赛过程被对外宣布为进入到了方案修改阶段。第一次修改要求每一家外国公司与一家中国单位合作，并提交一个合作方案。由中外组合的三组队伍按指定共提交三个方案。在这时，矶崎新和汉斯·霍莱茵双双退出了竞赛。一再延长的比赛程序和难以预料的过程规则使这两名建筑师确信他们无论如何也不可能拿到这个项目，最明智的选择就是退出比赛。他们空出的位子由英国塔瑞·法诺建设师事务所和加拿大卡洛斯·奥特建筑师事

1 中国国家大剧院建筑设计国际竞赛方案集编委会，《中国国家大剧院建筑设计国际竞赛方案集》，4页。

a.

b.

c.

图5.17 国家大剧院第二轮设计竞赛选出的方案，1998年8月至11月：a. 法国巴黎机场公司；b. 奥地利汉斯·霍莱茵与海因兹·纽曼设计集团；c. 清华大学。
引自《中国国家大剧院建筑设计国际竞赛方案集》，297页、192页、266页。周庆琳提供。

务所（Carlos Ott and Associates）补上。建设部建筑设计院作为第三个中国参赛单位也再次加入角逐。这三组分别是：法国巴黎机场公司与清华大学、英国塔瑞・法诺建设师事务所与北京市建筑设计研究院（图5.18a）、加拿大卡洛斯・奥特建筑师事务所与建设部建筑设计院（图5.18b）。第一次修改阶段从1998年12月15日持续到了1999年1月31日。[1]

第一次方案修改的结果再次与原计划产生了出入。法国巴黎机场公司与清华大学组不是提交一个方案，而是两个：一个由巴黎机场公司负责，清华大学协助（图5.17a），另一个由清华大学主持，巴黎机场公司协助（图5.18c），于是总共产生了四个参赛作品。到了这个时候，方案评审委员会里的外国评委全体退出了这场竞赛。他们似乎已经意识到，中国人只是在口头上承认他们的评选工作的重要性，但是总能找出各种办法绕过他们的决定。对于这种情况，阿瑟・埃里克森（Arthur Erickson）很有外交风度地称之为“有中国特色的”工作方法。[2]

由于没有外国评委加入，评委会就被解散了。由先前的顾问团和剩下的评审委员共同组成了一个新的专家委员会，并由吴良镛担任主席。领导小组邀请这个专家委员会对第一次修改的四个方案进行评选。根据官方的解释，大多数专家都认同，方案得到了明显改善，但是仍然没有令人满意的作品。于是，在1999年的3月2日—5月4日进行了第二次修改。同时，由于一些专家的建议，经领导小组和北京市规划部门的同意，将建设场地向南移了70米，并将规划绿地从主建筑的南侧迁移到了北侧，使之位于长安街南侧的位置上。[3]

在第二次修改之后，三个参赛小组提交了四个方案的修改版本。卡洛斯・奥特建筑师事务所与建设部建筑设计院提交的方案在这个阶段被淘汰了。根据领导小组的陈述，由清华大学协助，法国巴黎机场公司设计的方案由于其独特的创意、新颖的形式

1 中国国家大剧院建筑设计国际竞赛方案集编委会，《中国国家大剧院建筑设计国际竞赛方案集》，4—5页、295—323页。

2 阿瑟・埃里克森，讲座，2003年4月12日，华盛顿大学。

3 中国国家大剧院建筑设计国际竞赛方案集编委会，《中国国家大剧院建筑设计国际竞赛方案集》，4—5页。

a.

b.
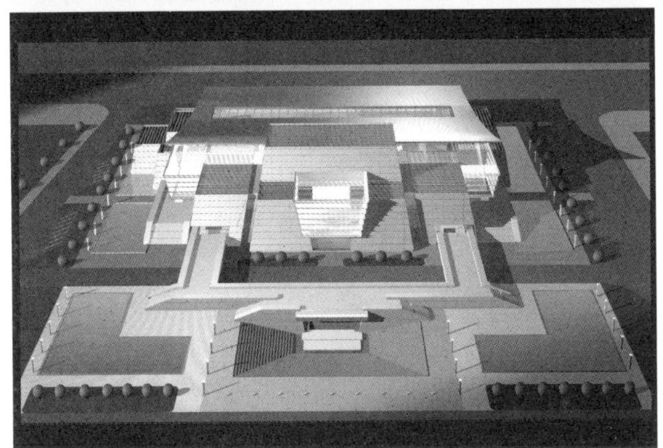

c.

图5.18 国家大剧院设计竞赛第一次修改选出的方案，1998年12月—1999年1月：a. 英国塔瑞·法诺建设师事务所与北京市建筑设计研究院；b. 加拿大卡洛斯·奥特建筑师事务所与建设部建筑设计院；c. 清华大学与法国巴黎机场设计公司。
引自《中国国家大剧院建筑设计国际竞赛方案集》，306页、313页、320页。周庆琳提供。

和概念受到了大多数专家的青睐。但是，后来发生的事件却使这个说法遭到了质疑。在随后的数年里，有上百名中国知识分子和专家学者上书党中央，反对法国巴黎机场公司的方案。这其中就包括吴良镛，他此前不仅是评委会主席与专家一组的组长，而且也是后来此次方案修改阶段专家委员会的主席。这岂非咄咄怪事！

法国巴黎机场公司在提交第二次修改后的方案时，再次改变了建设用地，以使之与它的方案和设计概念相匹配。建筑进一步向南迁移，与大会堂形成了直线，并且场地的南侧边界扩展到了前门西大街。这种由设计方擅自改变用地范围的做法十分反常，在设计竞赛中往往会直接导致方案作废。然而，比这更为反常的是领导小组对法国公司变更场地的做法表示了赞赏，称这些变更是对“天安门广场区域的环境改善”，并要求剩下的其余三家单位根据法国公司新提出的用地空间特征提交第三轮修改方案。进行第三轮方案提交的三个组合分别是：法国巴黎机场公司方案，清华大学协助（图5.19a）；英国塔瑞·法诺建设师事务所方案，北京市建筑设计研究院协助（图5.19b）；清华大学方案，法国巴黎机场公司协助（图5.19c）。在第一轮竞赛就遭到淘汰的清华大学又奇迹般地出现在了最后的方案修改阶段中，不仅仅是作为中方协助单位之一，而且是唯一一家提交单独参赛作品的中国设计机构。

在7月初的第三次修改之后，业主委员会邀请了一些人大代表和政协委员讨论并评价这三个方案。据消息透露，大部分的代表都支持法国公司的设计。领导小组最终向中央政府推荐了全部的三个设计，供领导审查并做出最终决定。[1]中央政府最终选择了法国巴黎机场公司的方案，并指定清华大学作为中国本土的合作单位。

在1998—1999年国家大剧院的整个设计竞赛过程中，清华大学付出了坚持不懈的努力，并最终获得了某种成功，被保留下来参与了这个项目的建设实施。正如弗洛伊德所说的，个人情感一旦受到压抑，在将来必然还会以某种方式重新浮出水面。国家大剧院情结不仅仅属于李道增教授一个人，同样也属于清华大学建筑学院的全体师生。

1 中国国家大剧院建筑设计国际竞赛方案集编委会，《中国国家大剧院建筑设计国际竞赛方案集》，5页。

图5.19 国家大剧院设计竞赛第二和第三次修改选出的方案，1999年3—7月：a. 法国巴黎机场公司与清华大学；b. 英国塔瑞·法诺建设师事务所与北京市建筑设计研究院；c. 清华大学与法国巴黎机场公司。引自《中国国家大剧院建筑设计国际竞赛方案集》，55页、65页、73页。周庆琳提供。

虽然对于外国的建筑师和学者而言，国家大剧院的竞赛过程和结果看似很荒唐，但是对于中国人而言却并非如此。1998—1999年的竞赛过程与新中国建筑界头三十年的集体创作方法非常相似。当是时也，对于参与其中的大多数中国的领导人、竞赛评委、专家和方案的设计者而言，集体方法在他们的经验记忆中依然鲜活。方案评选过程开始的时候与标准的设计竞赛并无二致，但是当竞赛过程向后推进时，随着参赛各方的设计理念逐渐为彼此所熟知，竞赛就与过去的集体创作方法越发地相似。在第一轮竞赛之后，参赛者们不仅相互认识，而且熟悉了彼此的方案。在第一轮中胜出的五个方案变成了其他参赛单位效仿的样板，而第二轮竞赛几乎就不像是一个真正的比赛。从第一次修改开始，所有的参赛作品都由两个合作单位集体创作完成。尽管不同单位的设计者之间相互攻讦得很厉害，但是第三次修改中的所有参赛作品看起来都很相似。在第三次修改期间，不仅同一组内的协作单位间存在着集体创作关系，而且在方案设计者、评审专家、业主委员会成员、领导小组的官员以及更高的决策者之间同样存在着交流沟通。在每一次修改之前，具体的意见和指示就传达给了设计者，而设计者甚至可以建议改变用地范围，以更好地适应他们的方案。在西方标准的设计竞赛中，这种情况从来都不会发生。

竞赛方案：对出人意料的期待

这场竞赛的主要焦点是大剧院的建筑风格问题。关于建筑的平面设计，几乎没有灵活的余地。四个剧场，三大一小，不得不挤进一个相对狭小的场地内。任务书要求在38900平方米的场地上建起一座建筑面积12万平方米的剧院综合体，其中包括一座2500席的歌剧院（22529平方米），一座2000席的音乐厅（11987平方米），一座1200席的戏剧厅和一座300—500席的小剧场（7427平方米）。这四个剧院占据了超过一半的非停车用建筑面积。在将三个大型剧院塞进去之后，能用的空间只剩下了场地上一角。因为整个建筑顶部的限高为45米（天安门广场周边的规划高度），并且由于剧院的功能要求舞台上方有很高的设备空间，所以也不可能将两个大型的剧院码放在一起。

实际上，要在平面中布置下三个大型剧场，只有两个可行的方法。第一种是将它们从东到西依次排列起来，这样可以在南侧或是北侧为其他功能留出一些空间；法国巴黎机场公司采用的即是这样的方案（图5.20）。第二种选择是将两个剧场在同一侧从北至南并列成行，将第三个剧场放在另一侧，与前两个剧场的其中之一串联，这样可以在一个角上留有一些空间；日本矶崎新建筑师株式会社采用了这种方法（图5.21）。以这两个基本类型为基础，虽然存在着一些微调的可能性，但是大部分方案都选用了两者中的一种的方法。

由于不同参赛作品的平面布局非常相似，竞赛中真正角逐的其实是建筑形式的设计。在设计任务书中提出，由于剧院的建设地点处于中国首都政治文化的中心天安门广场的一侧，这一特定条件要求建筑造型应与周围建筑谐调，形成广场建筑群与相邻长安街的有机组成部分。在充分弘扬城市整体美的前提下，剧院建筑本身要体现庄

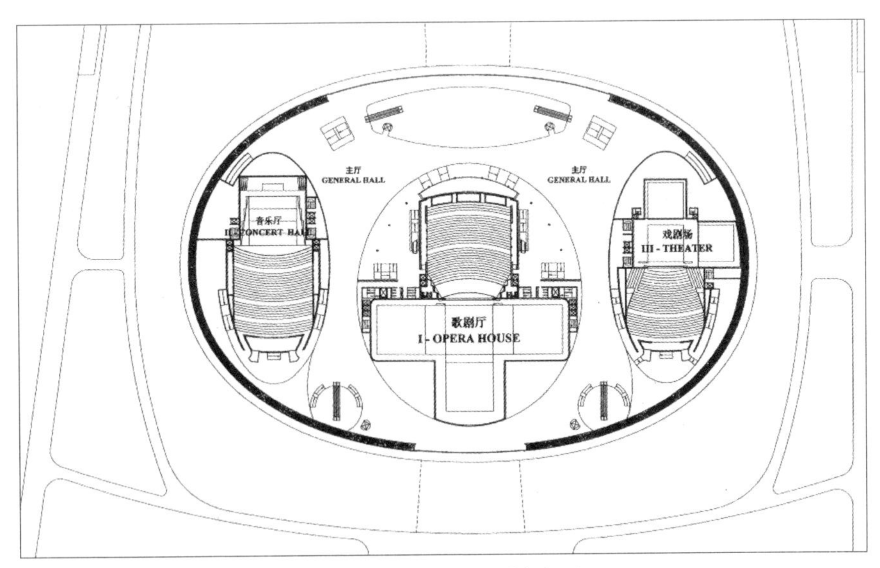

图5.20 国家大剧院平面图，1998—1999年。法国巴黎机场公司。
引自《中国国家大剧院建筑设计国际竞赛方案集》，59页。周庆琳提供。

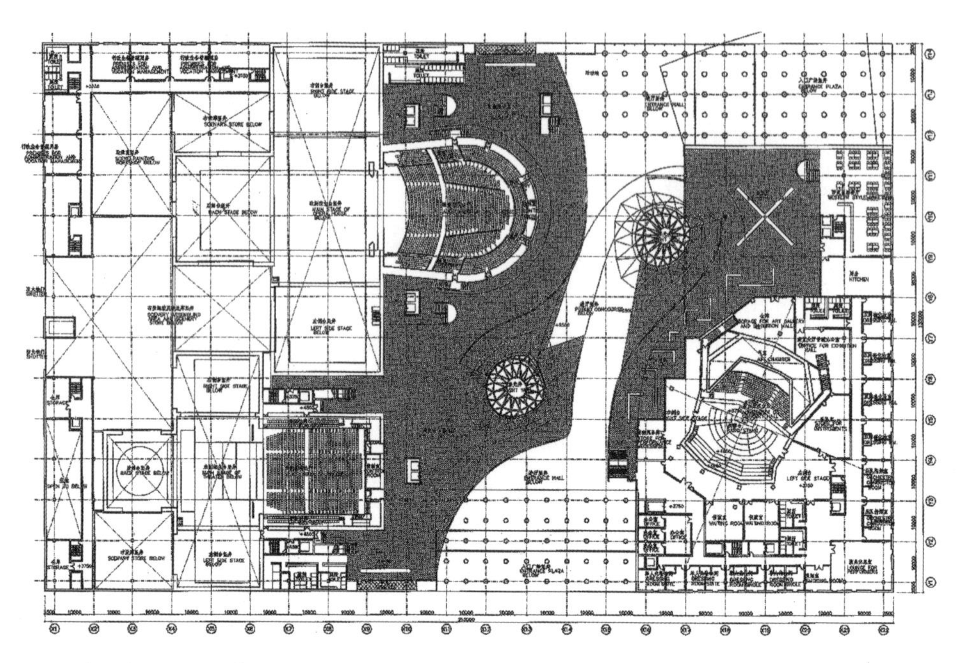

二层平面（3.75m） 2nd FLOOR LEVEL (+3.75m)

图5.21 国家大剧院平面图，1998—1999年。日本矶崎新建筑师株式会社。
引自《中国国家大剧院建筑设计国际竞赛方案集》，112页。周庆琳提供。

重、典雅的艺术表现力和鲜明的人民性、时代性。[1]竞赛的任务书同样规定，未来的剧院将成为“弘扬民族文化，反映时代精神，汇集世界现代建筑艺术与科学技术于一身，贡献人类表演艺术事业发展的宏伟巨作”。[2]大剧院既要体现中国文化，又要反映时代精神，同时还要强调现代艺术与科技，这些要求使大部分的竞赛参与者在事先没有商量的情况下采用了某些相同的做法，例如，他们都运用了传统的建筑装饰元素与文化符号，并将其进行简化、拆解或是重构，同时采用了以玻璃和金属为主的现代材料作为表现手段。

1 中国国家大剧院建筑设计国际竞赛方案集编委会，《中国国家大剧院建筑设计国际竞赛方案集》，29页，
2 同上书，12页。

对于参加第一轮竞赛的中外建筑师而言，历史悠久的曲线屋顶是中国建筑的显著符号。许多参赛作品都在剧院建筑群上采用了不同形式的超大屋顶。一些作品甚至将屋顶抽象处理到了难以识别的程度，但是仍然坚持认为传承了传统中式屋顶的神韵。例如，北京市建筑设计研究院在1997年最初的设计方案中就使用了外展的屋檐和斗栱，在此次国际竞赛中这家单位的104号方案又恢复了这一设计（图5.22）。日本矶崎新建筑师株式会社利用计算机三维模拟技术将天安门广场建筑的三个元素——屋顶、柱廊、台基——改造成了抽象的浮云形象。德国国际建筑设计公司提供的507号方案展现了一个由钢和玻璃构成的密斯式的方盒子，但是却按照中国传统建筑的比例，配了一个大屋顶和高平台（图5.16e）。在302号方案中，法国建筑师让·努维尔（Jean Nouvel）通过层层叠压的碎片化的坡面、屋脊与屋檐给大剧院配上了三个解构主义风格的屋顶。另有方案将传统中式屋顶以更为理性化的方式进行了简化[1]、拆解与重构[2]。除了坡屋顶以外，其他的中国传统建筑元素（例如，庭院[3]、天安门城楼前的金水桥[4]、传统的牌坊[5]等）也在一些参赛作品中得到了采用。

除了建筑元素以外，在第一轮竞赛中，传统文化符号也与建筑形式联系在了一起。北京市建筑设计研究院的105号方案和建设部建筑设计院的205号方案（图5.16d）都在他们的设计中结合了古琴的形象。105号方案仅仅将水泥楼板上的一个开口塑造成古琴的轮廓形象，而在205号方案中，整个建筑的外轮廓都是由古琴的三维构造获得的灵感。相比之下，努维尔的302号方案结合了色彩象征的手法。[6]在各种方案中采

1　例如：卡洛斯·奥特建筑师事务所（Carlos Ott & Associates）的202号方案，王欧阳（香港）有限公司的203号方案，奥地利豪斯保尔建筑师事务所（Wihelm Holzbauer）的404号方案。

2　例如：上海现代建筑设计（集团）有限公司的107号方案，意大利设计集团的601号方案。

3　例如：竹中工务店株式会社的401号方案。

4　例如：法国建筑工作室的102号方案。

5　例如：北京有色冶金设计研究总院的506号方案，浙江省建筑设计研究院的208号方案。

6　根据这个方案的介绍，红墙是受到中国传统建筑的启发，三面突出的块体象征大门，而块体上的金色、黑色和红色装饰则令人联想到紫禁城的雄伟城楼里大门上的鎏金钉饰。中国国家大剧院建筑设计国际竞赛方案集编委会，《中国国家大剧院建筑设计国际竞赛方案集》，142页。

用的其他文化符号还包括京剧脸谱[1]、红灯笼[2]、凤凰[3]以及著名的古琴曲《高山流水》[4]的相关意象等等。

在第一轮的竞赛方案中，人们可以很容易地分辨出中外参赛作品之间的差别。整体而言，中国方案的特征表现在建筑师煞费苦心地设计引人注目的建筑立面，其方式是将立面划分为更小的组成部分，再根据经典与传统的比例将它们组织起来。与之相反，外国建筑师的方案并没有创造复杂的构成效果，而是将建筑视作一个整体，设计出一个巨大单纯而几何化的巨型建筑，将他们的主要细节处理趣味集中在材料肌理、质感的表现中。

中外参赛作品之间的风格差异相当于西方建筑中后现代主义（postmodernism）与超现代主义（supermodernism）之间的差异。由勒·柯布西耶（Le Corbusier）、路德维希·密斯·凡德罗（Ludvig Mies Van Der Rohe）、瓦尔特·格罗皮乌斯（Walter Gropius）等大师创立的现代主义的价值体系受到了兴起于60年代的后现代主义的挑战。现代建筑中的功能理性主义（functional rationalism）和形式抽象性（formal abstraction）由于其缺乏复杂性和矛盾性而被罗伯特·文丘里批判为面无表情、两眼呆滞。[5]密斯和他的追随者们倡导“少即是多”（less is more）的设计原则，与之相反，文丘里则声称：“少令人生厌。”（less is bore）如同查尔斯·詹克斯（Charles Jencks）在《后现代建筑语言》（*The Language of Post-Modern Architecture*）一书中归纳的，后现代主义主要是一种由古典主义复苏所唤起的风格。曾经被现代主义抛弃的传统元素和那些具有写实性与象征性的装饰再一次变成了建筑设计中的流行手段。与国际风格中功能上的通用空间不同，后现代主义一方面强调在建筑中创造含义，另一方面以都市环境与集体性的记忆为基础，强调一个地点具体的场所特征。[6]后现代主义在80年代被

1 刘荣广、伍振民建筑师事务所（香港）有限公司的304号方案。
2 中国建筑科学研究院的305号方案。
3 深圳大学建筑设计研究院的503号方案。
4 北京有色冶金设计研究总院的506号方案。
5 Robert Venturi, *Complexity and Contradiction of Architecture* (New York: Museum of Modern Art, 1977).
6 Christian Norberg-Schulz, *Genius Loci: Toward a Phenomenology of Architecture* (New York: Rizzoli, 1984).

引进中国，它对八九十年代的中国建筑产生了巨大的影响。文丘里、詹克斯、克里斯丁·诺柏-舒尔兹（Christian Norberg-Schulz）、阿尔多·罗西（Aldo Rossi）等人著作的中译本在中国建设师和建筑专业的学生中广为流传。

然而，在90年代的西方建筑界，后现代主义的影响力已经开始衰退。在专业学术领域中，这个运动的可见度已经被一个新的建筑运动——解构主义（deconstructivism）——弄得模糊不清了。解构主义出现在80年代，并在纽约现代艺术博物馆于1990年举办的一个专题展览中受到了学界关注而广为人知。而当20世纪接近尾声的时候，光洁、透明、半透明的巨大玻璃建筑在世界各大城市中突然激增起来。荷兰建筑评论家汉斯·伊贝林斯（Hans Ibelings）认为这些新的玻璃盒子巨构对形式问题几乎毫不关心。[1]而鲁道夫·马查多（Rodolfo Machado）和鲁道菲·埃尔-库利（Rodolphe el-Khoury）则对这一新趋势做了如下描述：这些坚实的、巨大的构筑物，偶尔由光线效果和透明表面而得以缓和，看上去就如同一次做成的单一体量，但却具有"用非常有限的形式手段来展现雄辩口才"的非凡能力。[2]排斥装饰的简化形式得到了复兴，伴随着这种潮流，"少即是多"这个现代主义的信条也以极简主义（minimalism）的形式重又回归了。[3]这就是伊贝林斯所称的"超现代主义"（super-modernism），它表现为一种对"中性的、不明确的、隐晦的事物的敏感度，而这些特性并没有局限在建筑实体中，而是以一种新的空间感悟力来寻找有力的表达方式"。[4]

在国家大剧院的设计中，中国参赛作品的普遍特征表现出了对立面的划分形式和符号含义表达的关注，而几乎所有外国方案的特征都表现为巨大单纯的建筑体量和大跨度的结构，并炫弄着透明或半透明的表面带来的质感与色彩。在90年代，中国人仍然在探索着西方曾经流行过的后现代主义；但那时，西方已经向着超现代主义的方

1 Hans Ibelings, *Super-Modernism: Architecture in the Age of Globalization* (Rotterdam: Nai Publishers, 1998), 55–62.

2 Ibid., 57.

3 Vittorio Savi and Joseph Ma Montaner, *Less is More: Minimalism in Architecture and the Other Arts* (Barcelona: Actar, 1996), in Ibelings, *Super-Modernism*, 57–62.

4 Ibelings, *Super-Modernism*, 62.

向前进了。中国又一次“落在了后面”。当中国的建筑专业人员仍在欣赏着后现代的“文法”与“词汇”时，中国的政治领导人却已经开始寻找这个世界可以提供的最新东西了。

中国的建筑师很快就意识到了他们与建筑世界最新发展之间的差距。在国家大剧院第二轮的设计竞赛中，许多中国参赛作品都采用了巨大的上层建筑。北京市建筑设计研究院放弃了他们早先采用的小型玻璃体块与实体墙面编排的形式，转而采用相对平整的单一表面遮盖住内部所有的东西。清华大学设计的新方案也采用了巨构建筑，用十二根巨柱支撑起了这个庞然大物，在这十二根巨柱内部装有电梯和楼梯，发挥着交通枢纽的作用（图5.17c）。建设部建筑设计院的参赛作品只做了微小的修改，坚持了原有的体量分割的设计概念，但是在下一轮竞赛中就遭到了淘汰。

在第二轮竞赛中，参赛作品从前一轮的其他方案中复制可取的概念与形式，这种情况也不少见。在第一轮的方案中，矶崎新建筑师株式会社采用了丰富且复杂的内部设计，它重点表现为楼板标高的频繁变化，并采用室内桥梁连接不同的楼层。而这些特征后来被北京市建筑设计研究院的方案挪为己用（图5.21、图5.23）。在德国国际建筑设计公司的新方案中，暴露的波浪形肋拱来自建设部建筑设计院第一轮的竞赛方案，而它的玻璃天井又是来自上一轮矶崎新的设计。

建筑师们彼此了解了对手的方案，并知晓主办方对不同方案的正反态度，这种情

图5.22 国家大剧院设计，1998—1999年。北京市建筑设计研究院。
引自《中国国家大剧院建筑设计国际竞赛方案集》，90页。周庆琳提供。

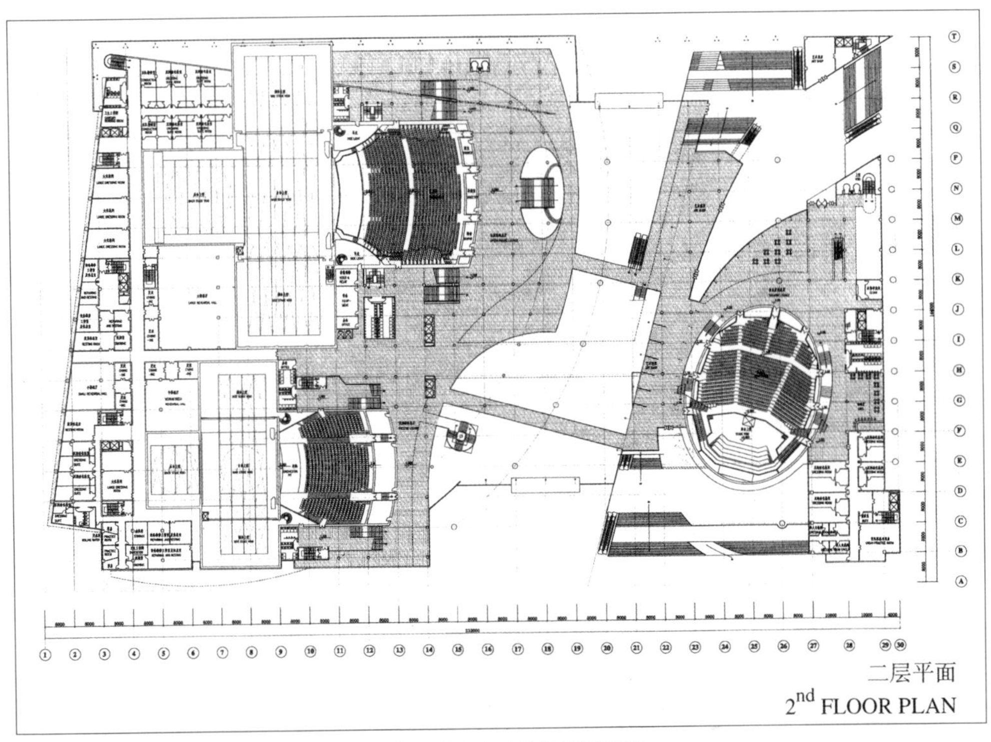

图5.23 国家大剧院平面图，1998—1999年。北京市建筑设计研究院。
引自《中国国家大剧院建筑设计国际竞赛方案集》，258页。周庆琳提供。

况在后来的三次方案修改过程中更是一种常态。[1]法国巴黎机场公司在第二轮修改方案中拿出了一个水池包围半个椭圆球体建筑的设计。所有进入决赛的其他三家单位马上意识到了业主委员会对这个方案的青睐。在第三次修改期间，由塔瑞・法诺建设师事务所和清华大学设计的另外两个方案也变成了圆弧状，并将主体建筑置于水池之中（图5.19）。

1 在1998—1999年的国家大剧院设计竞赛中，作者作为建设部设计院方案的设计人员之一曾经参与过两轮的竞赛。在前两个"方案修改"阶段期间，作者也曾经和卡洛斯・奥特（Carlos Ott）一起工作过，在时任建设部设计院总建筑师崔恺的领导下进行中加合作方案的设计。除了在第一轮竞赛方案的公共展览之外，我对于其他参赛者后续设计创意的了解主要是通过以前的同学和朋友。他们当时正在为参与竞赛的其他设计研究院所工作。那时，建筑界内的所有人无论是在会议还是在闲聊中，也都在谈论着国家大剧院。

在修改过程接近尾声的时候，三家单位的最终方案变得越来越相似：都是中性巨大透明的巨构建筑。而强调立面构成和象征性屋顶的方案一个接一个地遭到淘汰。最终，主办方选择了一种极限的中性形式和极简主义风格的作品，在这件作品中，人们找不到任何具体民族、国家的文化渊源。它一部分是光亮的，一部分是透明的。这件作品是一个巨大的"蛋"。

法国巴黎机场公司的总建筑师保罗·安德鲁（Paul Andreu）在冥思苦想中设计出了这个"巨蛋"，并将其放置在一个方形的水池中。安德鲁将所有的东西都罩在了一个巨大的钛金属壳体之中。在壳体的中间是一个对称的曲线形玻璃开口，它将壳体从中间一分为二。当结合水中的倒影一起观看时，这座建筑隐约地呈现出一个完整的蛋形。在这座建筑身上，人们见不到任何中国或是其他国家的象征符号，它的形式是如此的简洁，以至于人们找不到什么语言来形容或是评价它。它就像是一个来自远古的先天之蛋，中性而带有普世性，稍纵即逝同时又持在永恒。这与中国人在竞赛之初所期待的效果有天壤之别。

在竞赛之前，不管是国家领导人还是建筑师专家们都认为，国家大剧院的设计应该一眼看上去就"是一个剧院，一个中国的剧院，一个天安门广场边上的剧院"[1]。然而，现在的这个"蛋"与天安门广场和北京都没有任何具体联系。它的形状是如此的普通，既无时间性，又没有特征，世界上没有一个国家，包括中国在内，可以声称与之存在什么特别的文化渊源与联系。具有讽刺意味的是，这个巨蛋的主要设计师安德鲁声称，这是专为中国设计的国家大剧院，没有东西比它更合适了。在方案说明中，他说道："大剧院的地点和设计堪称举世无双。它的诞生和存在与特定的地点息息相关，世界上没有任何建筑物能与之相比。如果它出现在任何其他的地方，那简直是件无法想象的事。它表述的是和谐、宁静、简洁这些古老的对立统一的哲理。"[2]

对于中国的现代化本身而言，这同样富有内在的讽刺意味。也许此时，中国期待

1 《四大师"纸"上谈兵》，《北京青年报》，1998年4月24日。

2 中国国家大剧院建筑设计国际竞赛方案集编委会，《中国国家大剧院建筑设计国际竞赛方案集》，54页。

的只是某种独一无二的事物。只要是符合西方最新发展的东西，无论是什么“独一无二”的东西，都可以称为是民族的。

保罗·安德鲁与他的最终方案：“普世空间”的胜利

无论安德鲁如何坚称他设计的国家大剧院方案是多么充分地体现了中国性，并且与特殊的场地位置是多么吻合，这个设计都与他之前的作品具有很强的相似性，而其中大部分都是机场。[1]由于机场巨大的面积和附带的环境问题，例如噪声等问题，因此，它们通常都会建在市郊空旷的场地上。可以说，机场是一种不需要考虑周边环境的建筑。就像一个建筑评论家指出的，安德鲁在机场设计中的任务是“在没有城市的地方创造出一片城市”[2]。然而，一旦一个机场建成，作为机场满足公众需求的一个结果，它此前空旷的场地就会因未来的发展而变成一个新的城市中心，并且“开始与它原来为之服务的城市产生竞争关系”[3]。由于没有周边环境的问题，再加上特殊的功能要求，机场的形式通常是中性的，并且很少借鉴某种区域风格。汉斯·伊贝林斯将“建筑中的机场美学”（architectural airport aesthetic）归纳为：“暴露的钢结构（一个空间网架或是巨大的桁架）；对于拱形屋顶的明显偏好；灰、白、蓝灰、浅蓝色的调色板；以及最重要的特征—— 一亩一亩的大片玻璃。”[4]而这些特征几乎都是对安德鲁国家大剧院的贴切描述。

安德鲁之前设计的所有工程项目几乎都是巨构建筑，其中包括机场、火车站以及稍后的体育馆。他甚至在2000年设计的大阪海事博物馆（the Osaka Maritime Museum）

---

1 安德鲁的大部分工程项目都是机场。在三十多年的时间里，他在全世界设计建造了几十个机场，其中包括1967—1999年的法国的查理·戴高乐机场（the Charles de Gaulle Airport）、1976年的多哈国际机场（the Doha International Airport）、1981年菲律宾马尼拉的尼诺阿奎诺国际机场（the Manila Ninoy Acquino International Airport）、1986年埃及的开罗国际机场（the Cairo International Airport）、1994年日本的关西国际机场（the Kansai International Airport）、1999年中国上海的浦东国际机场。

2 “La porta del Tunnel: Cailais TRansmanche Terminal,” *l'Arca* 104 (May 1996): 67.

3 Ibelings, *Super-Modernism*, 80.

4 Ibid., 79–80.

也采用巨大的玻璃穹顶罩住了整个建筑。安德鲁建筑作品的特点表现为：在庞大壳体的笼罩下，一方面巨大公共空间被内部结构一一分解，另一方面内部结构又被壳体统一了起来，目的是赋予建筑群和分散的空间某种单一的身份特征。在阿布扎比机场（Abu Dhabi Airport）建筑中，“由一个吸盘一样的通体中柱撑起的巨大内部空间淹没在了光的海洋中，显得无比通透。它营造出了夜空般的整体效果，将乘客遮蔽起来，不至暴露在阳光之下，当自然光从地平线渐渐地渗入建筑时，便营造出了一种破晓的错觉”[1]。和头顶的苍穹一样，安德鲁的壳体并不是建筑中必要的结构（the structure proper），而是添加进来用以形成某种空间上的错觉。在大阪海事博物馆中，内部楼层与半球形的壳体分离开。房间、楼梯、卫生间和电梯形成的分散的子空间使陈列空间在平面上像是一张细胞结构的示意图。安德鲁采用了完全相同的设计技术来统一国家大剧院中的四个剧场。它们由一个钛金属和玻璃构成的壳体遮盖起来，这个罩子与它下面四个剧院的单体建筑是彼此独立的。

机场设计的经历不但为安德鲁在技术上提供了空间构建的方法，而且形成了他独有的建筑哲学。对于安德鲁而言，机场不仅是建筑的一个新类型，而且是当代人类境况的一个象征性符号。他写道：

> 飞机已经改变了政治界限的性质。用数学的语言来表述，人们可以这样认为：因为有了飞机，国界作为地球表面连续不断的界线已经终止。飞机使国界变成了位于每个国家内的一组组互不连贯的点与线。航班带来了多种的可能性，任何留存下来的“自然”边界所造成的错觉都会被这些可能性“一扫而光”。[2]

机场摧毁了政治版图的边界并统一了这个世界。换句话说，机场既是全球化的缔

1 “Opaco trasparente: Abu Dhabi New Terminal,” *l'Arca* 125 (April 1998): 37.
2 Paul Andreu, “Borders and Borderers,” *Architectural Design* 69 (May–August 1999): 57.

造者，同时又是全球化结出的果实。安德鲁将地面上的旅行以及穿越政治边界的行为称为“通行的仪式”（a rite of passage），而这些老式的通行方式已经发生了变化，如今的机场类型为人们描画出了崭新的生活方式。“毫无疑问，在不久的一天，人们将会找到采用机器检查乘客的一种新方式，乘客在行进中不再需要停顿。而这将为任何苟延残喘的通行仪式划下最后的期限。”[1]

以机场为代表，菲利波·贝尔特拉米·高德拉（Filippo Beltrami Gadola）将这种中性的巨大建筑的特征概括为“普世空间”（universal space）。[2]这样的建筑观念在安德鲁的国家大剧院方案中留下了强烈的痕迹。起初，安德鲁还在努力使新剧院与周边的老建筑之间建立一种对话。在第一轮竞赛中，虽然他的方案是一个采用玻璃幕墙钢结构的巨型几何建筑，但是屋顶的轮廓线是直的，并且高度与旁边的人民大会堂相似。一层层雄伟的台阶通往面向长安街的主入口，这使人想起了20世纪50年代十大建筑的雄伟立面。他接下来的两个方案，即第二轮的竞赛方案以及第一次的修改方案，都与他原来的设计没有太大差别，只在外部材料上做出了细微的调整。在之前的几稿设计中，这座建筑始终都是由透明的玻璃和实墙构成的方盒子。

然而，在第二次修改中，几乎接近竞赛尾声的时候，安德鲁的方案回归了他职业生涯中普遍采用、驾轻就熟的形式——巨大的壳体。如今，所有的剧院和其他设施都被罩在了一个庞大的壳体之下。高大的台阶不见了，主入口移到了水下，这与他在大阪海事博物馆中设计的入口十分相似。在钛金属壳体上，玻璃开口的曲线造型也与他在1998年给查理·戴高乐机场扩建部分设计的入口非常近似。

也许安德鲁最后终于意识到了一个情况：中国领导人期待的作品实际上正是他最擅长的东西。也许没人知道期待的到底是什么，也没有必要去尝试着迎合什么中国性。后来对于安德鲁设计中缺乏中国性的指责主要是中国竞争者酸葡萄心理的综合反应。这种混合复杂的心态既有遭到淘汰的懊恼，也有丧失民族尊严的沮丧，更有感

1　Andreu, “Borders and Borderers,” 57.
2　Filippo Beltrami Gadola, “Introduction,” in Andreu, *Paul Andreu*, 9–13.

到丢面子的不安。[1]尽管所有人都声称，国家大剧院应该是现代性与中国性的完美结合，但是当最终方案选出的时候，中国人仍然在寻找那些被认为是世界上最先进的东西——西方的“原创性”。在竞赛过程中，外国建筑师首先试图听取中国官员想要的东西，但是，这些建筑师却发现，中国人实际上指望的是他们。这些外国建筑师最终确信，他们应该做的是他们想做的、他们所擅长的以及中国人将会追随的东西。国家大剧院设计竞赛以两件事宣告结束，一个是“普世空间”的胜利，另一个是对西方文化霸权的再次确认。

在1998—1999年国家大剧院的设计竞赛中，中国建筑师们的故事却相当不同。以新中国十周年天安门广场上的建筑为代表，清华操纵竞赛评选过程的背后是一种对中国性的坚持。在90年代，天安门广场以及周边的纪念性建筑——人民大会堂、人民英雄纪念碑、博物馆建筑群已经成了民族精神的象征。多年以来，保持广场建筑的和谐是清华建筑师们设计工作背后的驱动力；从始至终，李道增的国家剧院方案都沿用了人民大会堂的风格。同时对抗着西方主导优势、文化自我屈服、公众崇洋心理这三个强大的力量，李道增的设计注定要以失败告终。他是一个悲剧性的英雄。

然而，藏在天安门广场周边建筑的和谐性背后的究竟是什么？天安门城楼、正阳门及其箭楼是明清两代留下的皇家纪念物。人民大会堂和博物馆建筑群是斯大林式新古典主义与中国传统建筑元素的结合。清华在1998年的设计竞赛中所坚持的中国性，毕竟也可以溯源到西方的新古典主义建筑；然而此时，50年代的争论已然远去，新古典主义也因为“十大建筑”的影响力而变成了十足的民族形式。

难怪李道增在他设计的国家大剧院的最后方案中以巴黎歌剧院的处理方式将四组金色雕像放置在了屋顶上方。也难怪这个方案会遭到淘汰。李道增是在用西方19世纪的设计对抗西方21世纪的设计。

1 于水山，《界限、逾渡与中国·国家·剧院：保罗·安德鲁采访录》，载《中国建筑装饰装修》，2004年第3期，总第15期（2004年3月）：129—131页。

竞赛之后：关于“蛋”的斗争

在1999年7月竞赛结果公布之后，中、法两国的人们马上就对安德鲁的获胜方案展开了广泛的讨论。在中国，讨论不仅发生在建筑设计与建筑历史领域，也不仅是在文化圈，而是发生在整个社会的街谈巷议之中。各行各业和社会所有阶层的人们都迫不及待地表达他们的观点以及对这一事件的关注。各式各样的观点通过许多不同的渠道进行交流。批判性的文章不仅刊登在专业性期刊上，而且也出现在了报纸和杂志上；参与这个项目的建筑师与学者也接受电视台和广播电台的采访；中国的数个主要网站都开辟了讨论专栏。对于争取民众支持、分享观点、揭露内幕、散布谣言、宣泄情感而言，在所有不同类型的媒体中，互联网在这场战斗中表现得最为强大有力。全球最具影响力的媒体——互联网——的普及可以使一个建筑项目瞬间升级为全国乃至全球范围讨论的话题，如此的讨论在中国还是首次。

对于安德鲁的获胜方案，一部分人喜欢，一部分人憎恨。反对者称：这个巨大的钛金属玻璃壳体是“一个蛋白流到地上的破鸡蛋”、“大笨蛋”、“巨大的坟包”、“驴粪蛋”等等。而支持者称：这个极简主义的穹顶是“一个孕育新时代的蛋”、“一颗珍珠”、“一滴清澈的水珠”，并且，称赞它与环境形成了巨大的反差，是天安门广场上的一场建筑革命。安德鲁本人则更加青睐一个相对中性的外号——“鸭蛋”，因为鸭蛋壳结构坚固、富有数学的精确性，并且象征着生命的开始（图5.24）。[1]

对安德鲁方案的批评主要针对三个方面的问题：合法性、实用性与建筑风格。关于合法性的指责主要集中在评选程序上，理由是安德鲁并没有赢得这场比赛。有批评者指出，由于没有一个参赛作品合格，所以前两轮正式竞赛并没有选出获胜者，事实上，安德鲁的方案并不是评委会选出来的，而是业主委员会操纵的结果。在前两轮正式比赛之后，评委会就被解散了，并且，在评审三轮修改方案的过程中，那些反对安德鲁方案的评委被有意从专家委员会中排除。竞赛的前两轮是公正的，但没有产生获

1　Andreu, *National Grand Theatre*, 27–34.

图5.24 国家大剧院（背景为人民大会堂），1998—2007年。法国巴黎机场公司与清华大学合作。作者自摄。

胜者；而随后的第三轮方案修改是不公平的，最终导致了安德鲁的方案获胜。关于合法性的其他方面指责是安德鲁与某些中国官员之间发生的秘密交易。无论是直接的还是影射的，这一指责都在暗示安德鲁为了赢得该项目，向中国的官员行贿。换句话说，安德鲁之所以能够获胜是因为一些腐败分子中饱私囊，而不是安德鲁的设计质量。在网上散布的丑闻有时甚至提供了相当具体的细节描述，包括人名、日期和行贿的具体金额；这些“新闻”报道的匿名作者将这些传闻当作事实进行描述。然而，一直以来，人们始终都无法证实这些指责的真伪。

针对安德鲁方案实用性问题的批评主要包括三个理由，其中包括：安全问题、经济问题和维护问题。首先，有人认为安德鲁的方案在设计方面存在安全隐患。这座建筑有很长的地下入口，并且无法直接到达内部的几个剧院，一旦发生火灾，会给撤离疏散工作带来困难。同时，由于所有剧场的地平标高都在地下7—8米的位置，而头上却顶着一个巨大的水池，如果水池破裂，水从中泄出，将会是一个灾难。其次，安德鲁的设计非常昂贵。据说，安德鲁已经将20亿元人民币的预算增加到了50亿元。[1]光是没用的巨大壳体就要花上7亿元。第三，建筑完成之后的维护问题将会十分困难。北京的风沙天会将“大珍珠”闪亮的表面弄脏，并且十分难于清洗。这也是为什么一些人称其为“驴粪蛋”的原因。巨大的内部空间和金属玻璃表面一方面浪费能源，一方面会使维护费用非常昂贵。

对于建筑风格的批评集中在安德鲁的设计没有考虑到周边环境，并缺乏对中国文化的尊重。反对者认为，这个方案与天安门广场周边的建筑环境不和谐，因为大剧院闪亮的表面在某种程度上将会破坏紫禁城的红墙和琉璃瓦屋顶的效果，极简主义的形式将会削弱天安门广场的政治氛围，建筑的规模太大以至于使边上的大会堂显得低矮。由于这个设计没有体现任何的中国建筑精神，因此这个方案是对中国文化的藐视。批评者声称，安德鲁的设计完全是形式主义之作，既没有反映出要服务的功能，也没有反映建筑环境。反对的评论员专门援引了原来“老三看”的要求，这个设计一眼看上去应该是“一个剧院，一个中国的剧院，一个天安门广场边上的剧院”，以此证明这个方案在特征上不合格。然而，在方案评审程序的后期阶段，“老三看”的要求从设计任务书等文献中消失了。这使一些人认为，可能有一些幕后交易在为安德鲁的胜利开路，而这只是其中的一个手段。

然而，安德鲁方案的支持者对这些指责一一进行了驳斥。作为对合法性指责的回应，支持者们认为，竞赛程序完全是透明合法的。三轮的方案修改由专家委员会进行评审，他们对参加决赛的方案进行了投票。幕后交易的故事完全是那些别有用心的人捏造出来的。

对于实用性的责难，支持者的回应是：所有的问题都可以得到解决，设计师从一开始就认真地考虑了所有问题。他们非常确信，安德鲁和法国巴黎机场公司有足够的

1　根据安德鲁在《南华早报》上发表的一篇文章，国家大剧院的实际成本是30亿元人民币。参见Andreu, *National Grand Theatre*，133。

经验处理建造和维护如此大型工程的技术问题。同时，水池与喷泉的冷气可以缓解北京夏日酷热干燥的空气。

对于建筑风格问题的批判，支持者做出的回应是，有很多种不同的方式处理大剧院与周边建筑的和谐问题。有时，对比是一种相对更有效的解决方式。他们指出，传达中国传统精神的方式绝非仅有一种，中国传统建筑的特征并不仅仅意味着大屋顶、红墙、传统的装饰元素或是方形的庭院。支持者们发问道："我们难道想要另一个天安门城楼或人民大会堂去迎接新千年吗？"这座建筑建在中国的土地上，是为中国人民而设计的，在中国的历史中它必定是一座中国建筑。他们认为，安德鲁的设计并没有简单地复制历史，而是展现出了创造一个新建筑遗产的可能性。除此之外，他们解释道，大会堂与紫禁城在风格上截然不同，但是，如今没有人认为它不是中国的。尽管安德鲁的设计规模是巨大的，但是透明与反光的表面使这座建筑看起来比它周边建筑表面的实墙要轻盈得多，并且，金属、玻璃、水面对环境的反射影映将会与周边环境形成独特的对话。再有，大剧院的穹顶略低于大会堂，所以它的规模不会压过大会堂。

社会各行各业的人们都卷进了这场论战之中，其中包括记者、建筑师、学生以及普普通通的老百姓，但是，在支持与反对的声音中各有其主要的倡导者。反对者主要来自老一代的知识分子，而支持者大部分是年轻一代的建筑师和业主委员会的成员。有趣的是，也许并非偶然，两派的核心人物都与清华大学有着千丝万缕的联系。

在试图推翻安德鲁方案的过程中，彭培根和萧默这两个人表现得最为积极。彭培根是清华大学建筑学院教授，而萧默是20世纪50年代的清华毕业生，他后来成为一位建筑史家，工作在中国艺术研究院。在2000年3月8日，萧默在《中华读书报》上发表了第一篇期刊论文，猛烈地抨击了安德鲁的方案，[1]并且，他在不同的媒体中继续

1 见萧默编，《世纪之蛋》，http://www.oldbeijing.net/Article_Special.asp?SpecialID=50，文章5，2005年8月19日发布，2005年11月22日访问。为了形象体现当年关于国家大剧院方案争论影响之广泛、传播途径之新、言论之多元，作者有意在本章节提供网上信息来源。很多文章后来也被收集出版，例如：萧默编撰，《世纪之蛋：国家大剧院之辩》（纽约：柯捷出版社，2005年）。

发表文章，批判安德鲁和他的方案。萧默最终将相关的文章编辑成一本书——《世纪之蛋：国家大剧院之辩》，这本书于2005年由纽约的一家提供自费出版服务的华人出版社出版。而在批判安德鲁的问题上，彭培根是一个频繁发表公众讲话的积极分子，他也通过组织请愿书的方式试图使中央领导相信安德鲁的方案存在严重缺陷，并由此努力推翻这个他们选中的方案。

对于安德鲁的方案，周庆琳和吴耀东是两个最积极的支持者，他们同样与清华大学有着渊源。周庆琳是清华大学毕业生，在1986年，他担任了建设部建筑设计院的总建筑师，也是业主委员会中唯一有实践经验的建筑师。吴耀东是20世纪80年代毕业于清华的年轻学者，后来在清华建筑学院任教。国家大剧院项目中，他是中方与安德鲁合作的主要建筑师之一。在诸多的媒体亮相中，这四个人是两次重要电视辩论的主要参与者，一次是2000年7月香港凤凰卫视的辩论，另一次是2004年5月中央电视台的辩论。[1]

第一个质疑安德鲁方案合法性的似乎并不是中国人。在1999年9月16日，一位署名弗雷德里克·埃德曼（Frederic Adman）的作者在法国《世界报》（*Le Monde*）上首次声称，使安德鲁的设计成为获胜方案的评选程序大为可疑。[2]而中国反对者的批判首先聚焦在了经济问题上。在2000年3月14日，第九届全国人民代表大会第四次会议上，广西代表抱怨道：安德鲁的设计是形式主义之作，并且太昂贵，对于一个发展中国家，将这么多的钱花在一个剧院上，是不务实的。[3]然而与此同时，媒体还披露了大剧院的施工进度：项目将于2000年4月1日开工；并于2002年底主体完工；整个项目将在2003年3月全部完成。[4]早在2000年3月30日，文化部的领导就告诉记者，新成立的国家大剧院艺术委员会已经着手安排未来的演出计划了，并且，将在这座剧院

1 《世纪之蛋》，文章14，2005年8月8日发布，2005年11月22日访问；文章46，2005年8月18日发布，2005年11月22日访问。

2 同上书，文章4，2005年8月3日发布，2005年11月22日访问。

3 《东方新闻》，《人大代表称国家大剧院设计方案华而不实》，http://www.news.eastday.com, 2000年3月14日发布，2005年12月9日访问。

4 《半岛晨报》，《明日中国国家大剧院将正式动工》，http://www.sian.com.cn, 2000年3月31日发布，2005年12月9日访问。

首演的新作品也已经开始创作。他的讲话还透露，当时中国的最高领导人江泽民直接参与到国家大剧院项目的决策中。[1]然而，在2000年4月1日，当记者们为开工奠基仪式赶赴现场的时候，他们在那里只发现了一些保安和工人，记者们被告知，仪式取消了。根据一篇网上的文章，记者们见到北京市委书记贾庆林到达了施工现场，与业主委员会、领导小组、建筑公司的代表举行了一个会议。而媒体的编辑们通知他们的记者，关于取消开工仪式的事情，已接到不要报道的通知。[2]大剧院的建设确实开始了，但是却没有举行开工仪式。

在大剧院开工之后，有两个严重的事件威胁到了安德鲁的方案。第一个发生在2000年6月10日，有四十九名中国科学院和中国工程院的院士向中央政府提交了一个书面声明，谴责安德鲁的设计并且请求暂停该项目；6月19日，又有一百一十四名建筑师在类似的呼吁上签名。[3]建筑师们的申诉主要是针对这个项目的建筑风格提出了异议，而院士们的信批判的则主要是该项目的实用性问题。事实上，在6月10日的信中，院士们批评的不仅仅是安德鲁的设计，而且也包括了业主委员会的设计任务书。信中指出，造成如此糟糕设计的原因是原来的设计任务书就不合理，表现为要在一个建筑中包含四个剧院。[4]吴良镛，作为设计竞赛评审委员会主席、专家一组组长、专家委员会的主席也在这封信中签了名。

对安德鲁方案构成威胁的第二个事件发生在2004年的5月23日，安德鲁设计的巴黎查理・戴高乐机场2E候机楼在投入十个月使用之后坍塌了。对于安德鲁的国家大剧院而言，更为糟糕的是，坍塌事件压死的四人中，有两人是中国公民。[5]在中国，这则新闻迅速传播，国家大剧院再一次变成了公众争论的焦点。对于安德鲁方案的指责再次复苏，而这次针对的焦点明确地指向了竞赛程序的合法性和设计的安全性问题。

---

1 中央电视台，《文化部部长就建造国家大剧院一事受记者采访》，http://www.sian.com.cn, 2000年3月31日发布，2005年12月9日访问。

2 《世纪之蛋》，文章7，2005年8月3日发布，2005年11月22日访问。

3 同上书，文章10，2005年8月7日发布，2005年11月22日访问。

4 《长江日报》，《何祚庥称国家大剧院设计中存在四大缺陷》，http://www.sian.com.cn, 2007年7月14日发布，2005年12月9日访问。

5 《世纪之蛋》，文章41，2005年8月18日发布，2005年11月22日访问。

2000年6月来自两组中国社会受尊敬人士的请愿信使大剧院项目暂停了几乎一年，时间从2000年7月至2001年6月。然而，也有不同的关于暂停建设原因的解释。一些媒体报道称，停工是为了给听取更多意见留出时间。其他的报道引用了部分不愿透露姓名官员的话，指出暂停仅仅是为了完善设计细节。在停工期间，业主委员会的成员在中国的主要城市间穿梭，例如广州、上海，为的是征求知名建筑专家的意见。[1]在没有先期公告的情况下，项目很快在2001年6月1日的午夜恢复了建设。[2]

发生在2004年巴黎机场的事故给反对安德鲁方案的人带来了新的希望，他们重新开始了对这个方案的抨击，批评不仅指向了安全性问题，而且也指向了评选程序的公正性与完整性问题。一些批评安德鲁的法语文章被翻译成中文，并在中国媒体中散布。据中国政府官方网站人民网上的一篇文章称，安德鲁在国家大剧院设计竞赛中对中国的官员行过贿。[3]但是，业主委员会否认了这些指控，称它们是一文不值的谣言。[4]虽然巴黎机场的事故促使中国政府对大剧院项目进行了调查，以确保它的安全性，但是政府也同样出面从评选过程的合法性以及设计的安全性两方面为安德鲁的方案辩护。中国政府坚持认为这个项目将按照原计划进行。[5]但是此时，这个项目的进度比原计划已经落后了至少一年的时间。国家大剧院的完工还要拖到2007年，比原计划整整晚了四年。

辩论的背后

关于国家大剧院的激烈辩论折射出了中国知识分子对天安门广场和长安街所代表的中国性的关注。在社会主义建设数十载之后，长安街已经变成了中国民族精神的神

1 《羊城晚报》，《倾听不同声音，国家大剧院暂停施工》，http://www.sian.com.cn，发布于2000年7月11日，2005年12月9日访问。
2 《江南时报》，《国家大剧院工程已于六月一日悄然动工》，http://www.sian.com.cn，发布于2001年6月4日，2005年12月9日访问。
3 《世纪之蛋》，文章41、42、44，全部发布于2005年8月18日，2005年11月22日访问。
4 同上书，文章45，2005年8月11日发布，2005年11月22日访问。
5 同上书，文章48，2005年8月18日发布，2005年11月22日访问。

圣象征，并且在新千年承载着中华民族伟大复兴的希望。对于中国人而言，在这样的文化历史环境中，在天安门广场附近的地点，由外国建筑师设计一座国家级的纪念性建筑，称得上是一种侵略，这等同于历史上西方列强强加给中国的羞辱。

辜正坤是北京大学的英语教授，同时也是中西比较文化研究的学者，他将安德鲁的方案批判为后殖民主义的文化侵略。他发明了一个词——"艺术侵权"，以此来指代艺术家将自己的价值强加给公众，完全无视并侵犯人民的情感。他解释道：

> 艺术侵权这个术语是我杜撰出来的。它的含义不是指有人侵犯了艺术家的权利，恰恰相反，它是指艺术家们利用自己的特殊地位把自己的审美趣味强加到大众头上，通过一定的宣传媒介的炒作渲染，最后让人们在一种近乎麻木的状态中不知不觉地抛弃自己的审美趣味而认可艺术家的趣味。换句话说，当代艺术家们不再像传统艺术家们那样考虑到大众的审美习惯，而是在所谓"具有独创性"这类理论术语的包装下随心所欲地把自己的艺术偏见强加到大众头上，这就是一种艺术侵权，即艺术家侵犯了大众自身的审美特权……这件事[安德鲁赢得了国家大剧院项目]隐含的意义是令人担忧的，因为它表明域外文化如何轻而易举地对中国人的审美特权进行了粗暴的干涉，几乎毫不顾及中国传统的审美积淀因素，是一种明显的艺术侵权行为。[1]

辜正坤的"艺术侵权"概念实际上过分简化了这种情形，并且将任何严肃的艺术创作都排除在外。辜正坤的理论隐含了一个基本假定，即一个国家的审美趣味是统一的、不变的、固有的、纯洁的，并且面对任何的外在影响不为所动。他并没有考虑到他自己的审美趣味（很可能只是众多不同的审美趣味之一），以及他声称所代表的人们的审美趣味，都是教育的结果，而且会发生变化。然而，在他的理由中表现出的盲目排外鲜明地展现出了一种情况：在抵制西方文化统治地位的问题上，中国知识分子

1 《世纪之蛋》，文章16，2005年8月9日发布（原文于2000年7月21日发布于新浪网），2005年11月22日访问。

的感触是多么的强烈，同时又是多么的无望。亭正坤在另外一篇文章中继续评论道：

> 后殖民主义指的则是当今国际上的一种新型的殖民主义，即帝国主义凭借自己的军事和经济优势，向当今不发达国家实行经济上的资本垄断，文化上的渗透，通过各种途径将西方的生活模式、文化风俗、艺术形式及种种价值观推广、移植到不发达国家中去，使这些国家的人民不知不觉地接受它们，从而逐步削弱以致最终泯灭非西方民族的民族意识，最后被西方文化完全同化。这就是后殖民主义的基本轮廓。其实更准确更容易理解的翻译应该是“新殖民主义”。安德鲁的粪蛋形国家大剧院方案（粪蛋，英文blob，是国际权威建筑杂志《建筑评论》形容安德鲁方案的用语）就典型地体现了这种少数西方人执拗地要将他们的审美观强加于中国人的新殖民主义文化侵略意识。[1]

只有在一个更大的文化政治背景的衬托下，亭正坤的批判看上去才是有意义的。最终选择安德鲁的方案确实反映了全球文化上的后殖民主义状况；然而，将安德鲁的大剧院方案批判为文化侵略的行为，这其实是一种误导。如果没有被侵略文化的一致认同，就不会发生文化侵略。毕竟，西方的媒体和建筑师们同样批判了安德鲁的方案，并且，在竞赛接近尾声的时候，中国的建筑师们也在努力创造一个巨大的普世空间以赶上安德鲁的设计。为什么在安德鲁的方案被选用之后才有人指责竞赛程序的合法性，而不是在比赛的过程中或是更早的阶段？答案或许是：中国的建筑师们也希望通过诸如此类的设计来赢得比赛。在某种程度上，安德鲁将这种批判驳斥为“建筑师的嫉妒”也是合情合理的。

在安德鲁为他的方案进行辩护的各种公众讲话中，有两点造成了来自中国学界的猛烈反击。第一点是关于批判他的方案没有反映中国文化的问题。作为回应，安德鲁曾经表示，他的目标就是有意地“切断历史”，而不是简单地追随历史。第二点是安

1《世纪之蛋》，文章22，2005年8月11日发布（原文于2000年8月26日发布于新浪网），2005年11月22日访问。

德鲁认为在某一时刻，最具先进性的建筑会遭到公众的攻击，而公众最终还是会接受它并将其视为国家文化遗产的一部分。在这个问题上，他引用了悉尼歌剧院、埃菲尔铁塔、蓬皮杜艺术中心以及卢浮宫扩建工程等建筑作为自己的论据，其中，卢浮宫扩建工程由美籍华裔建筑师贝聿铭设计，并且，起初他设计的玻璃金字塔也被批评为法兰西历史上的外侮。

对于安德鲁的第一个理由，中国人的反应大部分都脱离了真实的语境。安德鲁所指的"切断历史"的意思是他试图甩掉历史包袱，而不是完全无视中国文化。在不同的场合中，他将这个观点表达得非常清楚了。[1]安德鲁提出的第二个理由认为新建筑总是不得人心，而中国批评者对此的驳斥则更有说服力。他们认为，安德鲁提到的前三个建筑物（悉尼歌剧院、埃菲尔铁塔、蓬皮杜艺术中心）没有一座位于类似国家大剧院的地点上，而这个地点是城市的中心位置、富有历史记忆的位置，也是政治敏感的位置；并且，这些建筑的文化合法性最终也没有被一致接受；此外，贝聿铭设计的玻璃金字塔仅仅是一个入口，而不是整座建筑，其视觉冲击力比安德鲁的巨蛋要小得多。他们进一步指出，如果安德鲁设计的方案坐落在北京的其他地方，这座建筑是有可能被接受的。

对于大多数中国的知识分子而言，没有被直接提及，但绝对是抵触的核心问题是：为什么没有让一位中国建筑师在如此重要的地点设计如此重要的建筑？对于安德鲁方案的合法性、实用性、建筑风格等问题的争执，实际上都是关于这片场地的政治问题的舌战。

然而，中国的最高领导者们从始至终都保持着沉默，并且不对这个项目做任何公开声明。项目的评审程序，至少在名义上，由独立于政治势力以外的具体委员会进行裁定。一些消息人士指出，安德鲁暗示过中国高层领导人对他方案的支持，而中国的批评者们声称，安德鲁对中国的领导人进行了误导。或许，这些来源不明的关于安德鲁与国家领导人的信息也只是他的反对者获得群众支持的一个策略。

---

1 保罗·安德鲁，作者采访，2003年9月10日于北京。

但是，双方都明白获得最高领导支持的重要性。那些反对安德鲁方案的人仅仅瞄准了中层干部，他们认为，是这些官员在误导高层领导。反对者提出，这个工作应该将主管文化事业、建筑、城市规划、文物保护领域的领导都包括在内。根据一些批评者的说法，安德鲁曾经声称：保卫他的方案，实际上就是保卫“中央”。而反对者们驳斥说，离间中国领导与人民关系的人是安德鲁，而淘汰安德鲁的方案，正是批判者们保卫中央的方法。[1]

在这些敌对的辩论中，各种“真相”的可信度令人怀疑。然而，可以明确的是，如果最高领导表示不赞同安德鲁的方案，无论是业主委员会还是领导小组都不会站出来替他说话。最高领导要么支持安德鲁的方案，要么就是完全没有介入到评选程序中。然而，历史告诉我们，后者几乎是不可能的。对于中共领导为什么选择安德鲁的方案，有两种可能的答案：一种是他们确实喜欢这个作品；另一种是他们希望向世界展现当代的中国是开放的，并且是面向未来的。第二种答案貌似更加具有合理性。在中国的长安街上，建造安德鲁设计的国家大剧院是在意识到世界舆论的情况下做出的政治姿态。

在过去的数十年间，中国的知识分子一直被灌输：西方帝国主义的压迫是造成中国在近现代历史中衰落的主要原因，而中国的共产主义革命成就了中华民族近期的崛起。天安门广场和长安街因见证了这个中国共产党版本的正史，由此而变成了两个圣地。然而，党在为中国的知识分子成功建立了如此的意识形态之后，又在国家大剧院工程中通过支持一个外国建筑师和他非常“不中国”的创意而似乎将他们抛弃了。具有讽刺意味的是，从专业层面上看，在遵循建筑风格发展的游戏规则中，这些知识分子与他们的领导们在本质上并没什么不同。他们的现代化血统是建立在西方的实践基础之上的，理想建筑形式的原则也以之为圭臬。

1 《世纪之蛋》，文章21，发布于2005年8月11日；2005年11月22日访问。

第六章
长安街与北京城的轴线

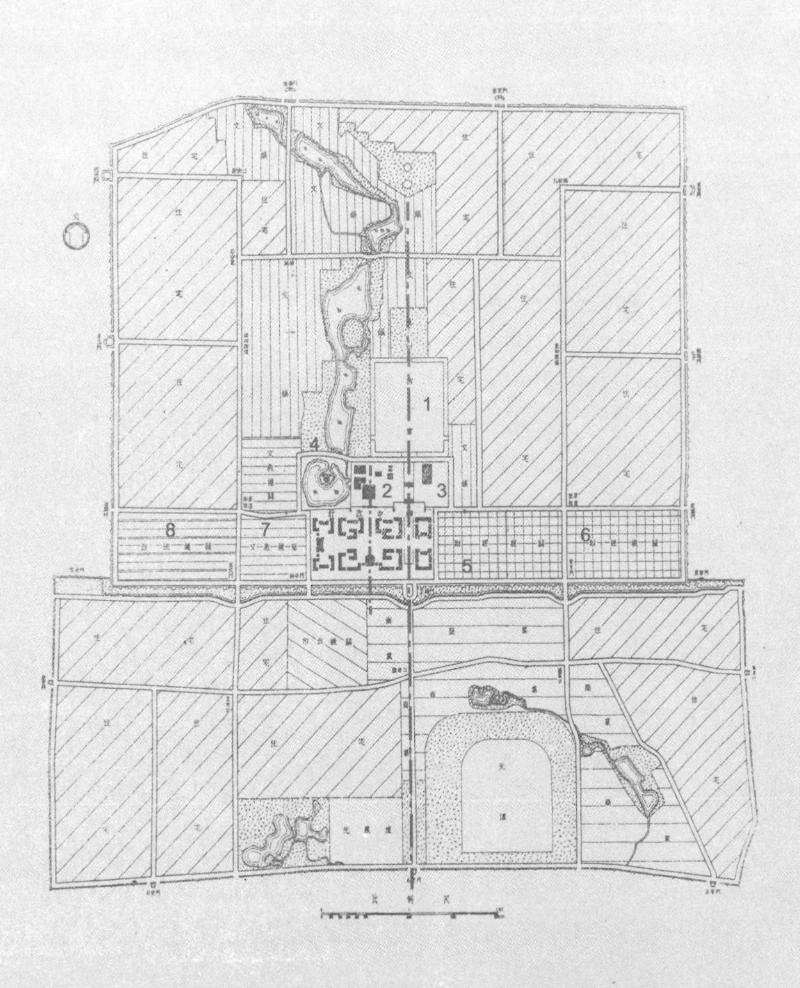

自20世纪中叶开始，新中国展开了对长安街的建设，并致力于将其打造成一条能代表社会主义新首都建设成就的东西向大道；而在此之前，北京城被明清时代的南北轴线统辖了五百多年之久。在新中国早期的数十年间，长安街不仅有了大规模的发展，并且不断延长，这条大道的光芒很快就使传统的南北轴线黯然失色。围绕着如何建设北京城的问题，尽管在50年代早期就有人提出发展一条与明清南北轴线相匹配的东西轴线，但是，那时的人们并不清楚这条轴线将会是长安街。在象征帝制时代的紫禁城与代表共产主义时代的天安门广场之间，长安街占据着显赫位置，在事实上，它的确渐渐地发展成了北京城的东西轴线。尽管还存在着某些学术性的争论，但是在21世纪伊始，官方就将长安街作为北京东西主轴线的地位编入了“北京城市总体规划（2004—2020）”之中（图6.1）。

在北京，南北轴线一直以来都是帝制时代中央皇权的象征，拥有着显赫的地位，而长安街在成为东西轴线之前，仅仅是一条功能性的都市大道。然而，长安街上越来越多地布满了宏伟的建筑立面，集中了各式各样的国家级工程项目，并且，沿长安街举行的各种庆典活动都将这条实用性的街道变成了一个崭新的符号化的都市空间，它成为一个展现社会主义政权实力的新舞台。由此，当20世纪末期民族主义的热情在中国不断增强时，无论是明清时代由纪念性建筑构成的南北轴线还是沿长安街形成的东西轴线，两者都变成了“中华民族伟大复兴的”象征。南北轴线象征着中国辉煌的历史，而东西轴线折射着现代中国的崛起。然而此时，北京城的两条轴线出现了新的不平衡：与长安街相比，南北轴线要短得多，并且缺乏统一性。发展南北轴线的新工程，在新千年伊始便悄然展开了。

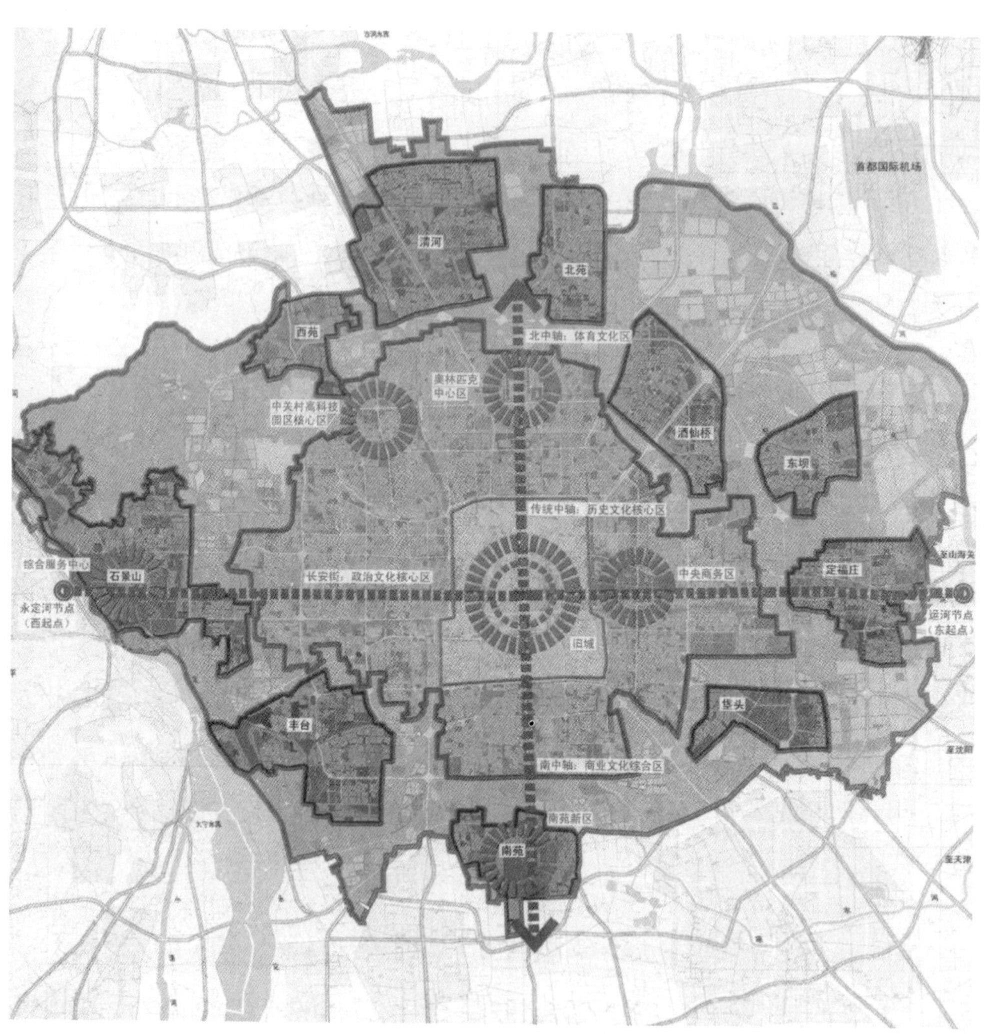

图6.1 北京城市总体规划（2004—2020），2005年。
引自《北京规划建设》2005年第2期，49页。陈少军提供。

古都与帝制时代的南北轴线

北京作为中国帝制时代统一王朝的国都，有数个世纪的历史之久；而如果算上中国处于政治分裂的时期，北京作为地方政权的都城则可以追溯到数千年以前。在东周时期（公元前770—前256），那时的北京是燕国的首都，称为“蓟”。公元10世纪，游牧民族契丹建立的辽代（947—1125），一个与北宋（960—1127）处于同一个时期的政权，将北京作为了东西南北中五都之一的南都——“南京”；继之而起的女真人建立了金代（1115—1234），这个政权与南宋（1127—1279）并立于同一时期，并将北京定为五都之一的“中都”。到了蒙古人统治的元代，北京第一次成为一个统一中国的国都。蒙古人非常清楚北京的战略地位。对于蒙古人而言，北京是用来控制汉人地区的理想之所，同时也是他们返回故地——蒙古草原和戈壁沙漠——的咽喉要地。从这里，进可以虎视中原，君临华夏；当政局不稳时，他们又可以很快地撤回自己的故土，这就如同1368年，明朝军队攻陷北京，推翻元朝的情形一样。

元代的国都在那时称为“大都”。蒙古人放弃了金代的中都，在它的东北面建造了方位端正的新都城（图6.2）。在中国古代所有的都城中，元大都的城墙布置得最为规整。城墙形成了一个近乎完美的方形，大都的面积占地50平方公里，周长有28600米。7600米的南北跨度略大于6700米的东西跨度。三道城墙形成了三个同心的区域：最内是宫城，之外是皇城，最外是大城。最外层的城墙设有十一座大门：其中东、南、西三面城墙各设有三座大门，北面城墙有两座大门。皇城与宫城的围墙各有四座大门：东、南、西、北四个方向各一座。笔直宽阔的南北、东西主干道将这些城门连接了起来，并将城市划分为矩形的里坊和街区（图6.3）。[1]

沿着东西城墙中间的两个大门连成一条直线，可以将整个大都分为两个部分：南

1 Steinhardt, *Chinese Imperial City Planning*, 154–60.

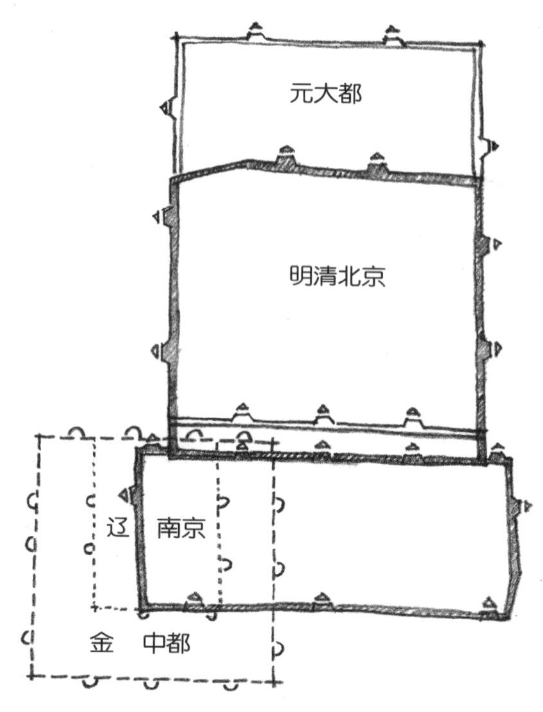

图6.2 辽、金、元国都的位置以及与明清北京的关系。作者自绘。

城和北城。每个部分都有各自的南北轴线，相互平行但并不在同一条直线上，南城的轴线位于北半区轴线偏东的位置。根据建筑史家傅熹年的观点，南北轴线错位的结果是位于南城中央区域的巨大水域造成的。轴线始于北城的几何中心位置，在东西方向的中点上将北城平分为两半，但是南城的轴线又不得不向东移动129米以避开水面。[1]

沿着北城的轴线，鼓楼标示出了城市的几何中心点，并与其北方的钟楼连成了直线。南城的南北轴线则从中央穿过了皇城与宫城。这部分的轴线始于城市中心附近的“中心阁”，并向南面延伸，将三道城墙的主要大门连同其他重要的皇家纪念性建筑连接在了一起。

1 傅熹年，《中国古代城市规划建筑群布局及建筑设计方法研究（上册）》，10—13页。

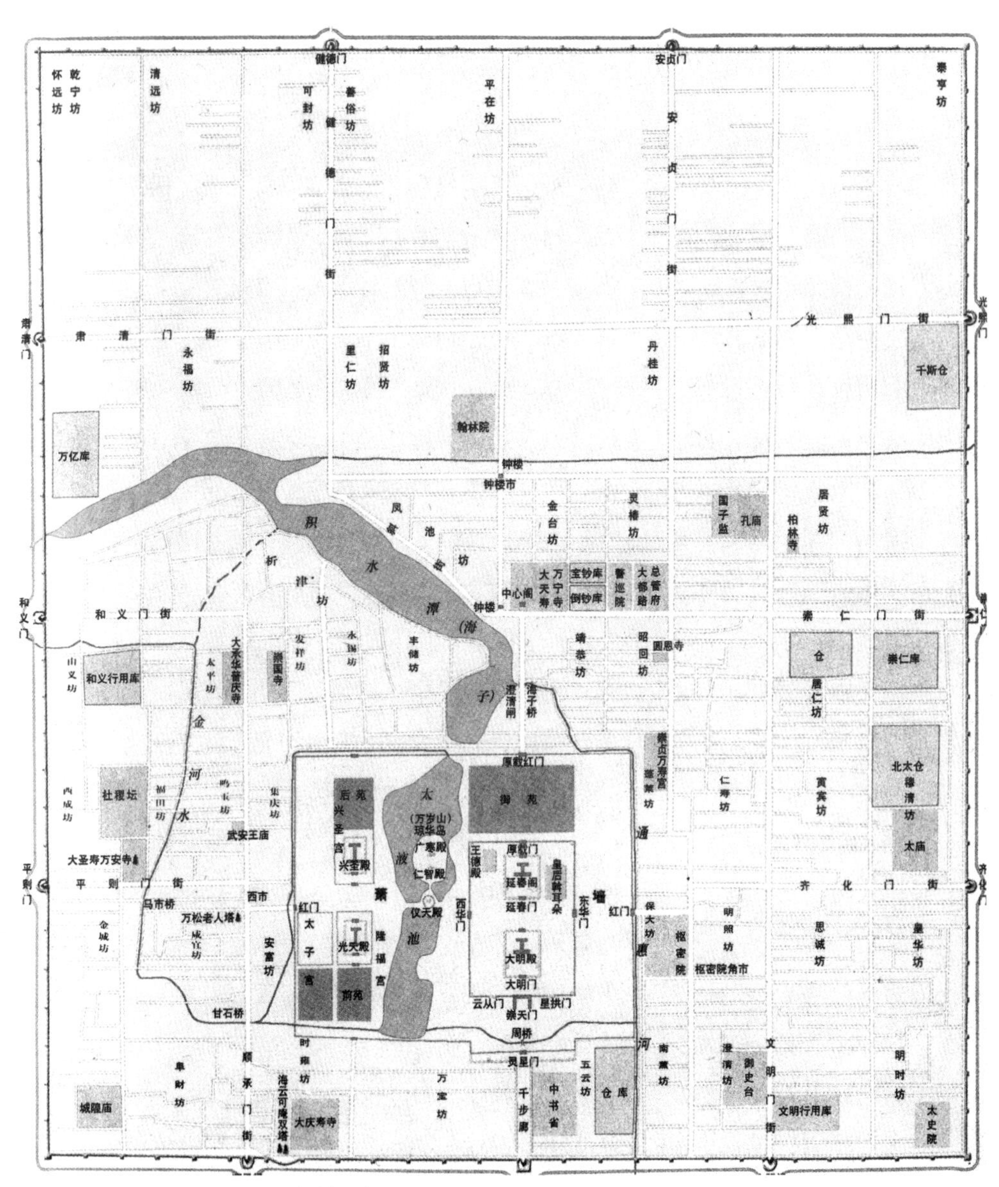

图6.3 元代（1271—1368）大都的城市平面。
引自《长安街：过去、现在、未来》，27页。郑光中提供。

有元一代，大都的南城人丁兴旺、市井繁荣，而北城，特别是钟楼以北的区域却人烟荒芜，仅有零星的住户。后来，明代的统治者接管了元大都，并命名其为“北平”，之后又因迁都而更名为“北京”。[1]并且将北面的城墙向南移了约3000米，以便于加强城市防御。元代钟楼以北的整个区域都留在了明城墙之外。明代的第三个皇帝永乐帝在位期间决定迁都北京，并在1416年开始重新建设北京城，在此期间，前朝元大都南城的南北轴线被保留了下来。虽然，蒙古统治者从大都撤退之后，明朝军队将元代的宫殿基本毁掉了，但是明代的宫城与皇城却基本上重建在了相同的位置上。为了彻底捣毁前代的“王气”，并阻止它的复兴，新王朝拆除了蒙古政权所有主要的皇家纪念性建筑，并重新建造了新的宫殿。元代宫殿以及重新营建所留下的残骸被堆成了一座山，坐落在“延春阁”的位置上，这里此前是元代皇帝和后妃们的寝宫。虽然今天将其称为煤山（又称景山），但是在明代期间，根据风水“厌胜”的观念，人们称它为“镇山”，意为镇住妖魔鬼怪之山的意思。明代不仅沿着南北轴线彻底捣毁了元代的王气，并将其埋在了煤山之下，用这座人工堆成的山镇压着。

在南北轴线上，由于煤山占据着元朝宫殿的中央位置，因此明代的宫殿不得不建在煤山的南面。结果，北京城三道城墙的所有南墙——狭义的北京城（未来的内城）、皇城、宫城——都向南移了约800米。在元代，北城的钟楼与鼓楼原来位于大都南城轴线以西129米的位置上，到了明代，它们的位置东移，与统一的南北轴线形成了一条直线。此时，元大都北城的大部分区域都被割弃于城外，绝大部分的南北轴线都已经消失；轴线的剩余部分以及钟、鼓楼一同并入了明代北京的南北轴线之中。由此，原来元大都的两条南北轴线，到了明代的北京，便统一成了一条占绝对支配地位的中轴线。1553年，北京城增添了外城，南北轴线于是进一步向南扩展（见图1.1）。[2]明代之后，清代的满族统治者并没有对明代的国都做出任何大的空间与结构改变。他们是很少有的统治者，没有将前朝的宫殿付之一炬。由此，从1553年至20世纪中叶，北

1 在1368年，明朝定都南京，并将前朝的元大都更名为北平。
2 潘谷西，《中国古代建筑史第四卷：元明建筑》，29—32页、104—106页。

京城被一条7500米长的南北轴线统辖着，许多中国人将其称为京城“龙脉”[1]。

根据风水理论，龙脉是位于宜居之地正北方纵贯南北的山脉，因为这样的地理环境有助于“聚气”。而在一个城市中，龙脉意味着祥瑞之气和帝王血脉自北向南贯穿于自然或人造的环境之中。北京这两者都具备。作为一个居住地点，北京所在的平原在西北方向上由燕山山脉屏蔽起来；作为一个城市，北京有作为龙脉的南北中轴线（图6.4）。在中国的风水理论中，天然和人工的环境是与人体小宇宙相类似的宏观宇宙。“脉”字本是一个中医术语，不仅指的是身体的动脉与静脉，而且也包括人体中那些运行精气的无形的通道。由于龙在中国传统文化中象征着皇帝或是天子，因此帝都的龙脉也暗示出北京的南北轴线是王气运行昌盛的通道。

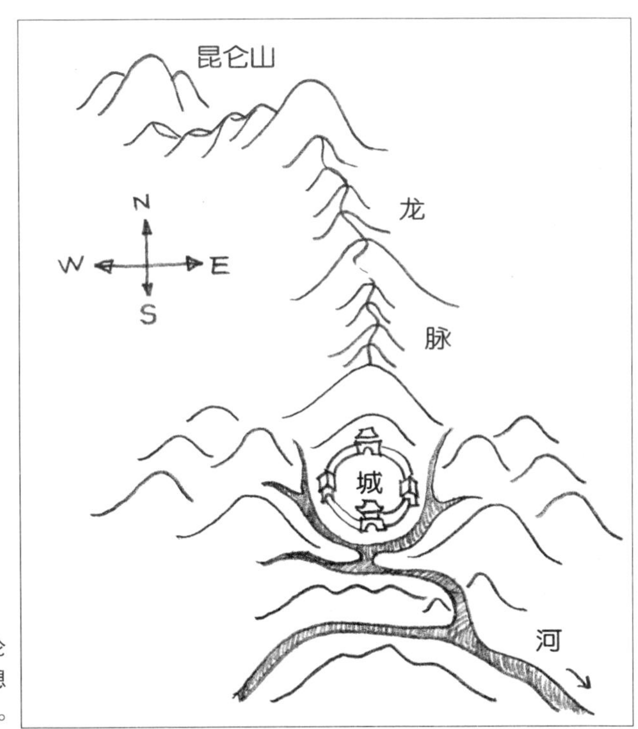

图6.4 在风水理论中，一个城市理想的龙脉。作者自绘。

1 王其亨主编，《风水理论研究》，26—32页。

中国城市的南北方位也与人体有着密切的关联。在中国传统的方位观中，前指的是南方，后为北方，左为东方，右为西方，明显以一个面南背北、顶天立地的人为参照。这个观念至少在周代就被广泛采用，儒家经典《周礼·考工记》中对天子王城做了如下的著名描述：

> 匠人营国，方九里，旁三门。国中九经九纬，经涂九轨，左祖右社，面朝后市，市朝一夫。[1]（图6.5）

南北方位的类似观念也见于单体建筑之中。在中国，在可能的情况下，一个建筑群中主体建筑的主立面总是面向着南方。由于中国位于北半球，在冬季，这样的布置可以使屋内最大限度地吸收日光，而到了夏天，也可以将室内的日照降到最低的限度。但是，如同皇帝“面南而治”的说法，这个功能性的考量在后来的政治空间中获得了象征性的意义。同样是从一个人化空间的中心开始向外延伸，东、西方位分别代表着左与右，并且两个方位在地位上是平等的；与之相比，南与北两个方位的地位却不相同，南、北方位带有明确的方向性与地位差别，就如同天子的目光，是由北端开始向南延伸的。

在中国，采用南北轴线贯穿帝都中心并将主要的皇家纪念性建筑串联起来的历史十分悠久，可以追溯到《周礼》一书中。尽管在前面引用的典籍中没有明确地提出城市中的南北轴线，但是却暗示出了这条轴线的存在。每一面城墙各有三座城门，在每一个方位上的九条街道都暗示出了存在中间的南北通道和东西通道。南北通道是一条轴线，而东西通道却不是，这是因为东西方位的要素（左祖右社）是对称布置的，而不对称的要素（后市前朝）是从北向南串连起来的。

虽然到目前为止，没有发现一座古城是完全按照周代的传统观念布置的，但是在中国两千年的帝制历史中，《周礼》中的内容却在都城建造中发挥着极大的影响力。

---

1 《考工记·匠人》，载《周礼》，见：（东汉）郑玄，《周礼郑注》（台湾：中华书局，1965年），第41卷，14—15页。

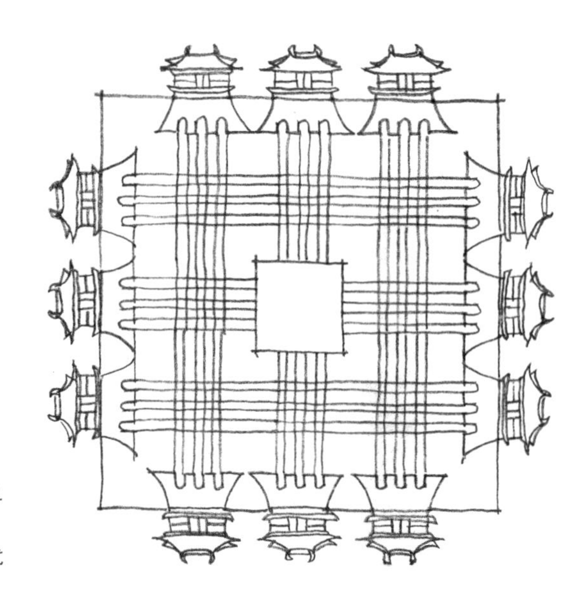

图6.5 在《周礼》描述中的天子之都，王城的平面。
作者自绘，摹自刘敦桢，《中国古代建筑史》，36页。

在中国处于分裂的时期（220—589），无论是北魏的都城洛阳（493—534）还是南朝的都城建康（今天的南京，东晋、宋、齐、梁、陈的都城，317—589），这两座城市都有一条很长的御道，从京城北部的皇宫向南延伸，各政府部门主要沿着这条通道进行对称布置，并且按照《周礼》中的要求，将太庙建在通道的东面，社稷坛建在通道的西面。隋、唐的国都长安（589—907）以及北宋的国都汴梁也都带有鲜明的南北轴线。[1]然而，人们并没有在汉代（公元前202—公元220）的长安与洛阳城遗址中找到这样一条统领全城的轴线，也许那时并不存在哪一个政权将延续天下正统皇族世家的问题。在周代之后，首次出现明确制定南北轴线的情况是在中国的南北朝分裂时代。那时，中国分裂成了许多彼此对抗的地方政权，这一点暗示出，这些政权试图通过在城市规划中复兴古代的正统观念来证明自己才是华夏传统的合法继承人。

明清时期，北京的中轴线主要是一条由纪念性建筑构成的轴线。除了轴线北端的

1 Steinhardt, *Chinese Imperial City Planning*, 72–144.

钟鼓楼外，在这条南北轴线上总共建有十座巍峨的城门楼和七座主要的皇家殿堂。在两侧将轴线围合起来的建筑都是重要的礼仪与政府活动中心，其中包括天坛、先农坛、六部、五府、太庙、社稷坛等建筑。大规模的纪念性建筑沿着笔直的南北轴线整齐地排列着，并配以琉璃瓦和墙柱的金、黄、红、蓝、绿等色，这与遍布着青砖灰瓦、低矮院落的城市的其他部分形成了鲜明的对比。以建筑形式为载体，北京的南北轴线强调的是天子至高的地位、无上的威严与绝对的权力。

南北轴线对北京城的统辖地位一直持续到了民国时期。当1949年10月1日，毛泽东在天安门城楼上举行开国大典的时候，他所在的位置只是南北轴线上众多礼仪性大门中的一个，而这个大门很快就会脱颖而出，被改造成长安街上的一个重要的建筑立面。

重建：两种方法和三个提案

1911年清王朝被推翻了，此后，北京南北轴线上的皇家纪念性建筑和祭祀礼仪场所就一个接一个地对公众开放了。在1912年，天坛周边预留出的广大区域变成了一家林业研究院，紧接着第二年，天坛围墙内的中心区域变成了一个公园。在同一年，明清时期天安门广场周边门殿内的门板被卸掉了，同时还拆除了连接这些建筑的围墙。在1914年，社稷坛变成了“中央公园”。到了1915年，正阳门的瓮城和天安门广场的千步廊也被拆除了。在1924年，太庙更名为“和平公园”并面向公众开放。同年，先农坛的一部分变成了一个体校，它的享殿被用于举行追悼仪式，以纪念为推翻清王朝统治而在广州黄花岗起义中牺牲的七十二位烈士。在1928年，皇家的后苑煤山也变成了景山公园。

1949年新中国成立，并定都北京，随之而来的大量建设对于南北轴线的影响便不仅仅表现在功能变更的方面。北京城的空间结构可能随之发生巨大的变化，这在一些对古都北京情有独钟的中国学者和建筑师的内心深处激起了一片涟漪。于是，当人们为新行政中心的选址进行探讨时，同时也发起了是否要保存历史古城[1]的论战。在当时，存在着两种不同的解决方案提议：一种方法是将政府机构建在古城之内；另一个途径是在西郊另建一个新的行政中心。

1949年12月，在北京市政府组织的城市规划会议期间，苏联专家对两个问题进行了陈述，一个是《关于北京市将来发展计划的问题的报告》，另一个是《关于改善北京市市政的建议》（后文简称“苏联提案”）。[2]他们提出，行政中心应该建在古城之内，反对中央政府发展新的城区，因为这个规划花费太高。他们同样指出，最佳的策略是重建一条主干道或一个主要的广场，并围绕主干道或是广场发展一个新的行政中心。

1　在本书中，北京“老城”，“旧城”，“古城”指的是明清两代内城与外城城墙之内的区域。
2　王军，《城记》，82页。

在他们的图纸中显示，这条主干道就是长安街，而广场就是天安门广场。[1]据当时的报道，北京市政府基本上认可了这个苏联的提案（见图1.4）。[2]

大部分中国建筑与城市规划领域的知名学者和设计师都参加了这个建国元年12月举办的会议。两个月后，即1950年2月，梁思成[3]和陈占祥——一位刚刚受梁之邀回京的留英城市规划专家[4]——在《关于中央人民政府行政中心区位置的建议》一文中为新中国的首都提出了一个不同的规划方案，即著名的“梁陈方案”。这个规划提出，应该在北京西郊建设新的行政中心，并且采用一条与纵贯紫禁城的传统中轴线相平行的新南北轴线来组织这一新区（图6.6）。[5]

梁陈方案的文字对古都北京极尽赞美，而其规划图示则凸显了行政新区和明清皇城的同构关系，从形式与象征层面都唤起人们深深的怀旧之情。在一个追求高速现代化的时代，这种怀旧不仅仅是“享受丧失之悲”（enjoy the sadness of loss）[6]的一种机制；更是一种积极的努力，目的是为未来有所保留，不致丧失。它更像是一个“回收过程”（recycling process），“通过实实在在的物质实体，让过去活在当下，从而为怀旧之情创造一个可触可感的基石”。[7]而这个可触可感的怀旧基石实际上正是革命者想要拆掉的东西。“梁陈方案”最终被拒绝了。[8]

“梁陈方案”十分珍视北京老城，并努力以一种现状保存、不去动它的方式留住它；而苏联专家则认为这种“保存现状”的策略恰恰是对历史古城的抛弃。他们认为：“只有在承认北京市没有历史性和建筑性的价值情形下，才放弃新建和整顿原有的城市。”[9]在接下来的4月，两位来自北京的建筑师朱兆雪和赵冬日为首都提出了另一

1 北京建设史书编辑委员会编辑部，《城市规划》，147—169页。

2 王军，《城记》，86页。

3 对于梁思成与陈占祥工作与履历的简要介绍，参见于水山，“Redefining the Axis of Beijing,” 580—584页。另见Fairbank, *Liang and Lin*；林洙，《建筑师梁思成》；Cody、Steinhardt、Atkin，*Chinese Architecture and the Beaux-Arts*，56–66。

4 梁思成，《致聂荣臻同志信》，《梁思成文集第四卷》，368页。

5 梁思成、陈占祥，《关于中央人民政府行政中心区位置的建议》。

6 Lowenthal, *The Past Is a Foreign Country*, 4–7.

7 Madeleine Dong, *Republican Beijing*, 304.

8 对于“梁陈方案”以及失败原因的具体分析，见于水山，“Redefining the Axis of Beijing”。

9 北京建设史书编辑委员会编辑部，《城市规划》，163页。

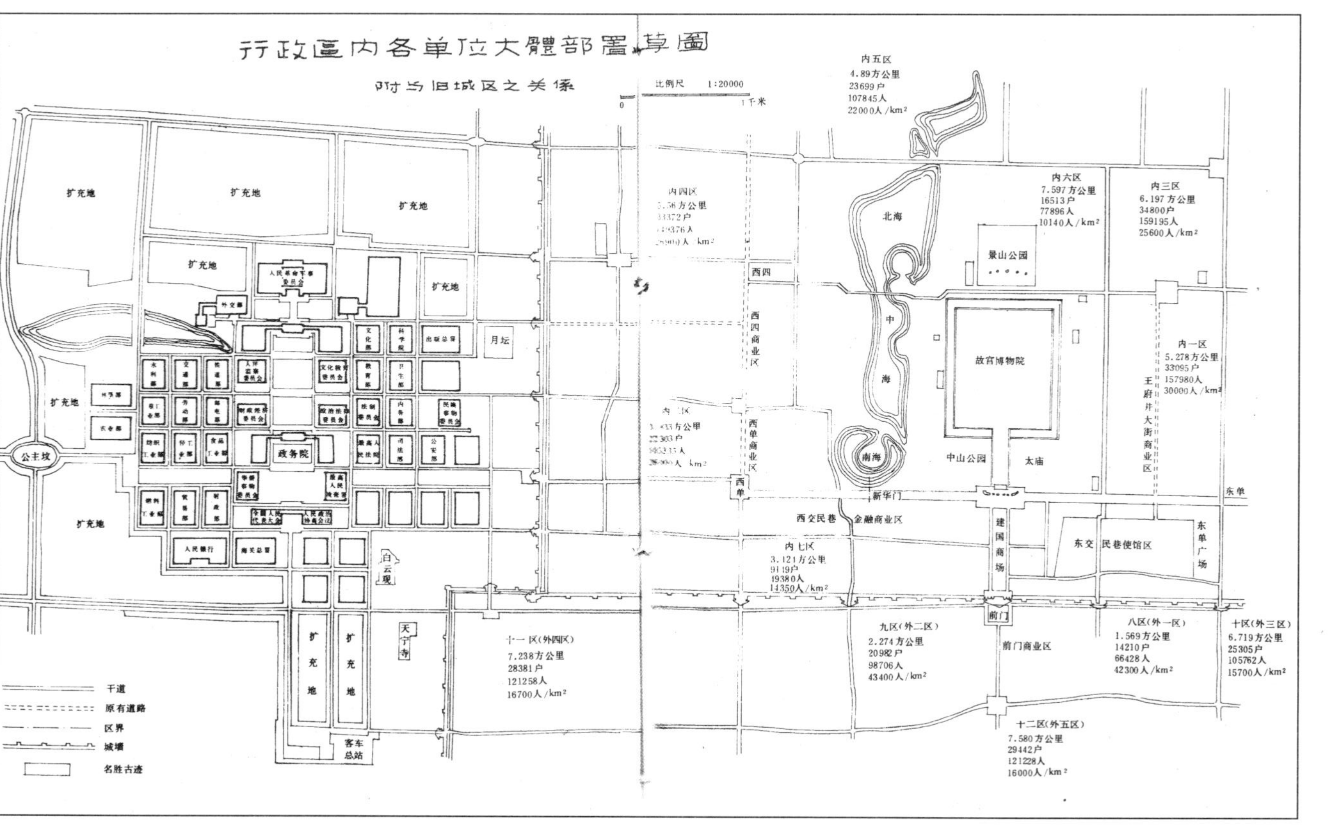

图6.6 梁思成与陈占祥，“梁陈方案”中新行政中心与紫禁城的关系图。1950年。林洙提供。

个总体规划。在这个规划中，新的行政中心将保留在古城之内，位于长安街的南面，与明清皇城隔街相望（图6.7）。如果“社会主义老大哥”的意见注定了“梁陈方案”不会被采纳，那么“朱赵方案”便为它提供了一个前景具体的替代选项。

“梁陈方案”追随着历史的脚印，保存、模仿、强化了帝制时代的轴线，而“朱赵方案”却在形式与象征层面都对历史悠久的南北轴线构成了挑战。在“梁陈方案”中，新行政中心的南北轴线与传统的中轴线相距5.2公里，并与之平行，但是它无论在规模还是地位上都无法与老的轴线相提并论。与传统南北轴线相比，新轴线要短得多，且在布局组织上不够对称。在规划平面中，新轴线看起来就像是老轴线的“后代”，或者至多是个“小兄弟”。相比之下，朱兆雪和赵冬日则清楚地表达了他们新方案的意图是创造一条新的东西轴线，即便这条轴线不能对南北中轴线形成压倒性优势，但至少可以与之形成某种竞争关系。

然而，在20世纪50年代“朱赵方案”中提出的东西轴线并不是长安街，而是长安街与北京内城南墙之间的一整片区域，这里将建造的是能代表社会主义新中国的新纪念性建筑。[1]在1993年，赵冬日时隔四十多年后再次解释道：他们提出的东西轴线是在长安街以南建一条由纪念性建筑形成的实体轴线，而不是长安街这样一条空空的大街（图6.8）。[2]在“朱赵方案”中，长安街是划分北面皇城和南面新行政中心的边界，而不是东西轴线本身。在传统长安街和内城南墙之间的整个区域被保留为中央政府机构用地，并有着自己的东西轴线：位于中央位置正对着皇城的是中央行政机关；在西侧的是文化、教育、政法部门；在东侧的是金融与经济部门。在长安街两侧，新与旧形成的碰撞切断了传统的南北轴线。北京的未来也被设想为沿着长安街向东西方向发展。由此，一个东部中心和一个西部中心形成了一个虽不对称却平衡的布局，它们通过长安街与行政中心连接在了一起。从北京市的东部边界一直到西郊的八宝山，如此长的一条街道不仅将传统的南北轴线一分为二，而且也使得它相比之下显得有些黯然无光。[3]

1 朱兆雪、赵冬日，《对首都建设计划的意见》，4页。
2 王军，《城记》，234—235页。
3 朱兆雪、赵冬日，《对首都建设计划的意见》，3—5页。

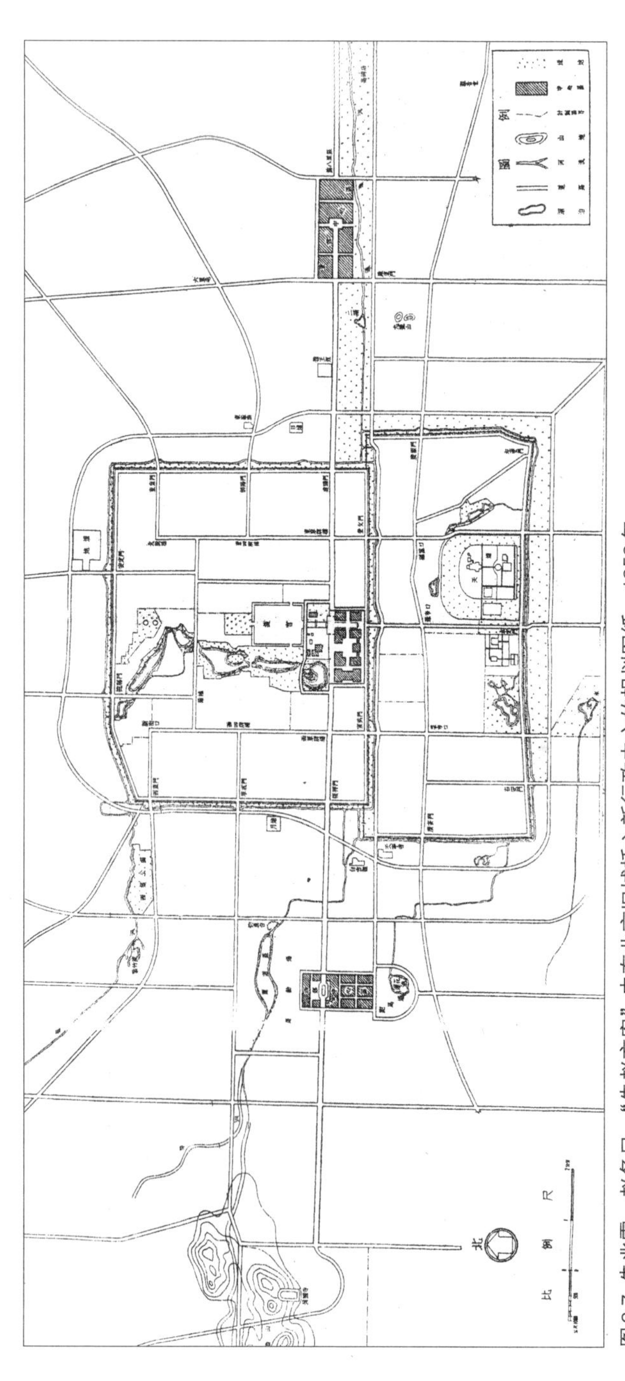

图6.7 朱兆雪、赵冬日，“朱赵方案”中在北京旧城插入新行政中心的规划图纸。1950年。清华大学建筑学院档案馆提供。

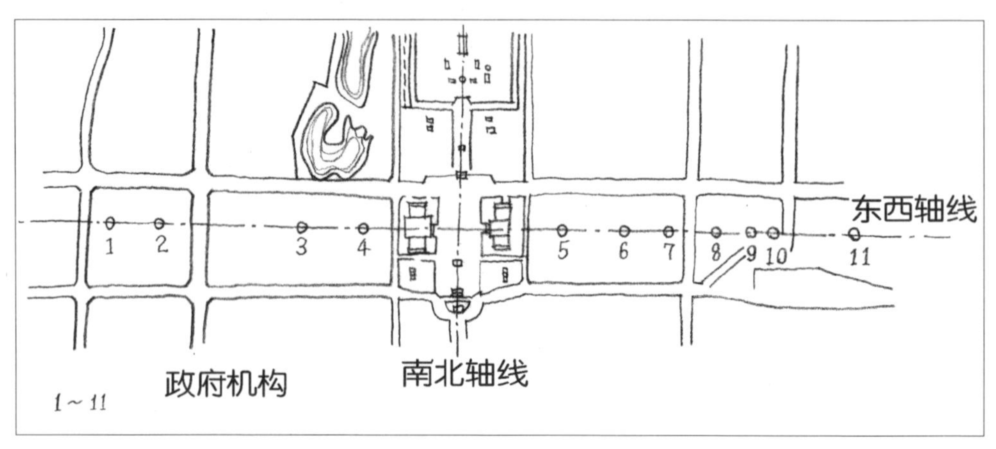

图6.8 赵冬日，由纪念性建筑形成的东西轴线，1993年。作者自绘。
摹自王军，《城记》，235页。

仔细观察“朱赵方案”中的图纸可以发现，长安街并不完全是旧时皇家中心与新政府中心的边界。在这个长条形的区域中，留作中央政府的中间部分得到明确划定，它位于紫禁城的南侧，看起来几乎像是一个新的紫禁城，并带有一条附属的新南北轴线（图6.9）。一直以来，天安门广场与传统南北轴线都是融为一体的，并强化了这条帝制时代的轴线，但是在“朱赵方案”中，行政中心的轴线并没有与天安门广场重叠，而是向西略微偏移了旧的南北轴线。这条新轴线是从属性的，因为无论与传统的南北轴线还是“朱赵方案”中提出的新东西轴线相比，这条新规划的轴线都要短得多。但是，它对于传统的南北轴线却构成了潜在的巨大威胁。“梁陈方案”将新的南北轴线布置在了北京的城墙之外，并保留了整个古城与传统轴线的原样，而“朱赵方案”中新南北轴线与传统轴线是如此地接近，以至于两条轴线确实产生了冲突。新南北轴线的建设发展必然要改变甚至拆除传统轴线沿线的明清古建筑。

在“朱赵方案”中，新的南北轴线与社稷坛处于同一直线上，发源于这一传统南北轴线西侧的古代祭祀建筑群中。在社稷坛的西侧是中南海，这里已经指定为中央领导人办公、生活的大院；在社稷坛的东侧是旧时的太庙，已经更名为劳动人民文化宫。社稷坛的地点由此变成了新权力空间构架（spatial-power framework）的中心。当

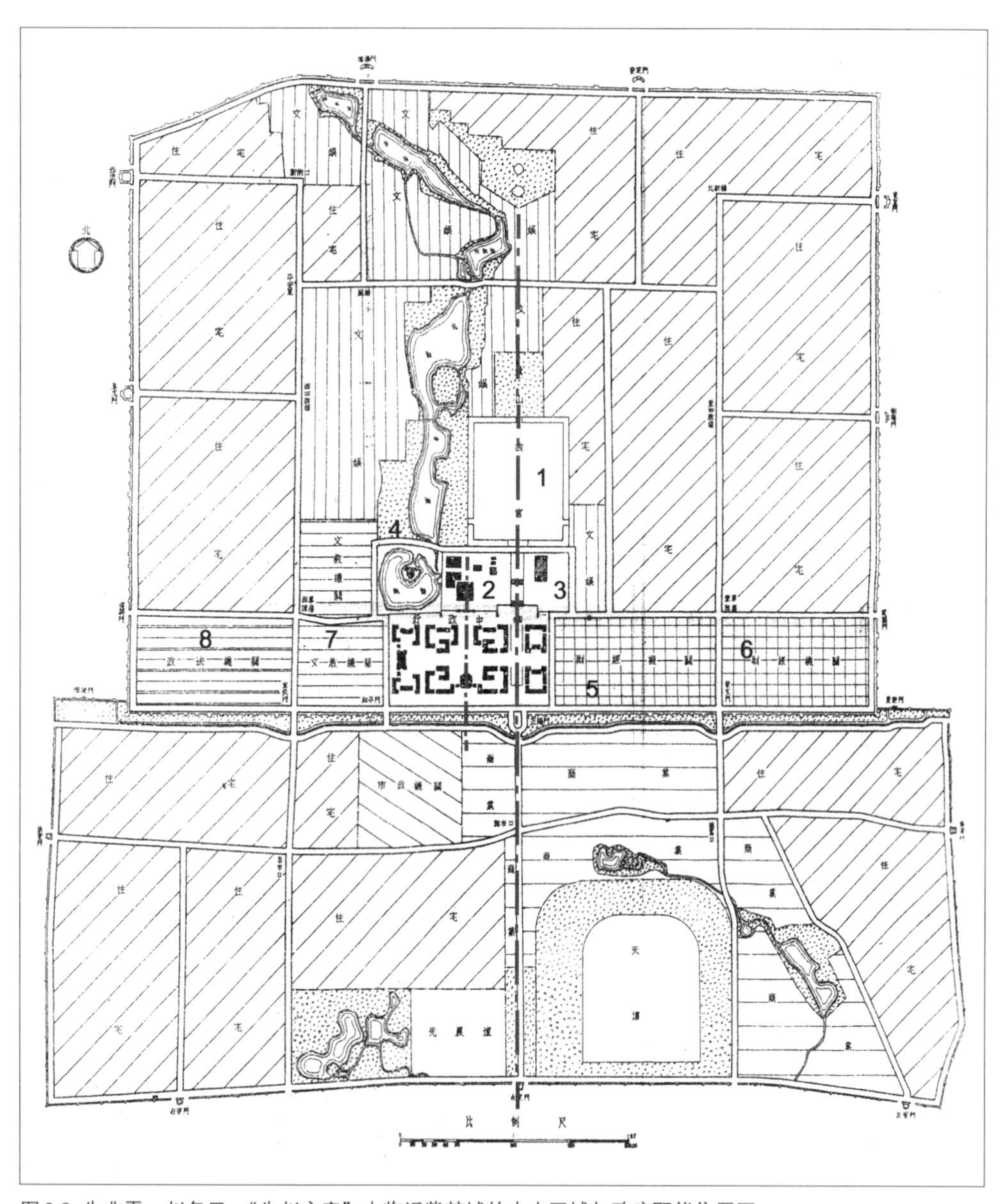

图6.9 朱兆雪、赵冬日，“朱赵方案”中临近紫禁城的中央区域与政府职能位置图：
1. 紫禁城；2. 社稷坛；3. 太庙；4. 中南海；5、6. 金融与经济机关；7. 文化与教育机关；8. 政法机关。
清华大学建筑学院档案馆提供（轴线与区域编号为作者加）。

拥有最高权力的人将居住区从紫禁城西移到了中南海，南北轴线也随之迁移。在“朱赵方案”中，位于传统南北轴线上的天安门广场并不是新中国的政治中心，也没有被扩展。尽管在天安门城楼前是有一个广场，但是在规划中，新南北轴线上的广场将会大得多。在“朱赵方案”的图纸中也可以看到，尽管社稷坛和太庙中的一些历史建筑将会得到保留，但是这两个地点的空间、结构环境将会发生巨大的变化，以满足新功能的需要。[1]

1 关于“朱赵方案”更多的详细内容，见于水山，“Redefining the Axis of Beijing”。

社会主义北京与新的东西轴线

在“朱赵方案”中，长安街并不是北京城的东西轴线。在那时，它甚至还不是一条贯穿行政中心的统一街道。大部分的城市交通不得不绕着这个新行政中心运行。如同传统的南北轴线和长安街北侧的紫禁城，新的行政中心也在北京的心脏位置堵塞了东西方向的交通。

长安街与东西轴线的融合

然而在“朱赵方案”的图纸中毕竟呈现出了一条笔直宽阔的长安街形象，这样一幅有力的图景对北京未来的规划起到了重要的影响作用。[1]在1953年的北京城市总体规划中，虽然长安街还没有向东扩展太多，并且也还不是完全笔直的，但是它已经得到了贯通，并且贯穿了城市的中心。在那时，北京的城墙还保留着，长安街在西部城墙的位置略微向北偏移了。在1954年的总体规划中，长安街向东进一步扩展，在图纸上看似没有尽头，变成了一条跨越整个北京城东西方向的街道。以前规划中街道的拐弯处不见了。然而，长安街的宽度依然并不统一。西长安街延长线上的一些部分比东长安街延长线的部分要宽一些。到了1957年的总体规划中，街道宽度也得到了统一，这使长安街变成了一条笔直、宽阔、开放的大道。

在北京，发展一条贯通城市中心主干道的构想也许是受到了莫斯科的启发。在20世纪50年代早期，北京面对的问题与20年代十月革命后的莫斯科的情况非常相似。与北京一样，莫斯科作为俄国的帝都也有数个世纪之久。城市建有数层城墙，它的中心就是克里姆林宫。在1917年十月革命之后，莫斯科被指定为苏联的首都，它的城墙

1 关于20世纪50年代后来的北京城市总体规划与长安街发展的详细内容，见本书第一章；又见：北京建设史书编辑委员会编辑部，《城市规划》，1—53页；王瑞智编，《梁陈方案与北京》，75—112页。

被逐步拆除了。共产主义政权新的政府中心围绕着红场建在了克里姆林宫的旁边。苏联公共庆典时的主要游行街道——特韦尔斯卡亚大街（Tverskaya Avenue）贯穿于克里姆林宫和红场之间，是莫斯科最知名的大道。由于苏联专家们密切参与到了北京的总体规划中，并且新中国成立初期，苏联在中国社会所有领域都发挥着重要的影响，因此，这样的联系似乎站得住脚。

"朱赵方案"确实得到了苏联专家的支持，而"梁陈方案"也遭到了"老大哥"同行们的反对。"朱赵方案"与之前的"苏联提案"有许多相似的概念。两者都将新的行政中心放在了古城之内，并沿着一条主干道发展政府建筑。朱兆雪和赵冬日引用了莫斯科发展改建历史中心克里姆林宫的案例作为重建北京历史中心提案的论据。[1]而梁思成和陈占祥也援引了苏联的不同案例在精神和专业上作为支持他们提案的理由，他们引用了诺夫哥罗德（Novgorod）、加里宁格勒（Kaliningrad）、斯摩棱斯克（Smolensk）三座城市的历史保存作为论据，认为应该保存北京老城的原样，并强烈反对沿城市主干道发展新政府中心的想法。他们指出：19世纪欧洲由立面排列成的街道不仅在当前世界显得落后，而且与中国的传统相悖，应该采用具有"东方传统的庭院组织"的方法。[2]

"梁陈方案"在许多方面都与日本侵占时期北京傀儡政府的城市规划方案十分相似。[3]在1937—1945年抗日战争期间，北京被日军占领，沦为了傀儡政府的首都。在1941年的《北平都市计划大纲》中，日本人分别在古城的东郊与西郊规划了两个新的区域：西区主要为住宅区，东区主要是工业区。在西区的中心位置是围绕一条南北轴线组织的新行政中心，在它的南端是一个公共广场。[4]1945年日本战败投降后，国民政府聘用了日本专业人员在1946年筹备一个新的北京总体规划方案。结果，这个方案与1941年的日本规划几乎没有区别（图6.10）。[5]先前，国民政府就将1941年的日本规划批判为"侵略计划"，声称在这个规划中，由于新的西区远离古城，并完全由日本占

1 朱兆雪、赵冬日，《对首都建设计划的意见》，1页。
2 梁思成、陈占祥，《关于中央人民政府行政中心区位置的建议》，4—11页。
3 北平市公务局编，《北平市都市计划设计资料第一辑》。
4 同上书，39—52页、60—61页。
5 同上书，ii页。

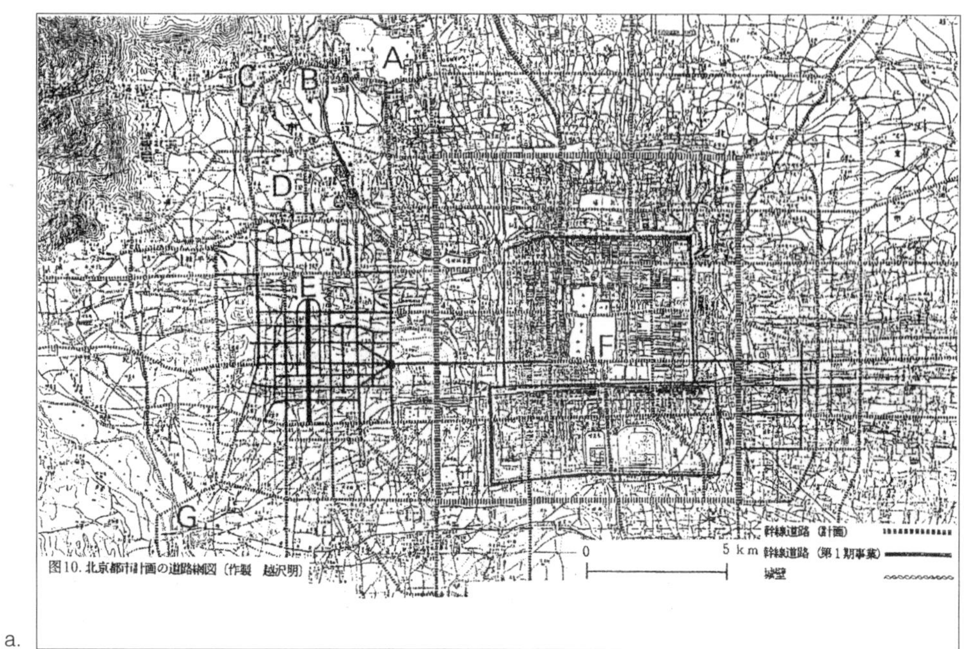

a.

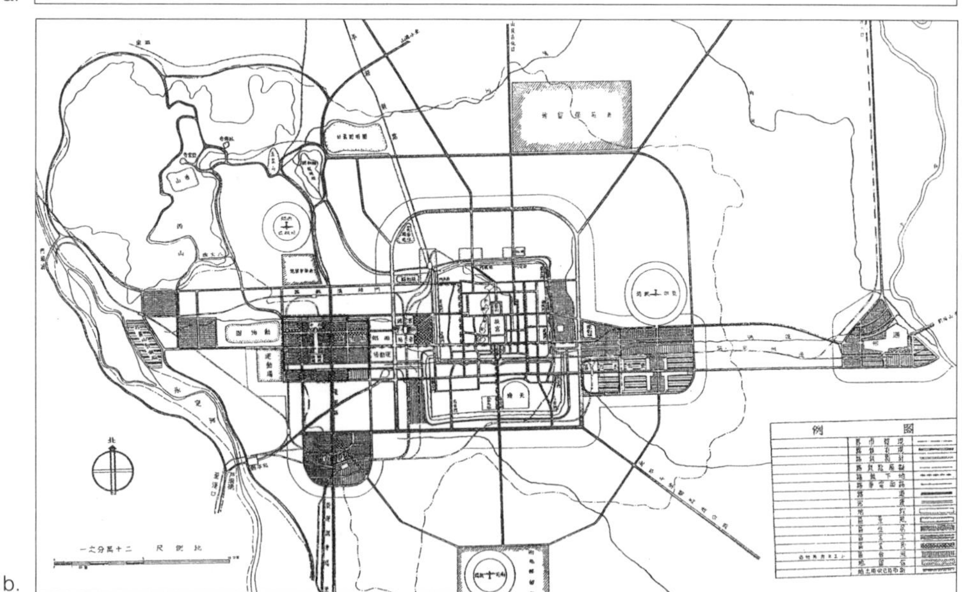

b.

图6.10 1949年以前的北京城市规划：a. 1941年日本的规划；b. 1946年国民政府的规划。
引自董光器，《北京规划战略思考》，300页、307页。中国建筑工业出版社提供。

领者管理，由此造成了北京古城的衰败。[1]然而，无论在1941年日本人的规划中还是国民政府1946年的文献中，都将北京古城赞誉为无价的历史遗产，并提出将古城保留为观光胜地和文化中心。“梁陈方案”对此也十分赞同。而且，梁思成原来的规划与1941年的日本规划更加接近。根据陈占祥的说法，是他在1949年建议梁思成将新行政中心规划得离北京老城更近一些。陈占祥告诉梁思成，他的新政府区域离古城太远，这样不利于发展古城，梁思成对此表示认同。[2]这与先前国民政府批判1941年日本规划的情况是一样的。

“梁陈方案”的致命劣势在于它与日本侵华和国民政府时期的规划的相似性。在新中国成立的初期，北京西郊的新区由于与日本人的瓜葛而受到了牵连。在40年代早期由日本人规划的西郊新区是开拓殖民地和种族隔离的产物。当中国人还居住在旧城脏乱差的环境中时，日本占领者却生活在西郊新建的现代化聚居区中。在日本人占领的满洲，许多城市都发生了相同的种族隔离的情况，因此，在共产主义领导人的头脑中，北京西郊的新区带有某种负面的联系。如果“梁陈方案”带有的怀旧情感本身就与中国共产党人的革命精神相左，那么沿着日本占领军和国民党政权的足迹发展出来的方案肯定是不可接受的。

尽管苏联方面的意见可能影响到了长安街的贯通和扩展，但是将这条大街定性为城市的轴线却深深地植根于中国的传统之中。与北京不同，莫斯科并没有按照东南西北的正向来确定城市的方位。莫斯科的城市是圆形的，环形的道路从城市中心向外放射。相比之下，中国大部分的古代城市都是矩形的，城市中的街道按照正向的方位编制成网格系统。在帝制时代，中国各地的大部分城市都有东西和南北方向的大街，两条大街交织形成的十字会将整个城市划分成四个区域。作为帝都的北京城在城市的心脏部位有宫城和皇城，与之不同的是，各地方城市的中心通常是两条主要街道相交形成的开放空间。因此，除北京之外，20世纪早期的城市轴线通常与城市中的南北和东西两条大道联系在一起（图6.11）。

---

1 北平市公务局，《北平市都市计划设计资料第一辑》，2页。
2 王军，《城记》，82页。

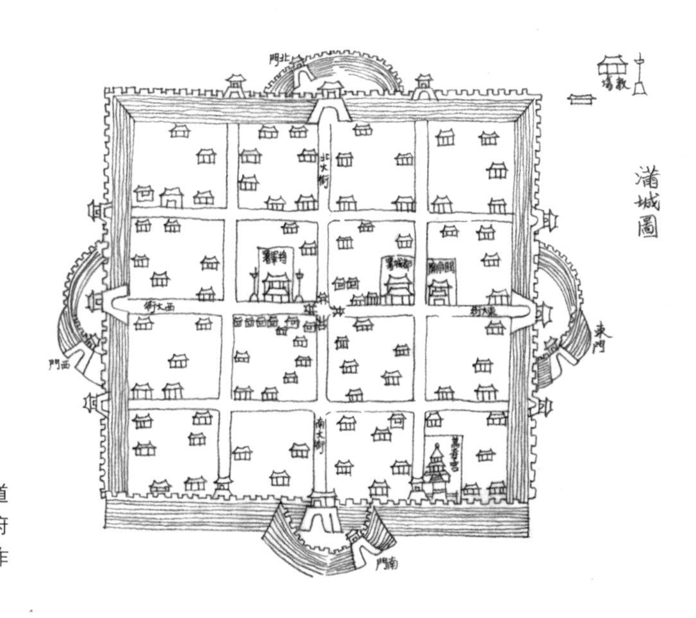

图6.11 清代宁夏府城中由街道形成的城市轴线。摹自《宁夏府志》，1780年，原为木刻版画，作者自绘。

在50年代，对于许多建筑师和城市规划师而言，北京的轴线同样意味着贯穿矩形城市地理中心的主干道。在1954年的北京城市总体规划中，“道路和广场系统”的部分中就提出：“为了便利中心区域的交通，并使中心区和全市的各部分密切联系，将南北、东西两条轴线大大伸长和加宽，其一般宽度应不少于一百公尺。”[1]在当时，不仅是东西轴线，就连南北轴线也被看作是一条大道。从这个角度出发，人们就不难理解，在50年代，政府将南北轴线上的城墙与大门一一拆除，这是将明清纪念性建筑形成的南北中轴线转换成一条由开放大道形成的现代轴线。[2]

虽然，中国建筑与城市轴线规划的历史可以追溯到周代，但是在建筑与城市规划的讨论与分析中，对“轴线”一词的使用还是近期才有的现象。由中国人著的第一本

1　北京建设史书编辑委员会编辑部，《城市规划》，216页、227页。

2　皇城的北门地安门在1954—1955年被拆除了；皇城的南门中华门（明代时的大明门；清代时的大清门）在1959年被拆除；外城的南门永定门也是在50年代末期被拆除的。参见王军，《城记》，314—316页。

《中国建筑史》发行于1933年，此书的作者乐嘉藻[1]在书中指出：中国建筑的独特性在于"中干之严立与左右之对称"[2]。作者在此书中并未采用"轴线"一词。梁思成于1932年的一篇文章中，在描述中国建筑庭院组织的特征时首次采用了"中轴线"一词，他强调，中轴线大多是南北朝向的，主要建筑安置在此线上，左右对称均齐地配置次要的建筑物。[3]当乐嘉藻还是一位投身革命的文人学士时，梁思成正在美国接受布杂艺术传统的建筑教育，而源于巴黎美术学院的布杂建筑以折中主义的态度强调对称性与轴线关系。[4]梁思成在他早期的写作中采用"轴线"一词很可能是因为他在上世纪20年代留学海外时接触到了这一概念。无论是乐嘉藻的"中干"还是梁思成的"中轴线"，两者都是指：在中国传统庭院建筑群中，位于中央南北路线上的主要建筑，例如大门、殿堂、塔亭以及楼阁等（图6.12）。

因此，在50年代，"轴线"一词至少包含两种不同的含义。一种指的是中国古代大型建筑群中通常由纪念性建筑形成的轴线，也就是"实轴"；另一种指的是在中国许多地方城市中由一条开放的大道形成的轴线，即所谓的"虚轴"。当谈到北京城的东西轴线时，一些建筑师（例如朱兆雪和赵冬日）坚持认为：它应该是一条由纪念性建筑形成的轴线，就如同沿紫禁城展开的传统南北轴线；而其他人（例如北京的著名城市规划师陈干[5]，他曾经参与过1949年开国大典时天安门广场的筹备工作）则认为：这条轴线应该是东西方向的大道——长安街。陈干将北京的城市规划概括为"一个中心，两条轴线，三圈环路，四方周正"这样四句话。他进一步提出，北京城市规划中的两条轴线各自代表了传统与革新。在1959年1月的一篇文章中，陈干在论述完老北

---

1 乐嘉藻（1868—1944）是一位晚清投身革命的儒家学者、民国官员、自学成才的建筑史家。

2 乐嘉藻，《中国建筑史》，152页。

3 见梁思成，《我们所知道的唐代佛寺与宫殿》，原作发表在《中国营造学社汇刊》，1932年第3卷第1期；改编拓展为《敦煌壁画中所见的中国古代建筑》，发表于1951年出版的《文物参考资料》第2卷第5期；收录在《梁思成全集第一卷》，129—159页；参见135页。

4 关于梁思成在美国接受布杂艺术教育的情况，见Cody、Steinhardt、Atkin，*Chinese Architecture and the Beaux-Arts*，56–66。关于布杂艺术对现代中国建筑的影响，见Cody、Steinhardt、Atkin，*Chinese Architecture and the Beaux-Arts*。

5 与梁思成和陈占祥相比，陈干是他们的晚辈，他于20世纪40年代毕业于南京中央大学建筑系。见陈干，《京华待思录》，215—259页。

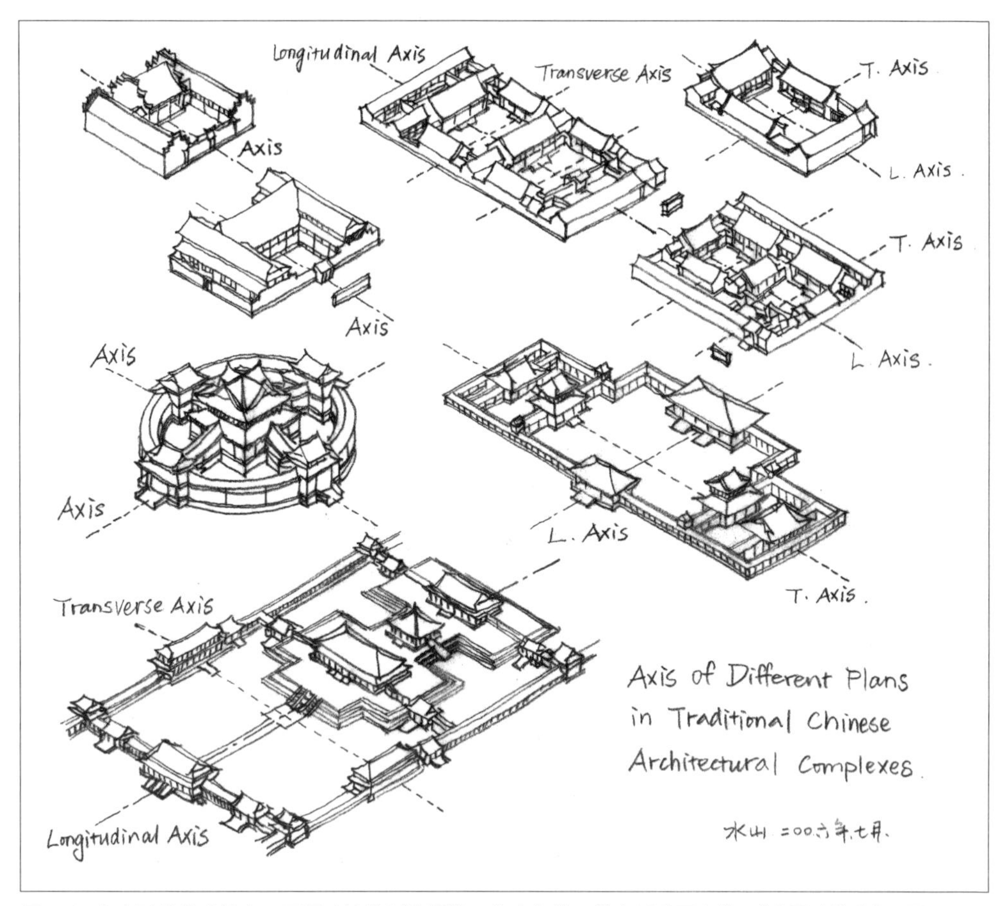

图6.12 在中国传统建筑中，不同建筑类型的轴线。作者自绘。摹自潘谷西主编，《中国建筑史》，8页。

京突出的遗产地位和落后的当前状况后，又接着指出：

我们利用了旧城原有的基础，形成了横贯全市的横轴，与南北中轴线正交，构成了北京城市规划的大坐标，把整个城市的布局稳定在既传统又创新的庄严格局中。

所谓传统，主要表现在：

（1）保持按原中轴线作为城市总体布局的纲领；

> （2）保持按原棋盘式街道作为城市局部布局的框架；
>
> （3）保持国家政权的象征居中的庄严格局。
>
> 所谓创新，主要表现在：
>
> （1）打通、展宽、延伸东西长安街，东连通县，西抵石景山，全长20公里，形成一条横贯东西的横轴，与南北中轴线相匹配，从而进一步加强了城市整体感和布局的稳定感。这是对北京旧城的大胆突破，这样的改建与扩建不但在中国城市建设史上，就是在世界的城市建设史上亦属少数，堪称空前大手笔。
>
> （2）把政权象征居中的中心点从紫禁城和太和殿移到了天安门广场和国旗旗杆的位置上，移动的距离，虽然不过几百步，却鲜明地区别出了两个完全不同的历史时代。[1]

陈干后来也解释道：扩展16公里长的南北轴线和40公里长的东西轴线形成了新北京城市规划中的两条“坐标轴”。[2]

尽管陈干不同意在长安街南侧由纪念性建筑构成新轴线，而赵冬日也不认同将长安街作为东西轴线，但是他们两人都将天安门广场看作是坐标的原点。未来的发展大体上遵循了陈干的预期。长安街被发展成了北京城的东西轴线。直到今天，长安街以南的许多部分都保留着单层的院落，还没有形成由纪念性建筑构成的轴线（见图1.7，图6.8）。

长安街地位的崛起致使人们在它的两侧建设了宏大建筑立面。在短期内，为了使长安街至少有一侧的立面是相对完整的，国家在1954年决定集中建设长安街的北侧。[3]这样的决定是由于中国关于建筑方位根深蒂固的传统，按照这个传统，坐北朝南是最舒适、吉利、正式且具有权威性的。由此，尽管“朱赵方案”将中央行政中心置于长

---

1 陈干，《京华待思录》，23—33页。

2 同上书，72页。

3 在已有的材料中没有明确谁做出了这些决定。见北京建设史书编辑委员会编辑部，《城市规划》，1—37页、147—233页。

安街的南侧，但是在随后的50年代，更多的宏大工程却沿着长安街建在了街的北侧，为的是充分利用最好的方位朝向，这实际上为长安街变成一条东西轴线奠定了事实基础。

“北京性质”的再定义与长安街地位的改变

尽管早在20世纪50年代末，长安街就变成了一条贯通的大道，并且实际上已经成为北京城的东西轴线，但是作为一条象征性的轴线，它的地位却是后来才被赋予的。在数十年间，长安街主要是作为连接天安门广场与城市其他部分的通道。但是，自从80年代以来，长安街在城市中所扮演的角色越发符号化了，它从一条功能性的大道变为了一条象征性的轴线，这种地位的转变与毛泽东时代（1949—1978）之后北京城市性质的再定义是同步进行的。[1]

在北京每一次的总体规划中，对首都城市性质的描述都是一个主要的问题。当1949年社会主义政权定都北京时，这座城市被苏联专家们描述为一个落后的“消费城市”，而不是一个进步的“生产城市”。根据苏联专家的观点，社会主义的首都应该不仅仅是个文化、科学与艺术的城市，而且应该是个大工业中心。在一个城市的人口中，工人阶级的比例既有象征意义又有政治意义。在1949年底的一份报告中，苏联专家告诉他们的中国同事和共产党的官员们，莫斯科的人口中有25%是工人阶级，而北京只有4%。因此，北京仍然是一个消费城市，并且需要大规模的工业建设。中央政府接受了苏联专家的建议，并将其作为城市重建的一个原则，目标是“变消费城市为生产城市”。在北京的总人口中，工人阶级的比例必须要增加，因为这是作为“人民民主国家首都不可缺少的条件”[2]。

在1954年的城市总体规划中，人们将北京描述为“政治、经济和文化的中心，特

1　这里提到的毛泽东时代包括了华国锋的短暂执政时期，他是毛泽东挑选的接班人，1976—1978年的中国领导人。
2　北京建设史书编辑委员会编辑组，《城市规划》，150—152页。

别要把它建设成为我国强大的工业基地和技术科学的中心”。在北京市委向中央政府的请示中，将北京的性质界定为“我国的政治中心、文化中心、科学艺术中心，同时还应当是也必须是一个大工业城市”[1]。在1954年的规划中，有四个主要的工业区：东部在现有一些小型工厂的地方，发展为轻工业和中小型重工业的工业区；南部在北京木材厂以西的地区，允许发展某些有碍卫生和高度易燃性企业的工业区；西部在石景山钢铁厂、衙门口、田村地区以及长辛店铁路工厂一带，发展为冶金和重型机械工业的工业区；东北部在真空管厂附近，发展为以制造精密仪器和精密机械为主的工业区。按照1954年的规划，工业区集中在北京的东郊和西郊。此外，在通县以西至现在北京市区、良乡、密云等地区并拟保留大工业的备用地。[2]

当规划将未来的工业主要沿城市的东西方向发展时，长安街就变成了最重要的功能性大道，它将这些工业区与天安门广场形成的政治中心连接在了一起。在1950年的“朱赵方案”中，长安街是连接北京东西郊三条大道中的一条。[3]然而，在1954年的规划中，长安街发展成了最长、最宽（约100米）的一条东西大道。[4]

1958年的规划只对1954年规划中的北京性质做出了细微的调整。在这次规划中的表述为：“北京不只是我国的政治中心和文化教育中心，而且还应该迅速地把它建设成一个现代化的工业基地和科学技术的中心。”[5]尽管在1958年的规划中，工业区分散遍布在整个首都和大量的卫星城中，目的是满足备战的需要，但是，与1954年的规划相比，长安街的地位却有所提升。在规划中，中央政府的各个部委以及重要的国家建筑，例如博物馆和国家剧院都要沿着长安街建设。在新中国建国十周年之前，基本完成长安街建设的计划就已经开始了。[6]

1980年对于北京性质的界定是转折性的一年。这一年的4月，在《关于首都建设

---

1 北京建设史书编辑委员会编辑组，《城市规划》，214页、234页。
2 同上书，215—216页。
3 另外两条大道一条是连接广渠门与广安门之间的道路，以及内城南城墙护城河南岸的老前三门大街。北京建设史书编辑委员会编辑组，《城市规划》，208页。
4 北京建设史书编辑委员会编辑组，《城市规划》，227页。
5 同上书，237页。
6 同上书，247—251页。

方针的指示》一文中，中共中央书记处将中国首都的特征简化成了两点："首都第一是全国的政治中心，是神经中枢，是维系党心、民心的中心，不一定要成为经济中心；第二是中国对国外的橱窗，全世界就通过北京看中国。"来自党中央的指示强调了北京在文化、风光、清洁卫生、文化遗产、科学、教育以及公共秩序等问题上的重要性，首都在经济方面的属性却被弱化了。在毛泽东时代曾经雄心勃勃地追求首都的工业发展，但是此时却有意不再强调这个目标了。在1980年4月，指示明确指出："要着重发展旅游事业、服务行业、食品工业、高精尖的轻型工业和电子工业。下决心基本不发展重工业。重工业可用资金、设备、技术人才与外省、市、区合作的办法搞，这样，首都人口也才可能逐渐向外输送。"[1]

党中央关于再定义中国首都性质的指示被编入了1982年北京总体规划中。在这次规划中，北京的性质被定义为："北京是我们伟大社会主义国家的首都，是全国的政治中心和文化中心。"各项事业的建设和发展都要适应和服从这样一个城市性质的要求。北京的工业被认为已有相当的基础，在将来，只需要发展轻工业和传统工艺美术等行业。[2]

1982年，长安街作为中国首都东西轴线的地位被首次正式编入了北京市总体规划中。在"旧城改造"的部分中指出：

> 在规划布局上，保留并发展了原有的南部中轴线，打通展宽延伸了东西长安街，形成了新的东西轴线。两条轴线相交在天安门广场。天安门广场经过历次改建，已成为首都人民群众活动的中心广场，改变了旧城以故宫为中心体现封建帝王唯我独尊的格局。
>
> ……
>
> 要继续完成天安门广场和东西长安街的改建。这里要安排党中央及国家领导

1　北京建设史书编辑委员会编辑组，《城市规划》，391页。
2　同上书，257—260页。

机关和一些重要的大型文化设施与其他公共建筑，形成庄严、美丽、现代化的中心广场和主要干道。[1]

在这里，长安街没有被界定为一条连接天安门广场与首都东西郊之间的功能性通道，而是变成了定义城市中心的两个要素之一。在这一官方的叙述中，动机与结果被颠倒了过来，给人造成了一种模糊的假象，似乎天安门广场的重要性是因为它是长安街与中轴线相交的地点。由于规划将“主要的工业基地”一条从首都性质的界定中删除了，如今长安街的规划平面上布满了政治与文化机构。“继续完成”的措辞暗示出建设长安街的连续性，与中国现代化项目不断更新的过程相一致。

在1992年，人们进一步将1982年规划中北京性质的界定进行了整理。在1992年规划的城市性质中，“北京是伟大的社会主义中国的首都，是全国的政治中心和文化中心”之后被加上了“是世界著名古都和现代化国际城市”的描述。长安街作为北京东西轴线的地位得到了确定。但是，为了使北京达到全球大都市地位的目标，如今长安街上不仅主要安排国家重要行政机构和大型文化设施，而且也要适量安排商业服务设施。[2]与1982年的规划相比，1992年北京城市总体规划的另一个主要变化是恢复强调北京市的南北中轴线，并强调首都未来发展中的历史保护，[3]这些趋势在2005年的总体规划中得到了进一步的强化。

从新中国伊始到90年代早期，北京城市规划的特点表现为：在对北京性质不断的界定中，与工业相关的方面被逐步删除，并逐步强化了长安街作为东西轴线的文化象征意义。[4]这两种不同层面的平行发展并非是偶然的。由于中国建筑的现代化工程对实用功能的强调减少了，发展长安街背后的实际驱动力弱化了，于是，这条大道在城市中的作用就越来越向着符号化的方向转变。

1 北京建设史书编辑委员会编辑组，《城市规划》，270—271页。
2 同上书，302—309页。
3 同上书，313页。
4 张敬淦，《北京规划建设五十年》，52—56页。

“实”轴与“虚”轴

明清时期的南北中轴线是一条“实”轴，这是因为古代的纪念性建筑直接建于这条轴线上；而长安街形成的新东西轴线是一条“虚”轴，原因在于它是一条由纪念性建筑立面围合起来的空旷大道，而不是由这些建筑物串联构成的轴线。北京的南北轴线上建有数量众多的仪式性大门和皇家的纪念性建筑，它是帝制时代中国的象征；而长安街的发展起步于1949年之后，它在各方面都与南北轴线形成了鲜明的反差。长安街上不断增添着政府大楼和代表最高政治意义的国家文化工程，这些建筑使这条大道成为了展示社会主义中国伟大成就的主要展台。

与传统南北轴线相比，长安街的特征表现在许多不同的方面。虽然南北轴线和长安街都有通道功能，但是，前者主要是象征性的，而后者才是一条实实在在的通道。在1912年以前，南北轴线上大部分的中央门道都是专为皇帝保留的，并且通常都大门紧闭。例如，内城中央的南门正阳门就是只为皇帝在有生之年开放的大门；在他死后，他的遗体必须从其他的城门送出城市。[1]大明门（清朝时称为大清门；民国时称为中华门）位于天安门广场的南端，它只在国家庆典时才打开；日常要进入皇城，只能通过长安左门与长安右门。[2]实际上，南北轴线上的所有重要大门都有具体的礼仪功能：天安门是用于颁布诏书的大门，端门是一座仪门，它是一条没有任何实际功能的大门，午门是用于出征和献俘等体现天朝威严等活动的大门，而太和门则专为朝贺之用。[3]

南北轴线的首要功能是展现皇权的等级制度。这个功能将老百姓的日常生活排除在外。例如，天安门城楼高大城台下部的五个券门在使用中就有着严格的规定。中间最大的门洞为皇帝专用；紧靠中间的两个门洞为宗室王公以及三品以上的文武官员专

1　高巍，《漫话北京城》，108页。
2　北京大学历史系北京史编写组，《北京史》，226页。
3　孙大章，《中国古代建筑史第5卷：清代建筑》，46页。

用；[1]最外侧的两个最小的门洞为四品及以下官员专用；其他的随从人员只能出入天安门城楼两侧城墙下方开的简单的入口。[2]在南北方向的实轴上，纪念性建筑的设计同样遵循着严格的等级规定。太和殿是最重要的皇家建筑，它采用的是重檐的庑殿顶，这是中国传统屋顶样式中的最高级别，而太和殿前的太和门采用了重檐的歇山顶，这是比庑殿顶低一个等级的屋顶样式。三大殿后的乾清门只采用了单檐的歇山顶，是更低等级的样式。太和殿有九开间，并且有一条环绕四周的走廊，而太和门则是七开间加环廊，更低一级的乾清门只有五开间，并且没有走廊。太和殿高居于三层的须弥座之上，而太和门则只建在一层须弥座之上，乾清门没有须弥座。关于建筑细部与装饰，太和殿拥有最精致复杂的斗栱，而太和门与乾清门的斗栱只采用了相同结构的简化版本。但是，南北轴线上的所有这些建筑都采用了皇家专用的金黄色琉璃瓦，这与城市其他部分的灰瓦屋顶形成了鲜明的反差，在其间只是星星点点地散落着皇亲贵胄宅院上的蓝绿色琉璃瓦屋顶。

沿南北轴线显露空间的方式与长安街沿线的空间呈现方式有所不同。沿南北轴线形成的空间是封闭、分离且不透明的。它被层层叠叠的墙壁与大门遮挡了起来。在明清两代，唯一能够看到这条轴线的位置就是煤山（景山）的顶部，而这里是皇宫的后院，公众无法接近。在日常生活中，北京的老百姓除了感受到这条轴线带来的不便之外是没有机会在其间穿行的。面对这个围合起来的皇家禁地，当他们要抵达城市另一侧的区域时，不得不绕道而行。皇城占据了传统南北轴线中最长的部分，并且阻碍了北京内城东西方向三分之二的道路交通。当老百姓提及进入南北轴线内部的时候，经常会联系到官场的两种极端情况，要么是获得无上的荣耀（例如“金榜题名”），要么就是身败名裂（例如“秋审”与“勾决”）。[3]南北轴线呈现的是皇家的尊贵与至高无上的权威。[4]

1 在中国的帝制时代，官员们分为九个等级，称为九“品”。第一品为最高等级，而第九品为最低等级。官员等级的九品体系发端于3世纪，成熟于隋唐时期（581—907），直到清朝结束的1911年都在发挥职能。

2 王玉石，《天安门》，15页。

3 同上书，27—29页。

4 有一个关于晚清时期近代革命者的故事，说他们虽然受到了西方自由民主思想的影响，但是，当走过传统南北轴线之后，面对着太和殿，他们还是禁不住跪下了。同上书，12页。

与南北轴线相反的是，长安街沿线呈现的是开放、通透的空间，代表着平等主义的精神。从长安街上任意一点望去，所见的都是一条通畅、无尽的大道。在现代中国，一条明亮、笔直、宽阔的大道赋有着鲜明的符号意义。在1954年，毛泽东写道："使全国人民有一条清楚的轨道，使全国人民感到有一条清楚的明确的和正确的道路可走。"[1]长安街的意义不仅在于连接着空间上的距离，而且跨越了时间上的间隔，它通往的是一条充满艰难险阻的道路，但却承诺着会带来无限光明的未来。

如今，无论是长安街还是明清的南北轴线都变成仪式化的了。但是，沿长安街举行的仪式与政治游行自始至终都对南北轴线的权威构成了挑战。自1913年以来，北京发生的许多重要的政治事件，都表现为沿长安街举行的各种示威活动或群众游行。[2]在1949年以前的大部分群众游行反对的都是长安街北侧红墙后的当权者；然而，在新中国成立之后，特别是在国庆庆典期间，共产主义政权将长安街发展建设成了一个展现大国成就的舞台。在这方面，新中国政权不仅延续了1949年以前的长安街游行对南北轴线的挑战态度，并且将其合法化了。它向世人强有力地宣告，新中国的国家认同是一个革命政权，对以前政权的传统国家认同持反对态度。沿东西轴线举行的革命性庆典与沿着南北轴线的皇家仪仗队伍形成了鲜明的反差。沿长安街定期举行的国家庆典表演和群众游行一方面强化了这条崭新、宽阔、笔直、通畅的大道在人们心目中的形象，另一方面也突出了这条东西轴线的符号作用。

在1949年之后，与天安门广场上举行的庆祝活动相比，长安街上的活动与中国的传统习俗却具有更多的相似性。相比之下，1913年以后，在天安门广场上的集会与中国传统的庆典有所不同。传统庆典通常是沿着一条通道行进的。人们可以在绘画长卷《康熙南巡图》[3]中见到这种传统庆典的景象，这幅图描绘了沿北京城南北轴线举行的活动（图6.13）。在加冕、婚嫁、出殡、祭祀等不同的传统仪式中，游行式的"行礼"都

1　毛泽东，《关于中华人民共和国宪法草案》，见《毛泽东选集》第五卷，129页。

2　王玉石，《天安门》，37—60页。

3　《康熙南巡图》，王翚等绘，共十二卷，绢本，重设色，67.8厘米 × 2612.5厘米，康熙三十至三十三年（1691—1694），清代，北京故宫博物院。

是一个重要的组成部分。[1]在帝制时代的庆典活动中，统治者们会积极地亲身参与到沿南北轴线的游行之中，但是现代的领导人仅仅是在两条轴线的交汇处，站在观礼台上，观看沿东西轴线的群众游行。如果说，在传统的“行礼”中，注视的源头来自于“天”，它不停地注视着天子的行为，并且不断地要求着这些庆典仪式作为赐以天命的前提，那么在社会主义中国的游行中，注视的源头则是天安门观礼台上的领导人。根据福柯的观点，注视的源头即是权力的源头，而那些时刻处于注视之下的人们则将一种纪律规则内化而处于弱势（disciplined and powerless）。[2]与帝制时代相比，中央集权并没有因仪式的改变而弱化。将长安街的发展纳入新的轴线，这对于北京的传统秩序做出了一个革命性的姿态，同时也强化了新政权领导的权威。

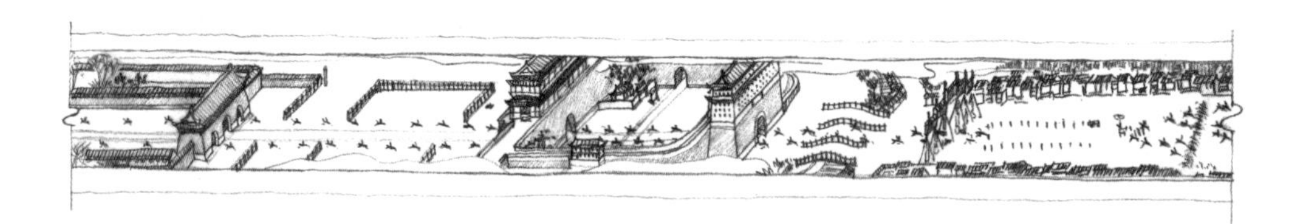

图6.13《康熙南巡图》中的一部分，原为王翚等人创作的手卷，17世纪。片段为作者铅笔临摹。

1 现代汉语新词“游行”与古代汉语就有的“行礼”两者都包含“行”字，这个字的原本含义是行走。这可能暗示了沿着轴线行进是中国早期仪式性表演的主要形式。“行礼”一词最早出现在西汉儒家著作《礼记》的“曲礼”章中。参见王梦鸥，《礼记选注》，26页。对于清代皇家“行礼”的描述，参见《清朝通典》。对于“行”字的原意与引申含义，参见罗竹风主编，《汉语大辞典》（上海：汉语大辞典出版社，2001年），884—885页、922页。

2 Foucault, *Discipline and Punish*, 195–228.

南北轴线的回归

长安街的发展将北京城传统的南北轴线拦腰切断，而近些年，这条龙脉又开始回归了。八九十年代，文物保护在中国的兴起导致了这个重要的变化。在1982年，政府颁布了《中华人民共和国文物保护法》。在同一年，北京成为了二十四个“国家历史文化名城”中的一座。在1987年，联合国教科文组织首次将中国的五个地点列为世界文化遗产，北京的紫禁城就是其中的一个遗产地。

在1992年的北京城市总体规划中显示出了传统南北轴线的回归。在1982年的规划中并没有提及历史保护的问题，对待老城的策略被涵盖在“旧城改造”之下，强调的是改造；但1992年的规划中却包括了一个很具体的部分，标题即为“历史文化名城的保护与发展”。其中，南北轴线作为城市布局最重要的特征，被特别强调并标示了出来：

> 保护和发展传统城市中轴线。必须保护好从永定门至钟鼓楼这条明、清北京城市中轴线的传统风貌特点。继续保持天安门广场在轴线上的中心地位，要在扩建改建中增加绿地、完善设施。鼓楼前街和前门大街要建设成具有传统特色的商业街。
>
> ……
>
> （新的发展必须）注意吸取传统民居和城市色彩的特色。保持皇城内青灰色民居烘托红墙、黄瓦的宫殿建筑群的传统色调。[1]

为了保护传统南北轴线的突出地位，新建筑的高度会根据临近这条轴线的情况而受到严格的控制。离皇城越近，建筑的高度就越低。距离紫禁城与煤山250米范围

1　北京建设史书编辑委员会编辑部，《城市规划》，313页。

内最近的建筑物的高度不得超过9米。皇城范围内的任何新建筑的高度都不得超过18米。在皇城之外、内城以内的范围，建筑高度大部分都要低于30米，个别区域的建筑高度控制在45米以下。旧城（含明清内城和外城范围内）以外的建筑高度一般也不超过60米。沿长安街这样的主要道路建造的建筑物可以相对略高一些。[1]

由此，根据1992年的北京城市总体规划，城市中心的建筑应该保持低矮，以凸显传统的南北轴线。这与50年代首都建筑高度的方案形成了鲜明的对比。根据1954年的北京城市总体规划，新建筑的高度应该不低于四五层。围绕天安门广场和长安街沿线的建筑物应有七八层以上或者更高。在城市边缘的住宅区可以降低至三层及三层以下。[2]这样的高度规定与后来的规划完全相反。在50年代，建筑的高度是现代化的象征，并且大规模的建筑建在了城市的中心以展现新政权的国力，而在90年代，优先考虑传统南北轴线的结果将使北京未来的天际线如同一个“锅底”。

南北轴线的回归同样是旅游业与怀旧情绪共同作用的结果。由于在首都禁止重工业与大部分其他工业的发展，旅游业和它的相关产业以及传统手工艺等“无烟工业”变成了北京的主营业务。皇宫、园林、寺庙、祭坛之内挤满了游客。[3]旅游业的升温强烈激发了对“老北京”的怀旧情绪。在90年代，涌现出了大量关于老北京生活的书籍，在这些书中满是已经消失的老建筑的黑白照片，其中有城门、牌楼、城墙以及四合院式传统街区等等。由于大部分的城墙和城门都已经不见了，传统的南北轴线成为了文化怀旧的最佳对象。南北轴线上的每一座建筑物都得到了勘察与测量，描绘中轴线的绘画长卷被创作了出来，传统中轴线的三维计算机模型也被建立了起来。

事实上，南北中轴线并不是仅仅被保护，而是被发展。1992年的北京城市总体规划要求它向南北两个方向延伸。对于这一延伸的构思是与传统中轴线的空间特征相一致的：

---

1 北京建设史书编辑委员会编辑部，《城市规划》，313页。
2 同上书，218页。
3 见Broudehoux, *Making and Selling of Post-Mao Beijing*。

> 中轴南延长线要体现城市“南大门”形象；中轴北延长线要保留宽阔的绿带，在其两侧和北端的公共建筑群作为城市轴线的高潮与终结，突出体现21世纪首都的新风貌。[1]

传统南北轴线始于北城的钟鼓楼，并向南伸展；与此相似，延长后的轴线也有一个北端，这里将会是新南北轴线的高潮（见图6.1）。

南北轴线不仅回归了，而且延长了，这是人们努力与新东西轴线的发展保持平衡的结果。90年代的长安街上已经填满了各式各样高大雄伟的立面。与之相比，当时的南北轴线处于欠发展的状况。在2005年北京最新的一次总体规划中，两条轴线在整个城市中形成了平衡的构架。这个崭新的总体规划覆盖了所谓的“大北京区域”，其中包括北京城区和许多卫星城。先前的北京城区既包括旧城，也包括过去五十年间的扩展区域，这两个部分被称为北京的“中心城”。人们将这个新的构架归纳为“两轴—两带—多中心”。

“两轴”指的就是有皇家纪念性建筑构成的传统南北轴线和长安街这条东西轴线。“两带”指的是包括通州、顺义、亦庄、怀柔、密云、平谷的“东部发展带”和包括大兴、房山、昌平、延庆、门头沟的“西部发展带”。“多中心”指未来的北京城除了拥有一个综合性中心外还将有发挥各自城市功能的多个副中心，这些副中心的专项功能包括高科技、体育、商业、制造业以及综合服务业：[2]

> 中心城以旧城为核心，继续发展传统中轴线和长安街轴向延伸的十字空间构架。
>
> （1）中轴线以文化功能为主，以中部历史文化区、北部体育文化区、南部城市新区为核心，体现古都风貌与现代城市的完美结合。其中，中部地区荟萃北京历史文化名城的精华，应严格保护；北部地区以奥林匹克中心区为主体，建成国

---

1 北京建设史书编辑委员会编辑部，《城市规划》，313页。

2 《北京城市总体规划（2004—2020）》，2005年1月，《北京规划建设》2005年第2期，总第101期（2005年3月），12页。

际一流的文化、体育、会展功能区；南部地区通过引导发展商业文化综合智能及行政办公职能，带动南城发展。

（2）长安街及其延长线是体现北京作为全国政治、文化中心功能的重要轴线；规划以中部的历史文化区和中央办公区为核心，在东部建设中央商务区（CBD），在西部建设综合文化娱乐区，完善长安街轴线的文化职能。[1]

如果用“政治性”与“工业化”等词汇来代表中国五六十年代的时代精神，那么自80年代以来，“文化”已经变成了一个最流行的字眼。在2005年的北京城市总体规划中，所有事物都被贴上了“文化”的标签，从政治到艺术，从商业到娱乐，这实际上使“文化”一词在城市规划的语境中完全丧失了自身的含义。然而，无差别地使用“文化”一词却标示出了重要的意识形态转型。中国社会已经厌倦了毛泽东时代没完没了的政治运动，80年代的中国社会展现出了对文化的渴望，此时，中国的知识分子一方面可以专心关注中国漫长的历史发展，另一方面也可以拿得到来自国外的丰富资料。80年代期间，“文化热”以及艺术、文学领域各式各样的新运动一方面创造出了对传统的渴求，表现在了“寻根”文学中，另一方面也表现在了对现代的渴望，就如同发生在中国各地各式各样的新先锋派艺术运动。文化的肥料为90年代新民族主义的崛起提供了适宜生长的土壤，它将政治力量与历史荣耀、商业成功以及文化怀旧结合在了一起。

2005年的北京城市总体规划沿着南北和东西轴线划定出了不同功能的区域。在某种程度上，它将新民族主义的意识形态表现在了历史、政治以及商业的相互结合中。在2005年的北京城市总体规划的图纸中对两条轴线做出了比文本更加清晰精确的描述（见图6.1）。在《中心城功能结构规划图》中，南北轴线分成了三个部分：中间的部分名为“传统中轴：历史文化核心区”；北部称为“北中轴：体育文化区”；南部名为“南中轴：商业文化综合区”。在东西轴线中，西部区域命名为“长安街：政治文化核

1 《北京城市总体规划（2004—2020）》，《北京规划建设》2005年第2期，101页、17—18页。

心区”；东部包括中央商务区。[1]

在以前的北京总体规划中，南北轴线被限制在了它的两端，而指向东西方向的两个箭头预示了长安街在未来的发展壮大。在2005年的总体规划中，这种关系颠倒了过来。规划将长安街的东西轴线限定在东西的两个起点上，东部的起点是大运河，西部的起点是永定河，相比之下，南北中轴线以天安门广场为中心向两端无限延伸，由两个箭头标示了出来。

新民族主义的崛起确实使沉寂多年的南北轴线复苏了。在1964年为长安街组织的规划是一次全国性的努力，而在2002年为南北中轴线进行的都市设计却是通过国际方案征集的方式实施的。在北京市城市规划设计研究院提交的方案中将中轴线的北部称为“时代轴线”，中部称为“传统轴线”，南部称为“未来轴线”。中央的传统轴线象征历史与纪念，北段的时代轴线代表现代与庆典，南段的未来轴线寓意未来的腾飞与大国的崛起。[2]

在21世纪的开端，建设北京南北轴线的一个具体措施就是建设奥林匹克公园。在2001年7月13日，国际奥委会向世界宣布北京成为2008年夏季奥运会的主办城市。在筹备这个期待已久的盛事中，政府组织了一个名为“北京奥林匹克公园规划设计方案征集”的国际设计竞赛。与1998—1999年的国家大剧院设计竞赛相比，2002年的奥林匹克公园设计竞赛在规模上还要大得多。前后共有二十一个国家和地区的一百多家设计单位参与了竞赛，最终收到了九十多个方案。在这次竞赛中，南北中轴线的规划战略与奥林匹克公园的具体设计同样重要；在竞赛任务书中，这是需要考量的最重要的问题。[3]帝制时代中轴线的扩张开始了，但是它背负着一个新的历史任务——实现“中华民族的伟大复兴”（图6.14）。中国现代化工程的艰巨任务曾经落在了长安街的肩膀上，如今又传递给了北京的南北中轴线。

---

1 《北京城市总体规划》,《北京规划建设》，101页、49页。

2 北京市规划设计研究院，《潜心细绘京城蓝图》，77页。

3 北京市规划委员会、北京水晶石数字传媒，《2008北京奥林匹克公园及五棵松文化体育中心规划设计方案征集》。

图6.14 21世纪北京的中轴线，北京城市规划展览馆内的模型。作者自摄。

结论

全球语境下的长安街

2008年夏季奥运会的盛事使全世界的目光聚集在了北京。奥林匹克公园的建设和主体育场——“鸟巢”的开幕式给很多人留下了深刻的印象。一些人赞扬这座建筑是现代艺术与工程技术的杰作；另一些人批评它在建设中使用了大量高质量的进口钢材，并因之而造价昂贵；还有一些人将其视为中国彻底融入全球市场的标志，因为公园与主体育场均是由中国院所与外国公司合作设计的。但是，没有多少人会注意到奥林匹克公园在北京轴线系统中的重要位置，或是关注于2008年北京奥运会与中国几千年的历史之间的联系。

奥林匹克公园是北京南北轴线北端的新起点。在公园的北部，由山水园林形成的人造自然景观象征着五千年中华文明之肇始。从这里开始向南展开，奥林匹克公园的南北跨度有5000米长，并划分为了五个部分，每一个部分代表一千年的中国历史。在年代序列的排位上，“鸟巢”坐落在唐代的位置上。官方以如此的方式颂扬中国帝制时代的历史，这在二十年前是无法想象的事情。在那时，以长安街的发展为代表，共产主义理想占据着意识形态的主导地位，反传统的精神在现代化工程中起着推波助澜的作用。而今天，龙脉真的复苏了，随之而来的还有中国的民族主义与对昔日辉煌历史重现的渴望。

新近复兴的北京南北中轴线成为了中华民族传统的象征，而长安街也依然被看作是一条代表现代化的城市轴线。如同在其他国家的首都建造的著名林荫大道，例如：巴黎的香榭丽舍大街（Avenue des Champs-Elysees）、莫斯科的特韦尔斯卡娅大街（Tverskaya-Lyusinovskaya）、罗马的帝国大道（Via dell'Impero），在北京，长安街划定着城市的布局结构。然而，上述的大道中没有一条以如此畅通、壮观的形式贯穿一个都市的整个城区。在世界各地重要的城市大道之中，长安街宏伟的尺度、严整的形式使它独树一帜。与其他国家著名林荫大道的情况相同，长安街的发展同样将民族历史（history）、现代性（modernity）以及国家认同（identity）紧密地联系在了一起。例如，雅典的雅典娜街（Athinas Street）和柏林的菩提树下大街（Unter den Linden Avenue），这两条大街都是通过在各自的国家历史中选择出被认为有益的片段加以保留，从而传达出一个崭新的国家认同。

当东西两条长安街被贯通为一整条畅通的大道之初，它还不是一个符号化的中心。起初，政府对长安街道路系统的改造是为了改善城市的交通状况，以此来实现古都的现代化。作为北京建筑现代化的一个要素，政府一再对长安街进行规划的目的是体现新中国不同时期不断变化着的现代化目标。在每一个时期政府都声称，按照当时的现代化目标“基本完成”了长安街的建设。在长安街不断翻新的沿街立面上，人们一边用纪念性建筑物填补着过去留下的“缺口”，一边又创造出了新的“缺口”。这种“缺口”与其说是物理空间的缝隙，不如说是观念象征的差异，而造成这种差异的根源是由于现代化工程在不同的时期树立了不同的目标。当长安街最终在北京的城市构架中变成了一条象征性的轴线时，它即被指定为一条体现现代性的新轴线。与象征传统的南北中轴线相对应，长安街的象征性并没有表现在结构与空间的物质存在里，而是植根于演化发展的动态过程中。

现代交通与巴黎的香榭丽舍大街

将长安街作为中国首都的一条城市轴线，这个地位是在现代才被赋予的。与之不同的是，巴黎香榭丽舍大街无论在帝制时代还是在现代，都是法国首都的主轴线。皇家建筑与现代的、商业的建筑天衣无缝地逐渐过渡，融合在了一起，绵延不断地展现着法兰西悠久的历史。[1]

在中国明清两代的皇家庆典中，仪仗队伍要沿着北京城的南北轴线行进，并穿过重重的城墙与大门。而在法国巴黎的庆典中，游行队伍通常是沿着林荫大道，特别是在香榭丽舍大街上行进。普法战争时期，在1871年3月，普鲁士占领军在万军林荫大道（Avenue de la Grande Armée）上来回行进，之后又来到香榭丽舍大街庆祝他们的胜利。而七十年之后，希特勒的纳粹军队沿着相同的大街重演了历史上的一幕。

富丽堂皇的林荫大道是现代西方社会的产物，它通常由排列整齐的树木掩映着纪念性建筑物形成大道的沿街立面。1646年，当国王路易十四下令拆除巴黎的城墙和防御工事后，取而代之的是一条条绿树成荫的大道。这些大道后来变成了巴黎最富有生气的街道，被称为内部林荫大道（interior boulevard or *les grands boulevards*），围绕内部林荫大道的是外部林荫大道（exterior boulevard）。当奥斯曼男爵（Baron Georges-Eugène Haussmann）在19世纪中叶添建了一系列对角线放射状的大道时，内外林荫大道才被连接起来。奥斯曼男爵的新街道系统给巴黎创造了两条新的轴线，其中东西轴线以香榭丽舍大街作为其中心部分，南北轴线由巴黎东站（Gare de l'Est）连接奥尔良门（Porte d'Orleans）。这两条大道相交于城市的中心。[2]

巴黎的城市轴线与北京的轴线在很多方面都截然不同。巴黎的两条轴线几乎同时形成于19世纪，而北京的东西轴线却比南北轴线晚了五百多年。北京城的轴线是中国古人根据源于宇宙秩序的正向方位，而巴黎的轴线却是根据早期街道的现状模式自

---

1 Vale, *Architecture, Power, and National Identity*, 20.
2 Evenson, *Paris*, 8-26.

然形成的，因此北京的轴线要比巴黎的规整得多。巴黎的轴线蜿蜒在城市之中，完全渗入了整个城市，而长安街将整个城市一分为二，并在城市最中心的位置横穿南北轴线。作为形式上的轴线，巴黎大道的轴线感要比长安街弱得多。同时，巴黎的轴线是由已有的街道连接而成的，目的是改善交通状况，而北京的长安街切入了旧城历史的布局结构之中，并且摧毁了曾经建在这条路径上的皇家纪念性建筑物。

在巴黎的城市轴线中，与北京长安街类似的林荫大道是香榭丽舍大街。这条大街笔直、宽阔，由树木和宏伟的建筑物排列而成，它的显贵地位与长安街十分相似。然而，这两条大街无论在文化语境还是在功能环境方面都截然不同。与巴黎的其他林荫大道一样，在1667年，香榭丽舍大街最初是作为装饰性的步行街而建的，它并非是用于改善城市交通的实用性街道，[1]而北京的东西两条长安街起初只是两条次要的城市街道，被南北中轴线分隔了五百年之久，直到近几十年，东西长安街才得到贯通，并成为了一条重要的现代街道。卢浮宫是香榭丽舍大街明确的起点，并只向着一个方向——西方——延伸下去。而长安街也有一个起点——天安门广场，但是它却向东西两个方向延展，这样就使它在未来的规划中，无论是视觉上还是实际上都存在向两个方向无限延伸的可能性。最重要的是，香榭丽舍大街始于历史上传统的纪念性建筑，并自然地融入了现代新开发的地块之中。它的起点是在历史上建造的，在这条轴线出现之前，就已经存在很久了。但是，长安街的起点——代表共产主义运动的天安门广场——却是现代的产物。香榭丽舍大街体现了古与今的自然过渡，而长安街却代表了时代的突变，它在古与今、旧城结构与新发展、历史记忆与乌托邦式的未来之间画出了清晰的界线。

北京低效的交通状况是贯通东西长安街的最初动力，与此相同，发展巴黎街道系统的动力也是交通运输问题。由马牵引的公交车始于1661年，一直沿用到了1913年。但是，早在19世纪70年代，有轨电车就已经变成城市运输系统的一个重要部分，这使得马车变得陈旧过时。在1929年，有轨电车彻底取代了马拉的旧式公交车。但是，

1 Evenson, *Paris*, 38.

在20世纪六七十年代，私家车与地铁交通由于更快、更便利、更准时等诸多优点而在城市中兴起，于是造成了公共汽车乘客的流失，同时，不断发展的交通运输技术使街道、地铁、高架桥、火车站等设施变成了现代性的象征与体现。[1]与之相似，在中国的共产主义革命之前，长安街发展的第一个阶段也是出于提高交通运输效率的目的。

现代交通运输的力量与速度，伴随着金属、玻璃建筑的技术创新，使现代艺术与建筑在形式与意识形态两方面发生了革命，并表现为以未来主义、构成主义为代表的历史先锋派运动。在1925年，勒·柯布西耶为巴黎提出了一个“空想家式的规划”（visionary plan for Paris），根据他的现代主义未来图景去复活城市的历史中心。在他的规划中，整个历史上的城市布局结构将被统统抹掉，取而代之的是坐落在庞大、空旷、抽象花园中的巨大的、底层架空的现代建筑。而这种对城市历史中心改建的极端概念正是梁思成在1950年“梁陈方案”中所批判的；“梁陈方案”最终失败了。在很多人眼中，勒·柯布西耶的规划是一个现代主义的乌托邦。它从来都没有实现过。但是，他的想象一直以来都在激发现代主义对过去的挑战。在勒·柯布西耶之前，埃菲尔铁塔一直都被看作是在历史都市环境中破旧立新的榜样。而在他之后，建于1969—1976年的蓬皮杜艺术中心（Centre Pompidou）和1969—1973年的蒙帕纳斯大楼（Tour Maine-Montparnasse）一直都与历史城市中心的布局结构格格不入，并且围绕着它们的高度与风格问题始终都存在着争论。[2]法国总统蓬皮杜是一个现代主义者，他欢迎在巴黎旧城中丰富新的都市元素。他曾在1972年动情地申辩：

> 大城市中的现代建筑造就了高楼大厦。在我看来，法国人，特别是巴黎人，对建筑高度的偏见完全是一种退步性的表现……人不能深陷在过去之中。巴黎并不是一个死去了的城市；它也不是一个维持现状的博物馆……我们是文明的守护者。但是，同时成为一个创造者则是困难的……我爱艺术，我爱巴黎，我爱法

1 Evenson, *Paris*, 76–122, 139–41.
2 Ibid., 52–53, 184–92.

国。我对法国人的趣味，特别是那些自称为精英的人们的保守特征而感到惊讶；我对一个世纪以来关于各种艺术问题的公共权力的政策感到震惊，这就是我为什么千方百计与之反击的原因，但是也只获得了很有限的成功。[1]

这与50年代长安街扩张背后的动力何其相似。北京并不是一个死了的城市。保持北京生命力的最佳策略就是根据现代化中国的新图景来发展这个城市。也难怪，在90年代，支持安德鲁国家大剧院方案的人们列举了埃菲尔铁塔和蓬皮杜艺术中心的胜利，用这些实例来为大剧院与人民大会堂和皇城之间的风格冲突进行辩护。法国的蓬皮杜总统一定站在他们这一边。

政治权力与罗马的帝国大道

建设现代街道通常是以牺牲历史建筑为代价的，在这一点上，罗马的帝国大道（Via dell’ Impero）与长安街的情况十分相似。当新的都市生活创造了巴黎现代的林荫大道时，罗马的帝国大道却意图展现出一个新帝国的力量。建造这条大道是为了连接现在与过去的帝国，它切入了帝国广场（the imperial fora），并且将维克多·伊曼努埃尔二世纪念碑（the Monument to Victor Emmanuel）前的威尼斯广场（the Piazza Venezia）与古斗兽场（the ancient Colosseum）连接了起来。与长安街相同，罗马的帝国大道也被设想为一个展台，它是作为“罗马世界博览会”（the Esposizione Universale di Roma，也称“新罗马”；这届博览会因第二次世界大战而流产）的主轴线而建造的。贝尼托·墨索里尼（Benito Mussolini）为在1942年举办世博会，同时庆祝法西斯主义的成就，而制定了这个野心勃勃的计划。新首都的建筑群就坐落在这条轴线上。在1934年，人们设计了拥有一千二百个房间的国家法西斯党总部，并

1 George Pompidou, “Le président de la République définit ses conceptions dans les domains de l’art et de l’architecture,” *Le Monde*, October 17, 1972. In Evenson, *Paris*, 190–91.（译者翻译）

将其放置在这条大街的中点上。五千五百户住宅遭到了拆毁，为的是暴露出古罗马帝国广场的考古遗迹。[1]虽然长安街的发展也需要拆除历史区域上的建筑，但是它的初衷却是为了提高现代交通运输效率。相比之下，在法西斯统治的意大利，帝制时代的辉煌不但没有受到后继者的挑战，相反，为了展现更加久远、更加强大的古代荣耀反而拆除了许多近现代的房屋。

罗马城有举行军队凯旋阅兵式的传统，并且有着非常久远的历史。在罗马共和国时期（公元前508—前44），胜利队伍的游行经常会持续数日，并激发整个城市的活力。这些游行发挥着许多历史悠久的仪式性功能，其中包括净化受到战争玷污的军队与平民，安抚、回馈护佑他们得胜的诸神等等。这些古代庆典的主要目的与它们后来在巴黎、罗马、北京以及莫斯科的转世版本所表现的是一样的：要么是为战争寻找正当的理由，要么是展现国家的实力，要么是提聚内部的精神，要么是加强领导者的权威，要么是震慑民族的敌人。虽然古罗马的伟大成就对城市的布局结构产生了巨大的影响（例如：凯旋门的建造以及广场和剧场的发展），但是这些仪式性的游行并没有固定的路线，也没有为这些庆典而设的专用街道。[2]与历史中的情况相比，21世纪不同庆典对城市发展的影响要自知自觉得多，也具有更加明确的目的。

将20世纪30年代罗马历史中心的处理方法与50年代北京历史中心的处理方法进行比较只会暴露出肤浅的相似性。两者都是位于遍布历史记忆的帝都文化中心的新权力中心，并且两者都清除了大量的老房屋，目的是为庆典游行的宽阔大街开道。然而，帝国大道将帝国主义时代的威尼斯广场和古罗马斗兽场连接在了一起，俯瞰着新发掘出来的帝国广场；长安街却将帝制时期的行政中心从皇城龙脉上断切下来，并将它变成了一个用于集会的宽阔的人民广场。罗马在30年代的各种考古工程将古罗马帝国时代的纪念性建筑剥离成一个个巨大的遗迹盆景，并将它们展示在了城市广场的中心；崭新的天安门广场和长安街却将紫禁城与明清北京高耸的大前门边缘化，使这些

---

1 Vale, *Architecture, Power, and National Identity*, 30–32.

2 Diane Favro, "Rome: The Street Triumphant: The Urban Impact of Roman Triumphal Parades," in Celik, Favor, and Ingersoll, *Streets*, 151–64.

老建筑变成了新时代的背景。在30年代，墨索里尼努力通过与历史上的黄金时代——古罗马帝国建立联系，而试图使法西斯政权合法化。他通过各种各样的考古项目将法西斯主义的意大利等同于古罗马帝国，并将领袖墨索里尼等同于奥古斯都，其中包括与帝国广场（特别是奥古斯都广场）、奥古斯都墓、奥古斯都和平祭坛等建筑相关的考古发掘。[1]然而，在50年代的中国，毛泽东并没有努力重现中华帝国历史中的黄金时代。与之相反，毛泽东关注于创造一个全新的社会，一些中国古代统治者从来都不曾尝试过的东西，这种雄心就如同他在1936年的著名诗篇《沁园春·雪》中所预示的一样：

> 惜秦皇汉武，略输文采；唐宗宋祖，稍逊风骚。
> 一代天骄，成吉思汗，只识弯弓射大雕。
> 俱往矣，数风流人物，还看今朝。

在墨索里尼时期的意大利，政治宣传的计划旨在形成“一种展示古罗马帝国成就的说教，以此来支撑历史上的国家荣耀，并激发对这一崇高传统的现代守护者的忠诚之心”[2]。但是，在过去四千年帝制时代的历史中，没有一个政权可以与毛泽东对中国未来的憧憬相提并论。将北京未来的发展和法西斯重塑罗马的行为进行对比，仅就一个政权对政治需求的实现程度而言，它证明了毛泽东的方略要比墨索里尼的强大、有效得多。斯皮罗·科斯托夫（Spiro Kostof）在讨论墨索里尼的奥古斯墓考古工程时讲道：

> 就其本身而言，奥古斯都大帝广场（Piazzale Augusto Imperatore）是缺乏信念的产物；因此，我们今天也无法对其印象深刻。作为政治艺术的目标，它利用奥古斯都时代的历史遗迹来为法西斯的成就歌功颂德。这个古今竞秀的关系，至少

---

1 Spiro Kostof, “The Emperor and the Duce: The Planning of Piazzale Augusto Imperatore in Rome,” in Millon and Nochlin, *Art and Architecture in the Service of Politics*, 270–325.

2 Ibid., 287.（译者翻译）

> 在视觉感官层面上，从来都没有真正地建立起来。在天平的一侧，法西斯的砝码太轻了：我们能感受到的只有奥古斯都的存在。我们对奥古斯都的态度不会因与墨索里尼的联系而改变，而且，我们对墨索里尼的态度也不会因此而有所提高。后代所谓的领袖败给了古代的君王，并且被遗忘了。最终，这个广场能留下的只是一个天大的错误。[1]

在帝国大道的建设上，古罗马帝国的荣耀让墨索里尼试图通过它来展现的法西斯主义成就黯然失色。相比之下，长安街与天安门广场的发展虽然切断了传统的南北轴线，并使之相形见绌，但是却创造了一个展示新中国实力与社会主义成就的名副其实的展台。

国家认同与雅典的雅典娜大街

如同北京长安街的发展，在希腊雅典，雅典娜大街的建设也是政府做出的一个姿态，目的是强化国家建筑中的官方意识形态。在1832年，希腊刚刚从奥斯曼帝国中独立出来不久，政府马上就有了一个总体规划，目的是在未来将雅典发展成一个崭新的独立共和国的首都。雅典娜大街成为了连接国王的王宫和历史纪念性建筑雅典卫城之间的轴线，这一举措的目的是努力给在土耳其人统治下长期荒废的古都赋予崭新的国家认同感。

雅典娜大街始于古代卫城的脚下，是这个城市主要的南北轴线，它切入了雅典的旧城之中。长安街与紫禁城的关系实际上是一条划分历史与现在的边界，与之相比，雅典娜大街的作用更像是连接过去、现在、未来之间的链条。这条大街发源于历史上的卫城，穿过了由众多优雅宾舍环绕的欧摩尼亚广场（Omonia Square），并从这里向

---

1 Kostof, “The Emperor and the Duce,” 322.（译者翻译）

前方延伸。[1]

与北京长安街不同的是，在雅典的城市布局结构中，雅典娜大街并不是唯一一条占统治地位的街道。它只是三条主要街道中的一条，而这三条街道中，每一条都代表了新希腊官方的意识形态和国家精神的不同方面。雅典娜大街的设计努力创造出与古典时代的强烈联系。帕尼匹斯提米奥街（Panepistimiou Street）通过“雅典三部曲”——大学、研究院和国家图书馆——将雅典转换成了一个欧洲风格的首都。米特罗波利斯街（Mitropoleos Street）通过新的教堂和王宫，致力于强化国内政治文化的统一和国家认同。这三条街道都建造于19世纪30年代，在这个时期，希腊刚刚摆脱土耳其的控制不久。[2]雅典这三条街道中所包含的国家精神，集中体现在力图忘却并断绝与奥斯曼土耳其帝国在近代历史上的联系，同时建立起一个崭新的国家认同。在这方面，它们与中国首都长安街发挥的功能非常相似。两者都体现了新国家一边回味着近期历史伤疤的痛楚，一边发展着自身的现代化。

完成长安街的建设与中国建筑的现代化

在中国城市规划与建筑的现代化工程中，长安街肩负着三个主要任务。首先，它是一条为现代化城市交通提供服务的都市大道，这一点类似于巴黎的香榭丽舍大街；其次，它是展示一个政权实力的国家展台，这一点与罗马的帝国大道相似；第三，它是一个表达新国家认同的都市空间，这一点，与雅典的雅典娜大街相一致。在别的国家，这些任务分担在了不同的都市元素甚至是不同的城市之中，但是在中国，它们都集中落在了长安街的肩上。对于这一点，最显著的例子就是北京在城市规划中往往被界定为一个“万能的”中心。90年代，尽管在北京的城市性质界定中删除了“工业中心”的字眼，但是过分地将各种功能集中于北京的情况一直就存在

1 Vale, *Architecture, Power, and National Identity*, 39–41.

2 Eleni Bastea, “Athens: Etching Images on the Street: Planning and National Aspirations,” in Celik, Favro, and Ingersoll, *Streets*, 111–24.

着。以长安街和天安门广场为中心，社会主义首都的建设延续着中国几千年的传统：要塑造出一个象征“天下”的中心。

在新中国的每一个时期，政府都在按照当时对“现代性”的定义来声称在不久的将来“基本完成”长安街的建设，但是关于现代化的意识形态一直都在发生转变，并给长安街未来要“完成”的部分留下了需要填补的“缺口”。衡量这些“缺口”的尺度取决于中国的现实与西方的参照之间的差异，而中国的现实又是通过西方语境下产生的词汇、案例以及理论框架来获得表述的。

对于中国的现代化工程而言，原创是来自于西方的，中国的学者将这种现代性称为“早发内生型现代化”。与此同时，很多中国的学者认为，中国的现代化是“后发外生型现代化”，言下之意是，中国的现代性由于某种历史性的错误而受到了拖延，并且保持着不成熟的状态。[1]抛开任何所谓的历史性错误，中国的现代化转型依然被称为是“蹒跚的”和“扭曲的”。[2]那么何谓正常而顺利的现代化转型？如果将现代化工程置于一个普世的框架之中，那么在未来方向的问题上，中国建筑将永远都会看向西方。

在中国的建筑领域，近些年引进的后现代主义和后殖民主义理论并没有对这一现代化工程的基础构成挑战，而是大部分被中国建筑师用来作为在设计市场中与外国公司竞争的手段。新民族主义在近期的崛起以及中国对重现辉煌历史的渴望，这些方面都表现在了最近对北京城南北中轴线的发展中，但它们更多地表现为以西方为主导的国际秩序在中国的一个地方主义投影（regionalist shadow），这种情形就如同新中国成立早期的数十年间对社会主义的强调一样。

与之相似，北京近些年发起的恢复古都风貌的运动，是对占主导地位的西方文化的一种回应，这种情形又如同50年代北京的工业化一样。一方面，老式的街道恢复了起来，有人还提议要将新中国早期数十年间建造的“丑陋”混凝土建筑夷平，

1　潘谷西主编，《中国建筑史》，299页。
2　同上书，300页。

恢复旧时的城门和城墙；另一方面，破败的老四合院被一一拆除，为了给新的城市购物中心、豪华住宅、公司总部腾地。前者抹去的是社会主义近期的记忆，为的是恢复一个仿造的“老北京”以招揽游客；而后者是在抹去一个更老的真实北京的记忆，以此吸引世界市场的兴趣。人们易于为失去后者的记忆而感到悲伤，但似乎从来不认为失去前者也是一种损失，怀旧之情使之变成了一个盲区。北京恢复了对南北中轴线的热情。在过去，“梁陈方案”提出建造一条新的南北轴线作为新政权的行政中心。它与老的轴线保持平行，目的是保持旧城的完整性并保存传统的南北轴线。但是，北京最新的城市规划要求强化并延伸原来的南北轴线，这恰如20世纪50年代对长安街的做法。

表面上的变化不应该模糊历史重演的景象。近来，一位俄国的评论员声称：“尽管在经济领域和国际地位上取得了引人瞩目的成就，中国还只是个模仿者。”[1]这听起来很真实。常有人说：“21世纪是中国的世纪。”对这个预言无论是感到乐观还是感到悲观其实都无关紧要，只要还抱有现代化的想法，那么中国建筑的现代化工程就根本无法实现。以将来时的“现代化”取代现在时或过去时的“现代”所形成的历史连续性是不自觉的。它将太多的注意力集中在了不停的更新和永远追赶的状态之中，但是却忽略了一个文化的内在价值，而正是在这种不自觉的内在价值的驱动下，才产生了“现代化”对“现代”的替换。在某种程度上，现代化工程过分强调了当下的意义与重要性，因为当下是我们可以直接感受的；它在古与今之间画上了一条清晰的边界，而在边界线上任何东西都无法存在；最终，它也忽视了历史的延续性——中华文明发展的真正动力。

---

1 《国际先驱导报》，2005年7月11日。

中文版跋

关于长安街，在这本书里讲得够多了。这里不妨说一些题外话，关于历史、我个人以及这本书的由来。

历史是距离的产物，非但必须有时间的间隔，也往往要借助于空间的断离。距离使过去的事件变为一个客体，而身在其中时则往往难以捕捉观察的视角。记得当年在清华读书的时候，身边的教研组老师和前辈都是中国建筑史界的名家和泰斗：研究生导师吕舟先生是新时期中国文物建筑保护实践领域的专家和理论方面的开拓者；徐伯安和郭黛姮二先生是梁思成的学生，古代传统木构和法式的权威学者；陈志华和楼庆西二先生正在脚踏实地地记录行将被商业大潮所吞没的古村落；而研究近代建筑的汪坦先生、吴焕加先生、张复合先生则不但学贯中西，而且开始思索中日韩东亚大建筑史的构筑。历史教研组之外，清华大学建筑学院的其他诸先生也不乏史家学者型建筑家，例如单德启先生做民居研究，周唯权和冯钟平先生研究景观园林等。虽然从他们的著述和言传身教中受益颇多，当时的我却偏偏对遥远的西藏建筑情有独钟。

1995年的一个夏天，我独自一人踏上了青藏高原。那时还没有青藏铁路，从北京到拉萨的路程要走一个多星期：先要经由铁路从北京到达西宁，再转火车从西宁跨过柴达木盆地到达格尔木，从格尔木才最终换乘长途汽车进藏。汽车在雪域高原上走了四天三夜，中间没有停车过夜，一直坐着。日夜兼程中时遇被山洪冲垮的路段，所有乘客须下车步行跨过夹杂了落石的水流，由司机一人驾车缓缓通过。有好几次，路面被破坏得实在无法通过，附近的守路部队赶来用推土机在下坡推出一条临时小道，每次都要花几个小时之多；快到拉萨的一段路最令人难忘，湍急的山洪在公路上冲出了一个又宽又深的大壑，附近的藏民赶来，穿着雨靴，把乘客们一个个背了过去。那一年我在藏区待了两个月，跑了青海和前藏、后藏的很多寺庙和山村，用钢笔线描、马克笔上色和调研笔记充满了三个速写本，外加数十卷三十六张的135柯达胶卷。1996年的夏天我和同学董功一起又去了一次西藏，待了一个多月，行程相似。这一次从格尔木到拉萨的汽车是卧铺，给我印象深刻的是每遇颠簸，人便整个被从床铺上抛起来，然后重重落下，我们都以为怀里的相机一定被摔坏了，然而没有。我拍了更多的照片，还有幻灯片。记录的结果除了速写本，还有用水彩颜料画的国画册页。

这两次西藏之行为我清华的建筑史毕业论文和日后的相关研究积攒了一些基本材料。回到北京，我往返于学校、图书馆、档案馆、中央民族学院和藏学研究中心，一心一意研究藏传佛教建筑，在导师吕舟和其他前辈师友的指导和帮助下顺利完成论文答辩，也发表了几篇文章。在北京读书工作的十年间，我曾经无数次地经过长安街，目睹了她容颜的变迁，体验过她的宽广和漫长，也见证过帝都中心所特有的荣耀与限制。但她似乎无论如何也引不起我的研究兴趣。置身其中使得发生在她身上的重大事件与自己的现实生活太过密切相关，牵动个人的喜怒好恶，无法超脱；而触手可及又让一切不凡显得平淡无奇，似乎本来如此，无关学术。

1999年，在建设部设计院工作两年之后，我终于下定决心离开北京，远赴美国留学。这对于一个建筑学出身的人来说是一个不小的决定。当时我所在的部院方案组由崔愷先生直接领导，有很多与名家共事、向大师学习的机会，这在20世纪90年代的中国并不多见；而后来的发展也证实了当时的方案组的确是一个出人才的、小而精的团队，很多当年的同事——徐磊、文兵、崔海东、柴培根、于海为、谢悦等——如今都成了中国建筑界的中流砥柱。这次出国也意味着我将永远告别建筑设计行业，如果幸运的话，最终成为一名建筑史学者。旅行的目的地是西雅图，就读的专业是华盛顿大学的艺术史。就这样，身边的师友一下子从说中文的建筑师和技术型的学者，清一色转换成了说英语的艺术家和以人文背景为主的史学家。

在华大艺术史系，我的导师克劳森（Meredith Clausen）教授给我换了一双观察中国建筑的眼睛。她是已故著名建筑史家科斯托夫（Spiro Kostof）教授20世纪六七十年代的学生，主要的研究领域是欧美现代主义建筑的起源与类型发展，在法国和美国的现代建筑领域建树尤多。然而她却力阻我步其后尘，主张我应该以中国的城市与建筑为论文选题。正是在克劳森教授的不断追问下，我开始了对“现代”及“现代化”在非西方世界建筑中的确切意义产生了疑问和兴趣；而在这之前，这些在国内司空见惯的词汇的含义对我来说似乎是自明的。也正是在这期间，西藏建筑对我的吸引力开始逐渐淡去，而变得同样遥远的北京则显得越来越如拉萨一样陌生而神秘。这种陌生感来自于自身角色的改变，由一个局内人到一个观察者的转变。而促成这种转变需要一种环境，更需要一个人，一个专业领域精、学术视野宽、个人胸襟广的导师。克劳森教授正是这样的一位导师。她只在大的方向和方法论上提出建议，而对具体的材料甚至选题方面，则十分尊重别的专家以及我个人的看法。

在华盛顿大学的导师团队里，历史系的董玥（Madeleine Yue Dong）教授研究民国北京，艺术史系的维佐瑞克（Marek Wieczorek）教授精通西方前卫艺术运动，建筑系的艾丹（Daniel Abramson）教授熟悉中国当代的建筑与规划实践，而比较文学系的柏右铭（Yomi Braester）教授则长于视觉文化与批评理论；在中国传统文化方面，艺术史系的谢柏柯（Jerome Silbergeld）教授专精中国美术，而历史系的伊佩霞（Patricia Ebrey）教授则是宋史专家；在世界建筑方面，建筑系的普拉卡什（Vikram Prakash）教授为我打开了印度建筑的一扇窗子，而麦克莱伦（Brian McLaren）教授和安德森（Alex Anderson）教授则让我的目光得以投向离中国更为遥远的中东、非洲与西欧。他们都是我所尊敬的良师。学贵以专，无博不深。我所在的艺术史系也为我提供了一个了解古今重要艺术传统的绝佳平台。在众多师长学友所提供的教学实践中，我广泛学习了从古埃及、希腊、罗马到美国西北岸印第安土著的各种艺术传统。对他们——如果把名字和我从与他们共事中的受益一一列出会占有数页的篇幅——我永远心存感激。

第一个把我的注意力引向长安街的是芝加哥大学的巫鸿教授。在一次于华盛顿大学主办的学术会议上，交谈中他若不经意的一句话将我过去在北京的十年中关于这条繁忙街道的记忆全部激活。对于大多数活着的中国人来说，包括我自己在内，这个记忆实际上可以追溯得更早，早到用双脚踏上长安街之前。有谁没有听过“十里长街送总理”呢？我于是如十年前寻访西藏建筑一样，开始寻访长安街，往返于学校、图书馆、档案馆之间；而实际的造访也如同多年前的西藏之行一样，以一个过客的心态拍下浸透着汗水的照片。以前清华和部院的师长、同学、前辈和同事，甚至以前的自己，一下子变成了研究对象和资料提供者。在北京，清华大学的老师郑光中和胡戎睿教授同我分享了他们在不同时期参与长安街规划的经历和心得；同学赵钿提供了2002年长安街规划的大量图版的电子文件；吴良镛教授接受了我关于中国当代人居与建筑的采访；彭培根、石青、赵炳时诸教授向我提供了历次国家大剧院设计的情况和资料；林洙女士和李道增教授亲自给了我使用一些历史图片的授权；建筑学院图书馆和资料室的刘煜、李春梅、郑竹茵老师也为我这个老学生大开方便之门。

角色转变后最有意思的经历莫过于对建设部设计院（即今天的中国建筑设计研究院）的崔恺和周庆林两位先生的采访。他们是我1997—1999年在北京工作期间的老领导，采访的某些项目我也曾作为建筑师参与过，如国家大剧院设计竞赛。但彼此心照不宣，我对自己所亲历了解的只作不知，仍须问询核实；他们则把我当作一个纯粹的旁观者，一一解答。其中体现的不仅仅是对彼此专业的尊重，更重要的是对有关建筑的三个领域的严格区分：建筑设计、建筑评论、建筑历史。建筑设计需要理论支持，建筑评论需要价值判断，而建筑历史需要冷峻的审视。构筑建筑历史最重要的就是能置身事外，不做价值判断，对于所考问对象的形式、方法、理念只做透彻的理解和尽可能全面的描述，用一种近乎无情的方式发掘事实的多维深度。而当年身在北京的我对于长安街是做不到这一点的，正如当年西藏寺庙里的喇嘛之于我所研究过的西藏建筑。

在北京向我提供过帮助的还有中国建筑技术研究院（今亦属中国建筑设计研究院）的傅熹年先生；建筑工业出版社的杨永生先生、毛士儒先生和陆新之先生；华新民（Isabel Xia）女士；田恺先生；时任职于首都规划建设委员会的张立新女士；《建筑学报》的范雪女士；以及国家文物局和中国文物研究所的刘宗汉、刘志雄、傅清远和马清林诸先生。记得当年拜访杨永生先生时，他得知我的研究对象后赞许并惊异于美国博士论文的选题范围之小，并特意嘱托出版后送他一本。书的英文版于2012年底出版，杨先生于2012年7月辞世。无缘借献书之名再次向先生请教是我的遗憾，只能在这里借中文版的付梓表达对先生的哀思与谢忱。还应该感谢的是国家大剧院的设计师安德鲁（Paul Andreu）和塔米西（Francois Tamisier）先生，他们曾深夜在下榻的和平饭店接受过我的采访；以及帮助我联系到他们的远在巴黎的奥利佛（Jean-Paul Olivier）与卡瑟（Patricia Casse）。英文原稿的部分或全部曾接受过费城大学的夏南悉（Nancy Steinhardt）教授、原香港中文大学教授郭杰伟（Jeffrey Cody）先生、华盛顿大学出版社的哈格曼（Lorri Hagman）女士、以及华盛顿大学的何露（Lenore Hietkamp）女士、安德森（MaryEllen Anderson）女士和冯安（Ann Fenwick）女士的建议和校阅，在此一并致谢。

提出在国内出版此书中译本的是我的朋友琴史学者严晓星先生。用他的话说，研究长安街不在中国发挥影响又有何用？影响是笔者不敢奢望的，但愿此书能够成为琢磨中国建筑现代化——不管这一宽泛难界的术语究竟意味着什么——的他山之石。为此，蒙生活·读书·新知三联书店的卫纯先生和中华书局的李世文先生推荐，三联优秀的编辑刘蓉林女士联系了远在美国的华盛顿大学出版社。在网络与文化快餐盛行的今天，学术出版在东西方社会都步履维艰，我对他们为此书中译本的实现所做的努力表示敬意与感谢。接下来便是寻找合适的译者，我向刘编辑推荐了敦煌研究院的程博先生。程先生是我在敦煌做下一个建筑史研究课题时认识的清华校友，一周的相处使我了解了他治学的严谨和视野的宽阔。程先生是由美术而艺术史，而我是由建筑而艺术史。翻译过程中，他和我通过无数电子邮件交换意见，还就具体建筑和规划术语的翻译向清华大学建筑学院的李路珂博士、邹涛博士请教核实，就中文语境同于宁女士反复探讨各种句法，并嘱托我对他们表示感谢。程先生的这种一丝不苟的求实作风十分难能可贵。

平心而论，翻译人文学术著作是一件费力不讨好的工作，和翻译叙事性的文本有着根本不同。以前读中文译著常常感到百般费解，后来读了原著才知道是翻译的问题。误读错译姑且不谈，即便是极忠实而准确的译文也足以造成阅读理解的困难。一个在英语文本里不言自明的概念，放到中文语境里往往恰恰需要解释；反之亦然。而这样的概念是充斥了整个文本的。你如何去克服它？所以好的学术翻译原本就应该是译著，它要求译者不但外语功底扎实，而且要吃透作者的学术思想和行文逻辑，能够灵活驾驭两种语境的自由转换，在需要的地方自由变通。得意而忘言，却又将原著的学术价值从一个语境转换到另一个语境。

这其实牵扯到一个学术著作的本质问题。学术专著有两个目的：一是产生新的有组织的知识材料；二是针对这些知识材料提出新的观点。两者缺一不可，后者由前者支撑。前者关乎过程，用一个层次分明的逻辑结构将知识材料统辖起来；后者关乎结论，是材料积筑过程的合理结果并渗透于每一个知识细节。我们的知识是从哪里来的？答案是只有一小部分来自于实践和亲历，大部分是读来听来的。所读所听的文本如果是常识，那么这个文本内的材料也必定可以追溯到某些早先的学术专著，而所有的学术专著都是由某个人写出来的，是对先前知识的再造并带有个人的情感与局限。由此看来，我们必须对公认的常识保持警惕。前面说过建筑历史需要冷峻的审视。冷峻客观尚且如此，何况置身其中！我们也必须对所有学术专著带着批判的眼光去读。

翻译中对应概念的选择所固有的困境恰恰是源于学术专著的价值所在——对特定概念的再定义。如果没有启蒙运动，就不会有我们今天普遍的对于“自由”的理解；如果没有工业革命，我们也不会有今天对“现代化”的理解。概念的平常表面所掩盖的是某个理论对一个时代的文化所触及的深度与广度。理论的革命性便是在于对某一概念的再定义并使之普及，它修订我们的常识并创造新的常识；而正是这些常识性概念，构成了我们日常交流的基础，从而也是翻译的基础。翻译学术著作，因而是用已经与某些常识相联系的概念去重新定义这个概念，类似于一个人试图自己提着自己的头发上升。

是为跋。

于水山
2015年9月16日于美国波士顿

英文参考文献

Paul Andreu. *Paul Andreu: The Discovery of Universal Space.* Milano, Italy: L'Arca Edizioni, 1997.

Andrews, Julia F., and Kuiyi Shen. *A Century in Crisis: Modernity and Tradition in the Art of Twentieth-Century China.* New York: Guggenheim Museum, 1998.

Banham, Reyner. *Age of the Masters: A Personal View of Modern Architecture.* New York: Iocn Editions, Harper & Row, 1975.

Barker, Francis, Peter Hulme, and Margaret Iversen, eds. *Postmodernism and the Re-Reading of Modernity.* Manchester: Manchester University Press, 1992.

Barlow, Tani E., ed. *Formations of Colonial Modernity in East Asia.* Durham, NC: Duke University Press, 1997.

Berman, Marshall. *All that is Solid Melts into Air: The Experience of Modernity.* New York: Simon & Schuster, 1982.

Boyer, M. Christine. *The City of Collective Memory: Its Historical Imagery and Architectural Entertainments.* Cambridge, MA: The MIT Press, 1994.

Broudehoux, Anne–Marie. *Making and Selling of Post-Mao Beijing.* New York: Routledge, 2004.

Brumfield, William Craft. *A History of Russian Architecture.* Cambridge, MA: Cambridge University Press, 1993.

Bürger, Peter. *Theory of the Avant-Garde*. Minneapolis: University of Minnesota Press, 1984.

Celik, Zeynep, Diane Favro, and Richard Ingersoll, eds. *Streets: Critical Perspectives on Public Space*. Berkeley: University of California Press, 1994.

Certeau, Michel de. *The Practice of Everyday Life*. Translated by Steven Rendall. Berkeley: University of California Press, 1984.

Chan, Hok–lam. *Legends of the Building of Old Peking*. Seattle: University of Washington Press/Hong Kong: Chinese University Press, 2008.

Chen, Xiaomei. *Acting the Right Part: Political Theater and Popular Drama in Contemporary China*. Honolulu: University of Hawai'i Press, 2002.

Cody, Jerffrey W. *Building in China: Henry K. Murphy's "Adaptive Architecture," 1914-1935*. Seattle: University of Washington Press, 2001.

Cody, Jeffrey W., Nancy S. Steinhardt, and Tony Atkin, eds. *Chinese Architecture and the Beaux-Arts*. Honolulu: University of Hawai'i PressPress/Hong Kong: HongKong University Press, 2011.

Connor, Steven. *Postmodernist Culture: An Introduction to Theories of the Contemporary*. 2nd ed. Oxford: Blackwell Publishers, 1997.

Cooke, Catherine, and Igor Kazus. *Soviet Architectural Competitions, 1920s-1930s*. London: Phaidon Perss, 1992.

Davis, Devorah S., Richard Kraus, Barry Naughton, and Elizabeth J. Perry, eds. *Urban Spaces in Contemporary China: The Potential for Autonomy and Community in Post-Mao China*. Woodrow Wilson Center Series. Washington, DC: Woodrow Wilson Center Press/New York: Cambridge University Press, 1995.

Dirlik, Arif, and Zhang Xudong, eds. *Postmodernism and China*. A Boundary 2 Book. Dueham, NC: Duke University Press, 2000.

Dittmer, Lowell. *Sino-Soviet Normalization and Its International Implications, 1945-*

1990. Seattle: University of Washington Press, 1992.

Dong, Madeleine Yue. *Republican Beijing: The City and Its Histories*. Berkeley: University of California Press, 2003.

Esherick, Joseph W., ed. *Remaking the Chinese City: Modernity and National Identity, 1900-1950*. Honolulu: University of Hawaii Press, 2000.

Evenson, Norma. *Paris: A Century of Change, 1878-1978*. New Haven, CT: Yale University Press, 1979.

Fairbank, Wilma. *Liang and Lin: Partners in Exploring China's Architectural Past*. Philadelphia: University of Pennsylvania Press, 1994.

Foster, Hal. *The Return of the Real: The Avant-Garde at the End of the Century*. Cambridge, MA: The MIT Press, 1996.

Foucault, Michel. *The Archeology of Knowledge and the Discovery of Language*. Translated by A. M. Sheridan Smith. New York: Pantheon Books, 1972.

Foucault, Michel. *Discipline and Punish: The Birth of the Prison*. Translated by Alan Sheridan. London: Allen Lane, 1977.

Frampton, Kenneth. *Modern Architecture: A Critical History*. London: Thames & Hudson, 1992.

Friedman, Edward. *National Identity and Democratic Prospects in Socialist China*. Armonk, NY: M. E. Sharpe, 1995.

Fu Xinian, Guo Daiheng, Liu Xujie, Pan Guxi, Qiao Yun, and Sun Dazhang. *History of Chinese Architecture*. Edited by Nancy Steinhardt. New Haven, CT: Yale University Press/ Beijing: New World Press, 2002.

Feng Yu-Lan. *A Short History of Chinese Philosophy*. Edited by Derk Bodde. New York: Free Press, 1966.

Giedion, Figfried. Space, *Time, and Atchitecture: The Growth of a New Tradition*. Cambridge, MA: Harvard University Press, 1967.

Goldhagen, Sarah William. "Something to Talk about: Modernism, Discourse, Style." *Journal of the Society of the Society of Architectural Historians* 64, no. 2 (June 2006): 144–67.

Greenberg, Allan C. *Artists and Revolution: Dada and the Bauhuas, 1917-1925*. Ann Arbor, MI: Umi Research Press, 1979.

Greenberg, Clement. *Art and Culture: Critical Essays*. Boston: Beacon Press, 1965.

Greenberg, Clement. *Clement Greengerg: The Collected Essays and Critisism*. Edited by John O'Brian. Chicago: University of Chicago Press, 1986.

Haan, Hilde de, and Ids Haagsma. *Architects in Competition: International Architectural Competitions of the last 200 years*. London: Thames & Hudson, 1988.

Habermas, Jurgen. *The Structural Transformation of the Public Sphere: An Inquiry into a Category of Bourgeois Society*. Translated by Thomas Burger. Cambridge, MA: The MIT Press, 1989.

Harrison, Charles, and Fred Orton, eds. *Modernism, Criticism, Realism*. London: Harper & Row, 1984.

Hays, K. Michael, ed. *Architecture Theory since 1968*. Cambridge, MA: The MIT Press, 2000.

Heynen, Hilde. *Architecture and Modernity: A Critique*. Cambridge, MA: The MIT Press. 1999.

Hitchcock, Henry–Russell, and Philip Johnson. *The International Style*. New York: W.W. Norton, 1966.

Ibelings, Hans. *Super-Modernism: Architecture in the Age of Globalization*. Rotterdam, Netherlands: Nai Publishers, 1998.

Jacobs, Allan B., Elizabeth Macdonald, and Yodan Rofe. *The Boulevard Book: History, Evolution, Design of Multiway Boulevards*. Cambridge, MA: The MIT Press, 2002.

Jameson, Fredric, and Masao Miyoshi, eds. *The Cultures of Globalization*. Durham, NC:

Duke University Press, 1998.

Jencks, Charles. *Post-Modernism: The New Classicism in Art and Architecture*. London: Academy Editions, 1987.

Jenkins, Keith. *Re-Thinking History*. London: Routledge, 1991.

Kasaba, Resat, ed. *Cities in the World-System: Studies in the Political Economy of the World-System*. New York: Greenwood Press, 1991.

Kostof, Spiro. "The Emperor and the Duce: The Planning of Piazzale Augusto Imperatore in Rome." In *Art and Architecture in the Service of Politics,* edited by Henry A. Millon and Linda Nochlin, 270–325. Cambridge, MA: The MIT Press, 1978.

Krauss, Rosalind E. *The Originality of the Avant-Garde and Other Modernist Myths*. Cambridge, MA: The MIT Press, 1985.

Kruft, Hanno–Walter. *A History of Architectural Theory: From Vitruvius to the Present*. Translated by Ronald Taylor, Elsie Callander, and Antony Wood. New York: Princeton Architectural Press, 1994.

Kuspit, Donald B. *The Cult of the Avant-Garde Artist*. New York: Cambridge University Press, 1993.

Lai, Delin. "Searching for a Modern Chinese Monument: The Design of the Sun Yatsen Mausoleum in Nanjing." *Journal of the Society of Architectural Historians* 64, no.1 (March 2006): 22–55.

Lefebvre, Henri. *The Production of Space*. Translated by Donald Nicholson–Smith. Oxford, UK: Basil Blackwell, 1991.

LeGates, Richard T., and Frederic Scout, eds. *The City Reader*. London: Routledge, 2000.

Liang Sicheng (Liang Ssu–ch'eng). *Chinese Architecture: A Pictorial History*. Cambridge, MA: The MIT Press, 1984.

Lin, Yü–sheng. *The Crisis of Chinese Consciousness: Radical Antitraditionalism in the May Fourth Era*. Madison: University of Wisconsin Press, 1979.

Liu, Kang. *Aesthetics and Marxism: Chinese Aesthetic Marxists and Their Western Contemporaries.* Durham, NC: Duke University Press, 2000.

Lodder, Christina. *Russian Constructivism.* New Haven, CT: Yale University Press, 1983.

Lowenthal, David. *The Past Is a Foreign Country.* New York: Cambridge University Press, 1985.

Lu, Duanfang. *Remaking the Chinese Urban Form: Modernity, Scarcity, and Space, 1949-2005.* London: Routledge, 2006.

MacFarquhar, Roderick, and John K. Fairbank, eds. *The Cambridge History of China,* vols. 14 and 15. Cambridge: Cambridge University Press, 1987.

Meisner, Maurice. *Mao's China and After: A History of the People's Republic.* New York: The Free Press, 1999.

Meyer, Jeffrey F. *The Dragons of Tiananmen: Beijing as a Sacred City.* Columbia: University of South Carolina Press, 1991.

Millon, Henry A., and Linda Nochlin, eds. *Art and Architecture in the Service of Politics.* Cambridge, MA: The MIT Press, 1978.

Nalbantoglu, Gülsüm Baydar, and Wong Chong Thai, eds. *Postcolonial Space(s).* New York: Princeton Architectural Press, 1997.

Naquin, Susan. *Peking: Temples and City Life, 1400-1900.* Berkeley: University of California Press, 2000.

Needham, Joseph. *Science and Civilization in China.* New York: Cambridge University Press, 1954.

Neill, William J. V. *Urban Planning and Cultural Identity.* London: Routledge, Taylor & Francis Group, 2004.

Nesbitt, Kate, ed. *Theorizing a New Agenda for Architecture: An Anthology of Architectural Theory, 1965-1995.* New York: Princeton Architectural Press, 1996.

Paperny, Vladimir. *Architecture in the Age of Stalin: Culture Two.* Translated by John

Hill and Roann Barris. Cambridge: Cambridge University Press, 2002.

Pevsner, Nikolaus. *The Sources of Modern Architecture and Design.* New York: Frederick A. Praeger Publishers, 1968.

Rowe, Peter G., and Seng Kuan. *Architectural Encounters with Essence and Form in Modern China.* Cambridge, MA: The MIT Press, 2002.

Schoppa, R. Keith. *Revolution and Its Past: Identities and Change in Modern Chinese History.* Upper Saddle River, New Jersey: Prentice Hall, 2002.

Seamon, David, and Robert Mugerauer, eds. *Dwelling, Place, and Environment: Toward a Phenomenology of Person and World.* Dordrecht, Netherlands: Martinus Nijhoff Publishers, 1985.

Short, Philip. *Mao: A Life.* New York: Henry Holt and Company, 1999.

Sit, Victor F. S. (Hsueh Feng–hsuan). *Beijing: The Nature and Planning of a Chinese Capital City.* New York: Wiley, 1995.

Spence, Jonathan D. *The Search for Modern China.* New York: W. W. Norton, 1990.

Steinhardt, Nancy Shatzman. *Chinese Imperial City Planning.* Honolulu: University of Hawai'i Press, 1990.

Steinhardt, Nancy Shatzman. *Liao Architecture.* Honolulu: University of Hawai'i Press, 1997.

Strand, David. *Rickshaw Beijing: City People and Politics in the 1920s.* Berkeley: University of California Press, 1989.

Sullivan, Michael. *Art and Artists of Twentieth-Century China.* Berkeley: University of California Press, 1996.

Tarkhanov, Alexei, and Sergei Kavtaradze. *Stalinist Architecture.* London: Laurence King, 1992.

Trager, James. *Park Avenue: Street of Dreams.* New York: Atheneum, 1990.

Tung, Constantine, and Colin MacKerras, eds. *Drama in the People's Republic of China.*

Albany: State University of New York Press, 1987.

Vale, Lawrence J. *Architecture, Power, and National Identity*. New Haven, CT: Yale University Press, 1992.

Voyce, Arthur. *Russian Architecture: Trends in Nationalism and Modernism*. New York: Philosophical Library, 1948.

Wheatley, Paul. *The Pivot of the Four Quarters: A Preliminary Enquiry into the Origins and Character of the Ancient Chinese City*. Chicago: Aldine Publishing Company, 1971.

Whitford, Frank. *Bauhaus*. London: Thames & Hudson, 2000.

Wilkinson, Endymion. *Chinese History: A Manual*. Cambridge, MA: Harvard–Yenching Institute, 2000.

Wilson, Rob, and Wimal Dissanayake, eds. *Global/Local: Cultural Production and the Transnational Imaginary*. Durham, NC: Duke University Press, 1996.

Wood, Paul, ed. *The Challenge of the Avant-Garde*. New Haven, CT: Yale University Press, 1999.

Wu Hung. *Monumentality in Early Chinese Art and Architecture*. Stanford, CA: Stanford University Press, 1995.

Wu Hung. *Remaking Beijing: Tiananmen Square and the Creation of a Political Space*. Chicago: University of Chicago Press, 2005.

Wu Liangyong. *Rehabilitating the Old City of Beijing*. Vancouver, BC: UBC Press, 1999.

Yu, Shuishan. "Ito Chuta and the Birth of Chinese Architectural History." Society of Architectural Historians 64th Annual Meeting, April 13–17, 2011, New Orleans, Louisiana, *Abstracts of Papers*, 57.

Yu, Shuishan. "Redefining the Axis of Beijing: Urban Planning during the Time of Revolution." *Journal of Urban History* 34, no. 4 (May 2008) : 571–608.

Zhang, Xudong. *Chinese Modernism in the Era of Reforms: Cultural Fever, Avant-Garde Fiction, and the New Chinese Cinema*. Durham, NC: Duke University Press, 1997.

Zhu, Jianfei. *Architecture of Modern China: A Historical Critique*. London: Routledge, 2009.

Zhu, Jianfei. *Chinese Spatial Strategies: Imperial Beijing, 1420-1911*. London: Routledge, 2004.

中文参考文献

主要档案资料来源

北京市档案馆

北京市城市建设档案馆

清华大学建筑学院档案馆

主要期刊资料来源

中国建筑学会主办《建筑学报》

中国建筑工业出版社主办《建筑师》

北京市城市规划设计研究院主办《北京规划建设》

书籍文章

[法]保罗·安德鲁著，唐柳、王恬译:《国家大剧院》，大连:大连理工大学出版社，2008年。

白鹤群:《老北京的居住》，北京：北京燕山出版社，1999年。

北京城市规划管理局编:《北京在建设中》，北京：北京出版社，1958年。

北京大学历史系北京史编写组编:《北京史》，北京：北京出版社，1999年。

北京规划建设编辑部编:《北京规划建设》，北京：北京规划建设编辑部。

北京建设史书编辑委员会编:《建国以来的北京城市建设资料第一卷：城市规划》，北京，1995年。

北京市地方志编纂委员会编辑:《北京志·市政卷·园林绿化志》，北京：北京出版社，2000年。

北京市规划设计研究院编:《潜心细绘京城蓝图：北京市城市规划设计研究院优秀规划设计作品集》，南京：东南大学出版社，2004年。

北京市规划委员会、北京城市规划学会、北京市建筑设计研究院建筑创作杂志社编:《北京十大建筑设计》，天津：天津大学出版社，2002年。

北京市规划委员会、北京城市规划学会主编:《长安街：过去、现在、未来》，北京：机械工业出版社，2004年。

北京市规划委员会、北京水晶石数字传媒编:《2008北京奥林匹克公园及五棵松文化体育中心规划设计方案征集》，北京：中国建筑工业出版社，2003年。

北京市人民政府编:《北京市城市总体规划（2004—2020）》，载《北京规划建设》，2005年第2期，总第101期（2005年3月）。

北平市工务局编:《北平市都市计划设计资料第一辑》，1947年，北京市档案馆，档案编号：甲-3。

《长安街规划审查会议，讨论纪要》，1964年，清华大学建筑学院档案馆。

陈干:《京华待思录——陈干文集》，北京：北京市城市规划设计研究院，1996年。

陈履生:《新中国美术图史1949—1966》，北京：中国青年出版社，2000年。

[美]柯文著，林同奇译:《在中国发现历史——中国中心观在美国的兴起》，北京：中华书局，1989年。

崔勇:《中国营造学社研究》，南京：东南大学出版社，2004年。

当代中国编委会编辑:《当代中国的北京》，北京：中国社会科学出版社，1989年。

董光器:《北京规划战略思考》，北京：中国建筑工业出版社，1998年。

董鉴泓主编:《中国城市建设史》，北京：中国建筑工业出版社，2004年。

朵生春:《中国改革开放史》，北京：红旗出版社，1998年。

傅公钺:《北京老城门》，北京：北京美术摄影出版社，2002年。

傅熹年:《中国古代城市规划建筑群布局及建筑设计方法研究（上、下册）》，北京:中国建筑工业出版社，2001年。

傅熹年主编:《中国古代建筑史第二卷：两晋、南北朝、隋、唐、五代建筑》，北京：中国建筑工业出版社，2001年。

高汉:《云淡碧天如洗——回忆长兄陈干的若干片段》，载《京华待思录：陈干文集》，高汉编辑，北京：北京城市规划设计研究院，1996年。

高巍:《漫话北京城》，北京：学苑出版社，2003年。

故宫博物院紫禁城编辑部编辑:《故宫博物院80年》,《紫禁城》特刊，2005年第5期，总第132期。

国家基本建设委员会建筑科学研究院编:《新中国建筑》，北京：中国建筑工业出版社，1976年。

侯仁之:《侯仁之燕园问学集》，上海:上海教育出版社，1991年。

侯仁之、邓辉:《北京城的起源与变迁》，北京：北京燕山出版社，1997年。

蒋一葵:《长安客话》，北京：北京古籍出版社，1980年。

金受申:《北京的东西长安街》，载《北京的回忆》，文化生活出版社编辑，香港：文化生活出版社，1975年。

李畅:《清代以来的北京剧场》，北京：北京燕山出版社，1997年。

梁思成:《古建筑论丛》，澳门:神州图书公司，1975年。

梁思成:《梁思成全集(第一卷至第七卷)》，北京：中国建筑工业出版社，2001年。

梁思成:《梁思成文集第四卷》，北京：中国建筑工业出版社，1986年。

梁思成:《清式营造则例》，北京：中国建筑工业出版社，1994年。

梁思成:《营造法式注释》，北京：中国建筑工业出版社，1983年。

梁思成:《致聂荣臻同志信》，1954年，载《梁思成文集第四卷》，梁思成文集编辑委员会编辑，北京：中国建筑工业出版社，1986年。

梁思成:《中国建筑史》，1954年，载《梁思成文集第三卷》，北京：中国建筑工业出版社，1985年。

梁思成、陈占祥：《关于中央人民政府行政中心区位置的建议》，1950年，清华大学建筑学院档案馆。

林洙：《建筑师梁思成》，天津：天津科学技术出版社，1997年。

刘敦祯主编：《中国古代建筑史》，北京：中国建筑工业出版社，1984年。

刘心武：《我眼中的建筑与环境》，北京：建筑工业出版社，1998年。

刘叙杰主编：《中国古代建筑史第一卷：原始社会、夏、商、周、秦、汉建筑》，北京：中国建筑工业出版社，2003年。

刘宗汉：《回忆朱桂辛先生》，载《蠖公纪事》，北京市政协文史资料研究委员会等编，北京：中国文史出版社，1991年。

龙文彬纂：《明太祖实录》，载《明会要》，龙文彬纂，80卷，上海：上海古籍出版社，2002年。

吕澎、易丹：《中国现代艺术史1979—1989》，长沙：湖南美术出版社，1995年。

罗小未主编：《外国近现代建筑史》，北京：中国建筑工业出版社，2004年。

罗哲文：《中国古代建筑》，上海：上海古籍出版社，1990年。

毛泽东：《毛泽东选集第五卷》，北京：人民出版社，1977年。

毛泽东：《矛盾论》，载《毛泽东选集，一卷本》，中共中央毛泽东选集出版委员会编辑，北京：人民出版社，1969年。

毛泽东：《新民主主义论》，载《毛泽东选集，一卷本》，中共中央毛泽东选集出版委员会编辑，北京：人民出版社，1969年。

毛泽东：《在延安文艺座谈会上的讲话》，载《毛泽东选集，一卷本》，中共中央毛泽东选集出版委员会编辑，北京：人民出版社，1969年。

潘谷西主编：《中国建筑史》，北京：中国建筑工业出版社，2004年。

潘谷西：《中国古代建筑史第四卷：元明建筑》，北京：中国建筑工业出版社，1999年。

清华大学土木建筑系剧院建筑设计研究组编：《国外剧场建筑发展史》，1960年，清华大学建筑学院档案馆。

清华大学土木建筑系剧院建筑设计研究组编:《剧院建筑设计手册》,1959年,清华大学建筑学院档案馆。

清华大学资料室编:《首都长安街改建规划说明(三稿)》,1964年7月,清华大学建筑学院档案馆,档案编号64 K032 Z015。

史明正著,王业龙、周卫红译:《走向近代化的北京城:城市建设与社会变革》,北京:北京大学出版社,1995年。

孙大章主编:《中国古代建筑史第五卷:清代建筑》,北京:中国建筑工业出版社,2002年。

孙宗文:《中国建筑与哲学》,南京:江苏科学技术出版社,2003年。

王彬、徐秀珊:《北京街巷图志》,北京:作家出版社,2004年。

王军:《城记》,北京:生活·读书·新知三联书店,2003年。

王梦鸥:《礼记选注》,台北:正中书局,1968年。

王明贤:《新中国美术图史,1966—1976》,北京:中国青年出版社,2000年。

王其亨主编:《风水理论研究》,天津:天津大学出版社,1992年。

王瑞智编:《梁陈方案与北京》,沈阳:辽宁教育出版社,2005年。

王世仁、张复合:《北京近代建筑概说》,载《中国近代建筑总览:北京篇》,王世仁、张复合、村松申、井上直美编辑,北京:中国建筑工业出版社,1993年。

汪坦主编:《第三次中国近代建筑史研究讨论会论文集》,北京:中国建筑工业出版社,1991年。

王玉德编著:《古代风水术注评》,北京:北京师范大学出版社/桂林:广西师范大学出版社,1992年。

王玉石:《天安门》,北京:中国书店,2001年。

萧默编撰:《世纪之蛋:国家大剧院之辩》,纽约:柯捷出版社,2005年。另见网站“老北京:论坛:茶馆:古城保护”(http://www.oldbeijing.net/Article_Special.asp?SpecialID=50),2005年8月19日登录。

谢敏聪:《北京的城垣与宫阙之再研究》,台北:台湾学生书局,1989年。

杨永生编:《建筑百家回忆录》,北京:中国建筑工业出版社,2000年。

杨永生编:《建筑百家书信集》,北京:中国建筑工业出版社,2000年。

杨永生编:《建筑百家言》,北京:中国建筑工业出版社,2000年。

杨永生编:《1955—1957建筑百家争鸣史料》,北京:知识产权出版社/中国水利水电出版社,2003年。

杨永生编:《中国四代建筑师》,北京:中国建筑工业出版社,2002年。

于水山:《界限、逾渡与中国·国家·剧院:保罗·安德鲁采访录》,载《中国建筑装饰装修》,2004年第3期,总第15期(2004年3月)。

乐嘉藻:《中国建筑史》,北京:团结出版社,2005年。

张镈:《我的建筑创作道路》,北京:中国建筑工业出版社,1994年。

张复合:《北京近代建筑史》,北京:清华大学出版社,2004年。

张敬淦:《北京规划建设五十年》,北京:中国书店,2001年。

张敬淦:《北京规划建设纵横谈》,北京:北京燕山出版社,1997年。

赵冬日、褚平:《北京天安门广场东西地区规划与建设》,载《建筑学报》,1993年1月。

中共中央文献研究室编辑:《中共十三届四中全会以来历次全国代表大会中央全委会重要文献选编》,北京:中央文献出版社,2002年。

中国革命博物馆编:《中国革命博物馆50年》,北京:海天出版社,2001年。

中国国家大剧院建筑设计国际竞赛方案集编委会编:《中国国家大剧院建筑设计国际竞赛方案集》,北京:中国建筑工业出版社,2000年。

中国建筑科学研究院编:《中国古建筑》,北京:中国建筑工业出版社/香港:三联书店,1982年。

中国建筑艺术全集编辑委员会编:《中国建筑艺术全集(1—24卷)》,北京:中国建筑工业出版社,1999年。

《中国建筑业年鉴》,北京:中国建筑业年鉴杂志有限公司,1984—2003年。

中国科学院自然科学史研究所编:《中国古代建筑技术史》,北京:科学出版社,

1990年。

中国历史博物馆编:《中国通史陈列》，北京：朝华出版社，1998年。

中国美术全集编辑委员会编:《中国美术全集1—6：建筑艺术编》，北京：中国建筑工业出版社，1987年。

中国人民革命军事博物馆编:《走进中国人民革命军事博物馆》，北京：兵器工业出版社，2003年。

中国现代美术全集编辑委员会编:《中国现代美术全集第1—4卷：建筑艺术》，北京：中国建筑工业出版社，1997年。

中央档案馆编:《中国共产党八十年珍贵档案》，北京：中国档案出版社，2001年。

朱启钤:《中央公园记》，载《蠖园文存》，北京市政协文史资料研究委员会编，北京：中国文史出版社，1991年。

朱启钤、梁启雄、刘敦桢、杨永生:《哲匠录》，北京：中国建筑工业出版社，2005年。

朱兆雪、赵冬日:《对首都建设计划的意见》，1950年，清华大学建筑学院档案馆，档案编号212-7301。

邹德侬:《中国现代建筑史》，天津：天津科学技术出版社，2001年。

术语表

［译者识］本术语表根据英文原版书中术语表（Glossary）节选、翻译、调整而成。原表中术语按罗马字母拼音、汉字、英文解释的顺序对每一个术语进行简要介绍。其中，凡是仅为对中文术语进行字面解释的，或在中文语境下属常识的，或在正文中有详细讨论的，在本表中一律删除不译。而原表中针对语言转换所做的一些英文解释，在本表中根据中文语境进行了相应而必要的调整。遵照原表，本术语表亦不含人名、地名、普通历史名词等，未作添加；除有关“长安街”的术语外，其他术语按发音的字母顺序排列。

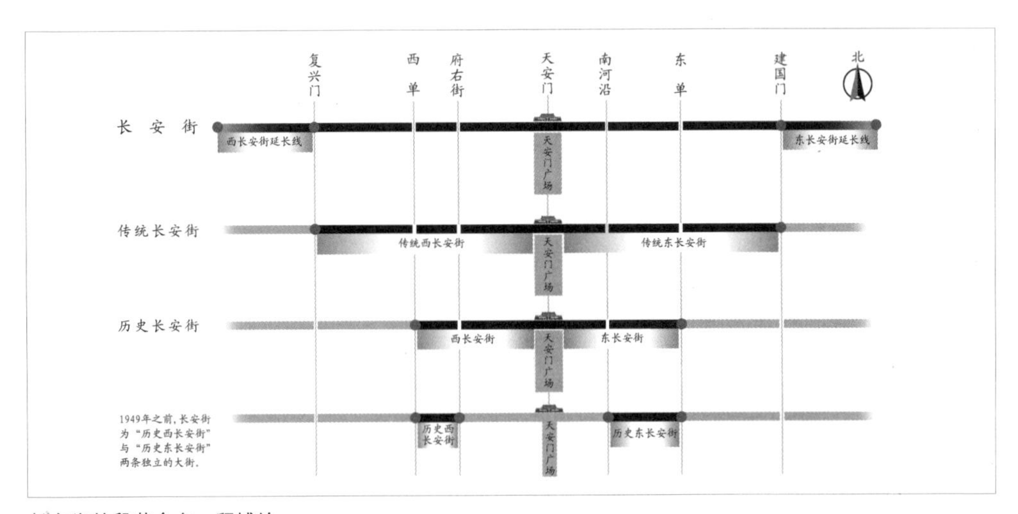

长安街的段落命名。程博绘。

长安街：北京城的东西主干道，包括传统长安街及其东西延长线，也就是所谓的“百里长街”。长安街不是一条静止的、一次建成的大街，其形成和发展经历了多次变化，而“长安街”一词也在不同的历史时期特指这条大街上的不同段落。本书中采用下列关于长安街的命名体系，以期通过精确定义获得准确表达，避免误解。关于长安街的术语按这条街道的历史发展顺序排列，并且力图使后续的术语定义建立在前面已经定义过的术语之上。

历史东长安街：位于东单和南河沿之间。这是长安街在1949年以前最靠东的段落。

历史西长安街：位于西单和府右街之间，府右街是中南海的西界。这是长安街在1949年以前最靠西的段落。

历史长安街：从西单到东单，大约3765米长，包括明清时期的“东长安街”和“西长安街”这些最古老的街道段落。在民国时期，历史长安街从西到东包括：“西长安街”、府前街、东三座门大街、“东长安街”。在中华人民共和国时期，府前街并入“西长安街”，东三座门大街并入“东长安街”。在当代北京的地图上，只有历史长安街被标注为“长安街”。

传统长安街：从复兴门到建国门，大约6672米长。这是长安街在老北京内城城墙以内的段落，由西到东包括：复兴门内大街（从复兴门到西单）、“西长安街”（从西单到天安门广场）、“东长安街”（从天安门广场到东单）、建国门内大街（从东单到建国门）。20世纪80年代之前，这些街道段落被统称为“十里长街”。

传统东长安街：传统长安街位于天安门广场以东的一半。

传统西长安街：传统长安街位于天安门广场以西的一半。

长安街延长线：长安街除去传统长安街以后剩下的部分，即包括复兴门以西和建国门以东的部分。

东长安街延长线：长安街上建国门以东的部分，包括建国门外大街和建国路。

西长安街延长线：长安街上复兴门以西的部分，包括复兴门外大街、复兴路和石景山路。

东长安街：长安街位于天安门广场以东的一半。

西长安街：长安街位于天安门广场以西的一半。

北海：位于北京紫禁城的西面，明清时期皇家御苑的北部。

彩画：中国建筑中，在梁、枋、柱、斗栱、藻井等部位描画的各种图案纹样。

垂花门：中国传统建筑中的一种门的类型，大部分在四合院的内部。

攒尖：在中国古代建筑中的一种没有水平方向屋脊的尖顶。

干打垒：毛泽东时代，在房屋的设计与建造中就地取材，并结合民间建筑传统做法的一种建筑方法。

阁：中国传统建筑中的一类多层建筑，经常建于园林或寺庙之中。

勾栏：中国传统建筑中的栏杆、扶手。

国子监：皇家教育与礼仪中心，在北京紧邻孔庙。

红线：也称红线宽度，在中国，它是划定街道规模的标准指标。它指的是街两面的建筑物形成的沿街立面之间的最小距离，由此，在建筑设计中，它是建筑实体的界限。

结构主义：在1950年代的中国建筑界，"结构主义"一词实际上是指20世纪初在俄国兴起的一个前卫艺术与建筑运动，后来通常翻译成"构成主义"（Constructivism）。在1980 年代以后的中国建筑界，"结构主义"一词通常是指20世纪中期在美国兴起的另外一个建筑流派（Constructionism）。因此，著者在英文原版中用了一个自造的单词"Structurism"来翻译1950年代中国的"结构主义"一词，以和两个后来通行术语加以区分。

卷棚：中国建筑中一种传统的屋顶样式，屋顶两坡平滑地弯曲并连接在一起，而没有形成尖锐的屋脊。

牌坊（牌楼）：传统中国建筑中的门洞式纪念性建筑。

阙：中国传统建筑中的一个类型，在相对的两台上分别建有对称的高楼，并围合出一条通道。

雀替：中国传统建筑中，置于建筑的横材（梁、枋）与竖材（柱）相交处下面的"插角"或"托木"。

世界主义：在1980年代以前的中国建筑界，"世界主义"是一个贬义词，实际上指的是兴起于20世纪初的欧洲、在第二次世界大战之后流行全世界的一个现代主义建筑风格。现在通常的翻译是“国际风格”（International Style）。因“国际主义”（Internationalism）一词在社会主义中国是一个褒义词，所以，著者在英文原版中用了一个自造的单词“Worldism”来翻译1950年代中国建筑论战中的“世界主义”一词，而没有用通常的英文单词“Internationalism”。“国际主义”一词的正面意义也可能是为什么共和国早期的建筑学者们不用“国际风格”来指“International Style”的原因。

庑殿：是中国古代建筑屋顶等级最高的形式。在中国古代建筑中，由四面坡和五条屋脊构成的屋顶。

歇山：在中国古代建筑中兼有正脊、垂脊、对角线屋脊和山墙的屋顶，是双坡顶与庑殿顶的结合，也称“九脊”。

须弥座：中国传统建筑中的台基，配有装饰条带，源于佛教造像中的佛座。

中南海：中海和南海的合称，位于北京紫禁城西侧，鳌玉桥以南。在明清时代，中南海是皇家御苑，1949年后场所变更为中华人民共和国国务院、中共中央书记处和中共中央办公厅等中央国家机关办公所在地，也是中华人民共和国最高领导人的居住地。